Neuer Wärmebrückenkatalog

Jetzt diesen Titel zusätzlich als E-Book downloaden und 70 % sparen!

Als Käufer dieses Buchtitels haben Sie Anspruch auf ein besonderes Kombi-Angebot: Sie können den Titel zusätzlich zum Ihnen vorliegenden gedruckten Exemplar für nur 30 % des Normalpreises als E-Book beziehen.

Der BESONDERE VORTEIL: Im E-Book recherchieren Sie in Sekundenschnelle die gewünschten Themen und Textpassagen. Denn die E-Book-Variante ist mit einer komfortablen Volltextsuche ausgestattet!

Deshalb: Zögern Sie nicht. Laden Sie sich am besten gleich Ihre persönliche E-Book-Ausgabe dieses Titels herunter.

In 3 einfachen Schritten zum E-Book:

❶ Rufen Sie die Website **www.beuth.de/e-book** auf.

❷ Geben Sie hier Ihren persönlichen, nur einmal verwendbaren E-Book-Code ein:

22330F92B765CK7

❸ Klicken Sie das „Download-Feld" an und gehen dann weiter zum Warenkorb. Führen Sie den normalen Bestellprozess aus.

Hinweis: Der E-Book-Code wurde individuell für Sie als Erwerber dieses Buches erzeugt und darf nicht an Dritte weitergegeben werden. Mit Zurückziehung dieses Buches wird auch der damit verbundene E-Book-Code für den Download ungültig.

UNIPOR CORISO
Der neue W07 CORISO

UNIPOR W07 CORISO – 5 x Bestnoten für den neuen Passivhaus-Ziegel:

- ⊕ **Wärmeschutz**
- ⊕ **Schallschutz**
- ⊕ **Brandschutz**
- ⊕ **Wohlfühl-Raumklima**
- ⊕ **Statik**

UNIPOR ist Mitglied im ProPassivhaus e.V.

UNIPOR Tel. 089 749867-0 · info@unipor.de · www.unipor.de

Neuer Wärmebrückenkatalog

Dipl.-Ing. Torsten Schoch

Neuer Wärmebrückenkatalog

Beispiele und Erläuterungen nach DIN 4108 Beiblatt 2

Mit zahlreichen Gleichwertigkeitsnachweisen

4., aktualisierte und erweiterte Auflage

Beuth Verlag GmbH · Berlin · Wien · Zürich

Bauwerk

© 2012 Beuth Verlag GmbH
Berlin · Wien · Zürich
Am DIN-Platz
Burggrafenstraße 6
10787 Berlin

Telefon: +49 30 2601-0
Telefax: +49 30 2601-1260
Internet: www.beuth.de
E-Mail: info@beuth.de

Das Werk einschließlich aller seiner Teile ist urheberrechtlich geschützt.
Jede Verwertung außerhalb der Grenzen des Urheberrechts ist ohne schriftliche Zustimmung
des Verlages unzulässig und strafbar. Das gilt insbesondere für Vervielfältigungen, Übersetzungen,
Mikroverfilmungen und die Einspeicherung in elektronischen Systemen.

Die im Werk enthaltenen Inhalte wurden vom Verfasser und Verlag sorgfältig erarbeitet und
geprüft. Eine Gewährleistung für die Richtigkeit des Inhalts wird gleichwohl nicht übernommen.
Der Verlag haftet nur für Schäden, die auf Vorsatz oder grobe Fahrlässigkeit seitens des Verlages
zurückzuführen sind. Im Übrigen ist die Haftung ausgeschlossen.

Druck und Bindung: Bosch-Druck GmbH, Ergolding

Gedruckt auf säurefreiem, alterungsbeständigem Papier nach DIN EN ISO 9706.

ISBN 978-3-410-22330-6

Vorwort zur 4. Auflage

Wärmebrücken im Nachweis von Gebäuden so detailliert wie möglich zu berücksichtigen, wird mehr und mehr zu einer Tagesaufgabe des planenden und nachweisenden Ingenieurs. Wärmebrückenkataloge sind heute ein wichtiges Instrument der Entscheidung und finden zunehmend Einlass in Planungsunterlagen und Gebäudedokumente.

Die vorliegende 4. Auflage des Wärmebrückenkataloges berücksichtigt viele der Änderungswünsche, die von Lesern seit dem Erscheinen der 3. Auflage geäußert worden sind. Im Einzelnen handelt es sich unter anderem um folgende Änderungen:

- Überarbeitung der ersten Abschnitte zu den theoretischen Grundlagen;
- Übernahme der im Beiblatt 2 aufgeführten Grenzwerte des längenbezogenen Wärmedurchgangskoeffizienten;
- Aufnahme der Detailgruppe Innenecke mit unterschiedlichen Bauteilaufbauten;
- Aufnahme der Detailgruppe Außenecke mit unterschiedlichen Bauteilaufbauten;
- Aufnahme der Detailgruppe First für typische Dachkonstruktionen;
- Aufnahme der Detailgruppe Kehlbalkenanschluss für typische Dachkonstruktionen.

Insbesondere die Aufnahme der von Beiblatt 2 zu DIN 4108 postulierten Grenzwerte des längenbezogenen Wärmedurchgangskoeffizienten könnte die eine oder andere Frage provozieren. Insbesondere deswegen, weil einige der in diesem Buch dargestellten Details diese Grenzwerte nicht einhalten. Wer die Antwort auf die Frage, warum diese Details trotzdem in vielen Fällen als gleichwertig im Sinne des Beiblatt 2 betrachtet werden können, sucht, ist im ersten Abschnitt sehr gut aufgehoben.

Am erfolgreichen Konzept dieses Buches ist auch in der vorliegenden 4. Auflage nichts geändert worden. Ein möglichst knapp gehaltener theoretischer Pfad führt zu zahlreichen Konstruktionsbeispielen und vielen Berechnungsergebnissen. Mit der Aufnahme der überwiegend negativen Verlustwerte für Außenecken (First, Außenwand, Dach) wird aber erstmals in diesem Buch vom Beiblatt 2 zu DIN 4108 abgewichen, da diese Details bisher in der energetischen Betrachtung keine Rolle spielten. Der gleichfalls schlichte wie nachvollziehbare Grund für die Aufnahme besteht darin, dass zunehmend Wärmebrücken über Einzelnachweise berücksichtigt werden und die Chance, die Gesamtverluste über Wärmebrücken mittels Einbeziehung dieser Details zu verringern, dabei gern genutzt wird.

Für die 4. Auflage gilt mein besonderer Dank dem Beuth Verlag, insbesondere Herrn Lion Eckervogt, für die Ermöglichung einer 4. Auflage. Ein besonderes Dankeschön gebührt auch Herrn Jörg Trapp für dessen neuerliche engagierte Mitarbeit am Manuskript und für die Einarbeitung der zahlreichen Änderungen.

Neumünster, März 2012   Torsten Schoch

Inserentenverzeichnis

Die inserierenden Firmen und die Aussagen in Inseraten stehen nicht notwendigerweise in einem Zusammenhang mit den in diesem Buch abgedruckten Normen. Aus dem Nebeneinander von Inseraten und redaktionellem Teil kann weder auf die Normgerechtheit der beworbenen Produkte oder Verfahren geschlossen werden, noch stehen die Inserenten notwendigerweise in einem besonderen Zusammenhang mit den wiedergegebenen Normen. Die Inserenten dieses Buches müssen auch nicht Mitarbeiter eines Normenausschusses oder Mitglied des DIN sein. Inhalt und Gestaltung der Inserate liegen außerhalb der Verantwortung des DIN.

XELLA Deutschland GmbH 47259 Duisburg	2. Umschlagseite
Unipor-Ziegel Marketing GmbH 81241 München	Seite 1

Zuschriften bezüglich des Anzeigenteils werden erbeten an:

Beuth Verlag GmbH
Anzeigenverwaltung
Burggrafenstraße 6
10787 Berlin

Inhaltsverzeichnis

	Vorwort	5
1	Wirkungsweise von Wärmebrücken	10
1.1	Allgemeines	10
1.2	Begriffe	10
1.3	Berücksichtigung des Einflusses zusätzlicher Verluste über Wärmebrücken	16
1.4	Transmissionswärmeverluste unter Beachtung zusätzlicher Verluste über Wärmebrücken	20
1.5	Nachweis der Gleichwertigkeit nach DIN 4108 Beiblatt 2	21
1.6	Empfehlungen zur energetischen Betrachtung	31
2	Modellierung von Wärmebrücken	34
3	Mathematische Grundlagen	40
4	Der digitale Wärmebrückenkatalog	44
4.1	Einleitung	44
4.2	Genereller Aufbau des digitalen Wärmebrückenkataloges	44
4.3	Beispiel	49
5	Der Bauteilkatalog	56
6	Verzeichnis der Normen/Verordnungen	402
7	Literaturverzeichnis	403

Inhaltsverzeichnis

		Monolithisches Bauteil M	Außengedämmtes Bauteil A	Zweischaliges Bauteil K	Holzbauart H
1	Bodenplatte	1-M-1 1-M-2 1-M-3	1-A-4 1-A-5 1-A-6a		
		Seite 60-65	Seite 66-71		
1.1	Bodenplatte auf Erdreich	1.1-M-10a 1.1-M-11a 1.1-M-12	1.1-A-13a 1.1-A-14a 1.1-A-15	1.1-K-16 1.1-K-17	1.1-H-19 1.1-H-20/a 1.1-H-21 1.1-H-22/a 1.1-H-23 1.1-H-24/a 1.1-H-F01/a 1.1-H-F02/a 1.1-H-F03/a
		Seite 72-77	Seite 78-83	Seite 84-87	Seite 88-117
2	Kellerdecke	2-M-25/a 2-M-26/a 2-M-27 2-M-28/a	2-A-29 2-A-30 2-A-31	2-K-32 2-K-33/a 2-K-34 2-K-35/a	2-H-36/a 2-H-37/a/b/c 2-H-38 2-H-39/a 2-H-M06a 2-H-F04a/b/c/d 2-H-F05/a 2-H-F06/a
		Seite 118-131	Seite 132-137	Seite 138-149	Seite 150-185
3	Fensterbrüstung	3-M-42	4-A-43	4-K-44 4-K-45 4-K-46	4-H-47 4-H-F08/a 4-H-F09
		Seite 186-187	Seite 188-189	Seite 190-195	Seite 196-199
4	Fensterlaibung	4-M-48	4-A-49	4-K-50 4-K-51 4-K-52	4-H-53 4-H-F10/a 4-H-F11
		Seite 200-201	Seite 202-203	Seite 204-209	Seite 210-213
5	Fenstersturz	5-M-54a/b	5-A-55/a	5-K-56/a/b/c 5-K-57/a/b/c 5-K-58/a/b/c	5-H-59 5-H-F12a 5-H-F13
		Seite 214-217	Seite 218-221	Seite 222-245	Seite 246-249

Inhaltsverzeichnis

		Monolithisches Bauteil M	Außengedämmtes Bauteil A	Zweischaliges Bauteil K	Holzbauart H
6	Rollladenkasten	6-M-60 Seite 250-251	6-A-61 Seite 252-253	6-K-62 Seite 254-255	6-H-65 6-H-66 Seite 256-257
7	Terrasse	7-M-67 7-M-68 Seite 258-259	7-A-69 7-A-70 Seite 260-261		
9	Geschossdecke	9-M-72 Seite 262-263	9-A-73 Seite 264-265	9-K-74 Seite 266-267	9-H-75 9-H-F15a 9-H-F16 Seite 268-271
10	Pfettendach	10-M-77 10-M-M25 Seite 272-277		10-K-78 Seite 274-275	
11	Sparrendach	11-M-80 Seite 278-279	11-A-M11 Seite 282-283	11-K-81 Seite 280-281	
12	Ortgang	12-M-82a/b/c 12-M-M52 Seite 284-297		12-K-83/a/b 12-K-M54 Seite 290-299	12-H-F17/a 12-H-F18/a 12-H-F19a/b/c Seite 300-315
14	Pfettendach	14-M-84a/b 14-M-M53 Seite 316-325	14-A-M09b Seite 326-327	14-K-85a/b 14-K-M56 Seite 320-329	14-H-F23/a 14-H-F24/a 14-H-F25a/b Seite 330-341
16	Sparrendach	16-M-86a/b Seite 342-345		16-K-87a/b Seite 346-349	16-H-F20/a 16-H-F21/a 16-H-F22a/b Seite 350-361
18	Flachdach	18-M-88a/b Seite 362-365	18-M-89 18-A-M14 Seite 366-373	18-K-90a/b Seite 368-371	
19	Dachflächenfenster	21-X-94		19-A-M58	19-H-91
	Gaubenanschluss	22-X-95		19-A-M59	19-H-92
	Innenwände	22-X-96/a			20-H-93
-	Kehlbalkenlage				23-H-100
	First				24-H-101
	Innenecke	25-M-102	25-A-104	25-K-106	
25	Außenwandecke	25-M-103	25-A-105	25-K-107	

1 Wirkungsweise von Wärmebrücken

1.1 Allgemeines

Wärmebrücken sind örtlich begrenzte Bereiche von Konstruktionen mit einer erhöhten Wärmestromdichte, die sich sowohl aus geometrischen (z.B. Ecken) als auch aus konstruktiven Einflüssen (Vorhandensein von Baustoffen mit erhöhter Wärmeleitfähigkeit) ergeben können. Durch den lokal erhöhten Wärmefluss sinkt die Oberflächentemperatur auf der Seite mit der höheren Temperatur (Bauteilinnenseite). Daraus folgend ergeben sich vor allem zwei Problemfelder im Zusammenhang mit Wärmebrücken:

1. Erhöhte Transmissionswärmeverluste über das Außenbauteil.
2. Anstieg der relativen Luftfeuchte aufgrund des Absinkens der Oberflächentemperatur.

Besonders die letztgenannte Tatsache kann einen weiteren Negativeffekt hervorrufen: die Schimmelpilzbildung. Da Schimmelpilze lediglich eine hohe relative Feuchte, jedoch kein Tauwasser zur Sporenkeimung benötigen, fällt der Vermeidung hoher relativer Feuchten an Bauteiloberflächen besondere Aufmerksamkeit zu.

Prinzipiell lassen sich Wärmebrücken in zwei Gruppen einteilen:

1. Geometrisch bedingte Wärmebrücken.
2. Stofflich bedingte Wärmebrücken.

In der Praxis findet man häufig auch Überlagerungen beider Arten, die „reine" Art ist eher selten. Typischer Vertreter einer geometrischen Wärmebrücke ist eine Außenecke. In der ungestörten Wand ist die Fläche, die auf der Innenseite Wärme aufnimmt gleich groß wie die Außenfläche, die diese Wärme wieder abgibt. An der Ecke ist, geometrisch bedingt, die Außenfläche größer, es kommt zu einer intensiveren Abkühlung der Innenfläche, oftmals vor allem der Innenkante.

Die stofflich bedingten Wärmebrücken sind in einem Bauwerk vor allem an Flächen und Punkten anzutreffen, an denen aufgrund von Erfordernissen der Tragwerksplanung auf Stoffe mit erhöhter Tragfähigkeit zurückgegriffen werden muss (z.B. Anordnung einer Stahlbetonstütze als Aussteifungsstütze im Mauerwerk) bzw. überall dort, wo die einzelnen Tragsysteme eines Bauwerks ineinandergreifen (z.B. Auflagerung der Decken auf dem Mauerwerk).

1.2 Begriffe

Die Betrachtung von Vorgängen an Bauteilen mit Wärmebrücken ist zunächst einmal fokussiert auf die Frage, welche Wärmemenge durch einen definierten Baukörper geleitet wird. Es geht demzufolge um Wärme, die bekanntlich eine Energieform darstellt und in den Einheiten J (Joule), Wh (Wattstunden) oder Kilowattstunden (kWh) angegeben wird. Im Gegensatz dazu ist die aus der energetischen Bewertung von Heizungsanlagen bekannte Einheit W (Watt) die jeweilige Leistung, mit der Wärme produziert werden kann. Als Unterschied beider Begriffe ist demnach festzuhalten, dass Wärmeenergie immer die über einen bestimmten Zeitraum – beispielsweise über eine Stunde, aber auch gut über eine ganze Heizperiode – abgerufene Leistung ist.

Wärme kann transportiert werden, wenn eine grundsätzliche Voraussetzung, das Vorhandensein einer Temperaturgradiente, vorliegt (auf gekoppelte Transportvorgänge beispielsweise von Dampf und Wärme soll an dieser Stelle nicht weiter eingegangen werden). Die innerhalb einer definierten Zeiteinheit transportierte Wärmemenge wird als Wärmestrom bezeichnet. Wird die Zeit „ausgeblendet", so erhält man einen Wärmestrom in der Einheit W (Watt) oder kW (Kilowatt), also einen Wert, der der Wärmeleistung entspricht. Ist über einen bestimmten Zeitraum die am Bauteil vorliegende Temperaturdifferenz konstant (stationärer Fall), so ist sachlogisch die Wärmeleistung gleich dem Wärmestrom. Beispielhaft sei an dieser Stelle ein Raum mit einer Wärmequellen-Heizleistung X erwähnt, die, wenn die Lüftungswärmeverluste zu null gesetzt werden, dem Wärmestrom entsprechen muss, der über die angrenzenden Bauteilflächen zur kälteren Seite hin abfließt, um eine konstantes Temperaturniveau zu gewährleisten.

Ein Wärmetransport in Bauteilen (fester Körper) erfolgt über Wärmeleitung. Diese Stoffeigenschaft wird in W/(mK) angegeben und besagt, dass bei einer Temperaturdifferenz von 1 K (Temperaturdifferenzen werden in Kelvin angegeben, sie könnten aber ebenfalls in °C ausgewiesen werden) pro Meter Bauteildicke eine stoffabhängige Wärmemenge fließt. Nehmen wir uns als Beispiel dazu Beton, dessen Wärmeleitfähigkeit 2,1 W/(mK) betragen soll. Beträgt die Temperaturdifferenz 1 K, so fließt bei 1 m Bauteildicke ein Wärmstrom von 2,1 W von der wärmeren zur kälteren Seite. Ergänzend ist anzumerken, dass sich die Wärmeleitung auf eine Bauteiloberfläche von 1 m² bezieht und einer Transportzeit von 1 h entspricht. Obgleich also die Zeit in der Berechnung der Wärmeströme nicht in der Einheit auftaucht, ist sie später Grundlage für die Betrachtung der Wärmeströme über definierte längere Zeiteinheiten, wie zum Beispiel die Berechnung der Wärmeverluste über eine gesamte Heizperiode.

Der Unterschied in den stoffbedingten Werten ist eine Voraussetzung, um Wärmeströme eindeutig bestimmten Bereichen oder Flächen von Bauteilkonstruktion zuzuordnen.

In der Wärmeleitfähigkeit eines Baustoffs sind die einzelnen Prozesse der Wärmeleitung subsummiert. So werden in porösen Baustoffen andere Zusammenhänge aufgrund von Wärmestrahlung und konvektiven Wärmeübergangsprozessen zu betrachten sein, als in einem sehr dichten Baustoff, in dem der Wärmeleitungsprozess vor allem durch die Bewegung der Feststoffmoleküle erfolgt.

Für Wärmeleitungsvorgänge ist charakteristisch, dass der Vektor der Wärmestromdichte in jedem Punkt eines Körpers proportional zum Vektor des Temperaturgefälles ist. Der sich daraus ergebende Proportionalitätsfaktor ist die Wärmeleitfähigkeit.

Betrachten wir nunmehr ein Bauteil mit einer zwischen Außen- und Innenseite vorliegenden Temperaturdifferenz, so wird der Wärmestrom proportional zur dieser Differenz sein. Diesen Proportionalitätsfaktor nennt man Leitwert. Er gibt den Wärmestrom an, der bei einer Temperaturdifferenz von 1 K durch das Bauteil fließt. Die Einheit des Leitwertes ist folglich W/K. Denken wir uns nun ein Bauteil mit einer in einer Richtung großen, in Relation zu den sonstigen Abmessungen, Längenausdehnung, dann kann dieser Leitwert zu einem längenbezogenen Leitwert transformiert werden, dessen Einheit in W/(mK) anzugeben ist. Die Einheit stimmt mit der für die Wärmeleitfähigkeit überein. Sie dürfen aber nicht gleichgesetzt werden, da es sich bei der Wärmeleitfähigkeit um eine Stoffeigenschaft, bei dem längenbezogenen Leitwert indes um eine Bauteileigenschaft handelt.

Wände, Decken und Dächer können üblicherweise als plattenförmige Bauteile bezeichnet werden, was nahelegt, den Wärmestrom auf die Fläche dieser Bauteile zu beziehen, und nicht auf ihre Länge. In diesem Fall sprechen wir von einem flächenbezogenen Leitwert, dessen Einheit folgerichtig mit W/(m²K) anzugeben ist. Dieser flächenbezogene Leitwert ist nichts anderes als der allgemein bekannte U-Wert, der den Wärmestrom je m² Bauteiloberfläche bei einer Temperaturdifferenz von 1 K zwischen den beiden Bauteiloberflächen quantifiziert.

Das Rechnen mit flächenbezogenen Leitwerten (U-Werten) ist immer dann sinnvoll, wenn der Wärmestrom senkrecht zur Bauteiloberfläche erfolgt. Der flächenbezogene Leitwert bildet gleichzeitig das Grundgerüst jeder Wärmebrückenbetrachtung, da er den „Sollwärmestrom" durch das Bauteil oder durch Bereiche des Bauteils betrachtet, wir reden hier von einem „ungestörten" Wärmestrom.

Selbstverständlich wird der Wärmestrom durch das Bauteil nicht allein durch die Wärmeleitfähigkeit des Materials determiniert, sondern auch durch die an den jeweiligen Oberflächen vorhandenen Wärmeströme, dem Wärmeübergang. Es handelt sich hierbei um die aus den Normen bekannten Übergangswiderstände, früher auch als Übergangskoeffizienten bezeichnet. Diese Übergangskoeffizienten sind nichts anderes als flächenbezogene Leitwerte der zwischen Raum-/Außenluft und Bauteiloberfläche vorhandenen Grenzschichten. Ihre Werte werden bestimmt durch die dort herrschenden Wärmestrahlungs- und Konvektionsbedingungen (siehe beispielsweise DIN EN ISO 6946). Ist der Gesamtwärmestrom durch eine Konstruktion bekannt, so ist es ein Leichtes, die Oberflächentemperatur auf z.B. der Innenseite einer Konstruktion zu bestimmen.

Der thermische Leitwert – egal, welchen Bezug wir nun annehmen – ist kein neuer Begriff in der Bauphysik; allerdings wird er selten verwendet. Genaugenommen ist er der Elektrotechnik entlehnt, in der der Leitwert als Kehrwert des elektrischen Widerstandes als Grundlage für viele Berechnungen von Widerständen in Stromkreisen dient, seien sie nun in Reihe geschaltet oder parallel geschaltet angeordnet.

Die Analogie der Betrachtung in beiden Wissensgebieten ist nützlich, um uns dem flächenbezogenen Leitwert nochmals zuzuwenden, wenn die Konstruktion nicht aus einer, sondern aus einer Vielzahl hintereinander angeordneter Schichten besteht – was zugegebenermaßen selbst bei monolithischen Konstruktionen mit Putzschichten der Fall ist.

In der Elektrotechnik wird bei Reihenschaltung von Widerständen deren Addition zu einem Gesamtwiderstand vorgenommen. Genauso wird bei einem Bauteil mit mehreren hintereinander angeordneten Schichten verfahren. Der Widerstand der einzelnen Schicht ist als Kehrwert seines Leitwertes definiert. Als Einheit müsste sich demnach mK/W ergeben. Zweckmäßig – siehe oben – wird dieser Widerstand auf eine Fläche bezogen, daher ergibt sich dieser Widerstandswert als flächenbezogener Wert in m²K/W. Da der oben erwähnte Proportionalitätsfaktor, die Wärmeleitfähigkeit, den Wärmestrom an jeder Stelle maßgeblich bestimmt, kann der flächenbezogene Leitwert L mit Gleichung 1 mathematisch beschrieben werden:

$$L = \frac{\lambda}{d} \qquad [1]$$

Der Kehrwert des in Gleichung 1 dargestellten flächenbezogenen Leitwertes führt zum Wärmedurchlasswiderstand einer Schicht, der mit R abgekürzt wird und die Einheit m²K/W besitzt. Auf das oben erwähnte Beispiel mit Beton bezogen, ergibt sich ein Leitwert einer 30 cm dicken Wand von 7 W/m²K oder ein Wärmedurchlasswiderstand von ca. 0,143 m²K/W. Hätten wir keinerlei Wärmeübergangsmechanismen an der Oberfläche des Bauteils und keine weiteren Schichten, so wäre der flächenbezogene Leitwert nichts anderes als der U-Wert des Bauteils. Da aber diese Mechanismen immer an der Oberfläche von Bauteilen auftreten (die meisten sind mit der Umgebungsluft verbunden), ist das Hintereinanderliegen von Schichten bzw. Widerständen in der Baupraxis immer gegeben und ist, wie in der Elektrotechnik, mit der Reihenschaltung von Widerständen zu vergleichen, die in der Summe den Wärmedurchgangswiderstand R_T ergeben. Der Kehrwert des Wärmedurchgangswiderstandes bringt uns dann zurück zum flächenbezogenen Leitwert, dem U-Wert. Soll ein gesamter Leitwert für ein genau definiertes Bauteil mit vorgegebener Fläche bestimmt berechnet werden, so erhalten wir den Leitwert genau dieses Bauteils in W/K.

Ist die Temperaturdifferenz gegeben, so kann der Wärmestrom einfach aus der Multiplikation des flächenbezogenen Leitwertes mit der Temperaturdifferenz errechnet werden.

$$q = L \cdot \delta T \qquad [2]$$

Betrachtet man den Leitwert wiederum als Kehrwert des Wärmedurchlasswiderstandes, so wird Gleichung 2 zu:

$$q = \frac{1}{R_T} \cdot \delta T \qquad [3]$$

Oder:

$$q = \frac{\delta T}{R_T} \qquad [4]$$

Da, wie oben bereits angenommen, der Wärmestrom als konstant angesehen werden kann, so ist es mit dem nach den Gleichungen 3 und 4 gegebenen Zusammenhang möglich, an jedem Punkt einer gedachten Temperaturlinie die vorhandene Temperatur zu ermitteln. In DIN EN ISO 10211:2008-04 wird dieser Zusammenhang wie folgt dokumentiert:

$$q = \frac{(\theta - \theta_s)}{R_s} \qquad [5]$$

q Wärmestrom;
θ die innere oder äußere Temperatur;
θ_s die Temperatur der Innen- oder Außenoberfläche;
R_s der innere oder äußere Wärmeübergangswiderstand.

Ein weiteres Problem ergibt sich bei der Betrachtung von mehreren Bauteilen, die beispielsweise eine wärmeübertragende Hülle eines Gebäudes bilden. In diesem Fall ist es sinnvoll, einen Leitwert zu bilden, der als Summe aller Leitwerte der Bauteile ermittelt wird.

$$L = \sum_j L_j \cdot A_j \tag{6}$$

L_j flächenbezogener Leitwert des Einzelbauteils *j* in W/(m²K);
A_j Fläche des Einzelbauteils *j* in m².

Bedienen wir uns wieder der Begriffe der Elektrotechnik, so handelt es sich also um eine klassische Parallelschaltung der Widerstände. Diese kann aber nur dann als gegeben angenommen werden, wenn die Temperatur an beiden Seiten bei allen betrachteten Flächen gleich ist. Um die Berechnung zu vereinfachen, wird beispielsweise in DIN V 18599 mit sogenannten Temperaturkorrekturfaktoren gearbeitet, die eine Summenbildung auch ohne das Vorliegen einer gleichen Temperaturdifferenz ermöglichen. Diese Tatsache haben wir dann später zu berücksichtigen, wenn wir den Wärmestrom eines Details in Relation stellen zu seinem ursprünglich angenommenen Leitwert.

Die bisher dargestellte Leitwertdiskussion führt unweigerlich zu der Frage nach einer sicheren Prognose der zu erwartenden Oberflächentemperatur. Da sich der Wärmestrom aus Gleichung 3 aus dem Produkt aus der Temperaturdifferenz und dem Kehrwert des Wärmedurchgangswiderstandes ergibt und der Wärmestrom als konstant angenommen werden kann, gilt folgender Zusammenhang:

$$q = \frac{1}{R_T} \cdot (\theta_i - \theta_a) = \frac{1}{R_{Si}} \cdot (\theta_i - \theta_{Oi}) \tag{7}$$

R_T Wärmedurchgangswiderstand der Konstruktion in m²K/W;
θ_i Innentemperatur gemäß festzusetzender Randbedingungen in °C;
θ_a Außentemperatur gemäß festzusetzender Randbedingungen in °C;
R_{Si} innerer Wärmeübergangswiderstand in m²K/W;
θ_{Oi} Oberflächentemperatur in °C.

Aus Gleichung 7 resultiert eine Oberflächentemperatur von:

$$\theta_{Oi} = \theta_i - f \cdot (\theta_i - \theta_a) \tag{8}$$

Der dimensionslose Faktor *f* kann auch als Verhältniswert zwischen dem Wärmedurchgangswiderstand der Konstruktion und seinem Wärmeübergangswiderstand ausgedrückt werden.

$$f = \frac{R_{Si}}{R_T} \tag{9}$$

So ist es möglich, außerhalb von ungestörten Wandbereichen, den Wärmebrücken also, ganz einfach die Oberflächentemperatur zu ermitteln.

Das abschließende Beispiel soll die Leitwertdiskussion noch etwas anschaulicher gestalten. Gegeben seien 4 Räume, die über mehrere Bauteile miteinander verbunden sind. Die Raumanordnung ist Bild 1 zu entnehmen.

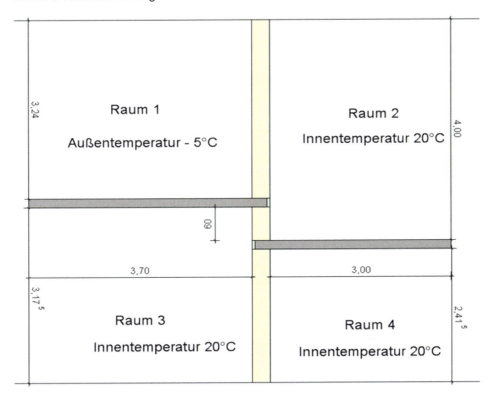

Bild 1: Raumanordnung zur Verdeutlichung des Leitwert-Begriffs

Die Wand zwischen den Räumen (und nach außen) soll eine 30 cm Porenbetonwand mit einem U-Wert (keine Putze berücksichtigt) von 0,315 W/(m²K) sein, die Decken besitzen einen U-Wert von 2,40 W/(m²K) bzw. 5,67 W/(m²K) – die Unterschiede sind lediglich auf abweichende Wärmeübergangswiderstände zurückzuführen. Die nun zu errechnenden Leitwerte zeigt Tabelle 1.

1 Wirkungsweise von Wärmebrücken

Tabelle 1: Berechnete eindimensionale Leitwerte

Thermische Verbindung zwischen		Wandmaße		Thermische Leitwerte bezogen auf		
Raum	Raum	Länge	Fläche	Fläche	Länge	-
		l in m	A in m²	W/(m²K)	W/(mK)	W/K
1	2	3,24	9,72	0,315	1,02	3,06
1	4	0	0	0	0	0
1	3	3,70	11,1	5,67	20,98	62,94
2	4	3,00	9,00	2,40	7,20	21,6
2	3	0,60	1,8	0,315	0,189	0,567
4	3	2,575	7,725	0,315	0,811	2,43

Anhand der Tabelle 1 sehen wir also, dass einem Detail als Verbindung verschiedener Räume mehrere Leitwerte zugeordnet werden können, letztlich in Abhängigkeit von der Schnittführung am Detail, die uns später noch beschäftigen wird. Es wird aber auch die Problematik deutlich, einem Detail einen ganz bestimmten Leitwert zuzuordnen, wenn mehrere Räume angrenzen – ganz abgesehen davon, dass mit der Bestimmung der Leitwerte der Einfluss ineinandergreifender Bauteile auf den Wärmestrom zwischen den Räumen nicht ausreichend beschrieben werden kann. Oder nehmen wir das Detail zwischen dem Raum 3 und 4. Welchen Einfluss hat der Anschluss auf den Wärmestrom zwischen dem Raum 4 und Raum 1 (Außentemperatur)? Diese Überlegungen führen fast automatisch zu einem weiteren Begriff, dem des zweidimensionalen Leitwertes, der in den Normen auch kurz als L^{2D} bezeichnet wird und den Wärmestrom mit einschließt, der über die Anschlussdetails mit zu berücksichtigen ist. Dabei kommt es vor allem darauf an, die Schnittführung in der Berechnung so zu wählen, dass sich die Wärmeströme unterschiedlicher Anschlüsse möglichst klar zuordnen lassen. In der Praxis wird diese Frage nicht immer einfach zu beantworten sein, und man hat die Wärmebrückenberechnung als das zu sehen, was sie ist: Als eine Vereinfachung komplexer Wärmeströme mit dem Ziel, eine für die Praxis verwendbare und für die Beurteilung von Auswirkungen auf die energetische und feuchtetechnische Bewertung ausreichende Lösung herbeizuführen.

1.3 Berücksichtigung des Einflusses zusätzlicher Verluste über Wärmebrücken

Die nachfolgenden Darstellungen beziehen sich vorderhand auf die Bewertung des Wärmebrückeneinflusses auf der Basis der in Deutschland gültigen Betrachtungsweise. Einige europäische Staaten haben diese in ihren Normen übernommen, andere favorisieren eine andere.

Wird der Heizwärmebedarf des Gebäudes nach dem Monatsbilanzverfahren der DIN V 4108-6 oder der DIN V 18599-2 berechnet, so kann die Wirkung von konstruktiv und geometrisch bedingten Wärmebrücken auf den Transmissionswärmeverlust der Gebäudehülle alternativ mit drei normativ gleichwertigen Verfahren berücksichtigt werden:

a) Berechnung nach DIN EN ISO 10 211 (ψ-Werte).

b) Pauschalierte Berücksichtigung mit ΔU_{WB} = 0,05 W/(m²K) unter Berücksichtigung der Planungsgrundsätze nach DIN 4108 Beiblatt 2.

c) Pauschalierte Berücksichtigung mit ΔU_{WB} = 0,10 W/(m²K), sofern DIN 4108 Beiblatt 2 unberücksichtigt bleiben soll bzw. die Konstruktionen nicht als gleichwertig zu betrachten sind. Bei Außenbauteilen mit innenliegender Dämmschicht und einbindender Massivdecke ist für ΔU_{WB} ein Wert von 0,15 W/(m²K) anzusetzen.

Der pauschale Wärmebrückenzuschlag und der längenbezogene Wärmedurchgangskoeffizient stehen dabei in folgender mathematischer Beziehung zueinander:

$$\Delta U_{WB} = \frac{\sum (\psi \cdot l)}{A} \qquad [10]$$

U_{WB} Wärmebrückenkorrekturwert nach DIN V 4108-6 bzw. DIN V 18599-2;
Ψ längenbezogener Wärmedurchgangskoeffizient;
l Länge der Wärmebrücke;
A wärmeübertragende Umfassungsfläche.

Ein Wärmebrückenkorrekturfaktor von 0,05 W/(m²K) beschreibt demzufolge, dass einem Quadratmeter wärmeübertragender Umfassungsfläche ein längenbezogener Wärmebrückenverlustkoeffizient von 0,05 W/(m²K) mit einer Konstruktionslänge von einem Meter zuzuordnen ist.

Die Berechnung des ψ-Wertes erfolgt unter Beachtung der DIN EN ISO 10211 mit der folgenden Gleichung:

$$\psi = L^{2D} - \sum_{j=1}^{n} U_j \cdot l_j \qquad [11]$$

L^{2D} thermischer Leitwert der zweidimensionalen Wärmebrücke;
U_j Wärmedurchgangskoeffizient des jeweils zwei Bereiche trennenden 1-D-Bauteils;
l_j die Länge innerhalb des 2-D-geometrischen Modells, für die der U_j gilt;
n die Nummer der 1-D-Bauteile.

Die längenbezogenen Wärmedurchgangskoeffizienten (Ψ-Werte) sind gemäß DIN V 4108-6 und DIN V 18599-2 für folgende Wärmebrücken zu berechnen:

- Gebäudekanten;
- Fenster- und Türlaibungen (umlaufend);
- Decken- und Wandeinbindungen;
- Deckenauflager;
- wärmetechnisch entkoppelte Balkonplatten.

Die grundlegenden Temperatur-Randbedingungen für die Berechnung sind der DIN 4108-2 zu entnehmen.

1 Wirkungsweise von Wärmebrücken

Tabelle 2: Temperaturrandbedingungen nach DIN 4108-2

Gebäudeteil bzw. Umgebung	Temperatur in °C
Keller	10
Erdreich	10
Unbeheizte Pufferzone	10
Unbeheizter Dachraum	− 5
Außenlufttemperatur	− 5
Innentemperatur	20

Zugegeben wird mit Blick auf Tabelle 2 auch gleich eine neue Problemseite aufgeschlagen: die der unterschiedlichen Temperatur-Randbedingungen, die je nach Hintergrund der Berechnung anzuwenden sind. DIN 4108-2 formuliert zwar, dass die Randbedingungen für die Berechnung von Wärmebrücken gelten, meint aber nur einen ganz bestimmten Teil dieser Berechnung: die Ermittlung der Oberflächentemperatur. Für die Berechnung der Oberflächentemperatur interessiert für den Nachweis nach DIN 4108-2 nur der Ort mit der minimal auftretenden Temperatur. Unter den genannten Randbedingungen muss sichergestellt sein, dass der sogenannte Temperaturfaktor f_{Rsi} den Wert von 0,7 nicht unterschreitet, was bei einer Außentemperatur von − 5 °C und einer Innentemperatur von 20 °C zu einer Oberflächentemperatur von mindestens 12,6 °C führt. Gleichung 12 verdeutlicht diesen Zusammenhang.

$$f_{Rsi} = \frac{\theta_{si} - \theta_e}{\theta_i - \theta_e} \qquad [12]$$

f_{Rsi} dimensionsloser Temperaturfaktor;
θ_{si} raumseitige Oberflächentemperatur;
θ_i die Innenlufttemperatur;
θ_e die Außenlufttemperatur.

Wird der Temperaturfaktor eingehalten, so wird vorausgesetzt, dass auf der Oberfläche die für die Schimmelpilzbildung kritische Luftfeuchte von 80 % nicht erreicht wird. Die kleine Abweichung, die sich jedem auftut, der die Gleichung 8 mit den Randbedingungen einer Außentemperatur von − 5 °C und einer Innentemperatur von + 20 °C nachrechnet (12,5 °C wären exakt möglich, 12,6 °C sind aber gefordert), soll hier nicht Gegenstand der Diskussion sein. Was aber ist bei anderen Randbedingungen einzuhalten, wenn zum Beispiel die Innentemperatur 20 °C und die Temperatur des angrenzenden Raumes 10 °C beträgt? Sind es hier die 12,6 °C oder der Mindestwert von $f_{Rsi} = 0,7$? Obgleich die Norm darüber keine klaren Aussagen enthält, ist die Anwendung des $f_{Rsi} = 0,7$ für diesen Fall nicht maßgebend, da dieser Wert zu einer Anforderung von 17 °C für die raumseitige Oberflächentemperatur führen würde. Auch hier wird es natürlich ausreichen, wenn die raumseitige Oberflächentemperatur mindestens 12,6 °C beträgt.

Weitere Randbedingungen für die Berechnung der längenbezogenen Wärmedurchgangskoeffizienten sind der DIN EN ISO 10211 und dem Anhang A von Beiblatt 2 zu DIN 4108 zu entnehmen.

Aufgrund der Festlegung, dass alle Flächen im Nachweis außenmaßbezogen unter Beachtung der DIN EN ISO 13789 zu ermitteln sind, hat auch die Berechnung der

1 Wirkungsweise von Wärmebrücken

Ψ-Werte außenmaßbezogen zu erfolgen, was unter Umständen (z.B. bei Außenwandecken) zu negativen Ψ-Werten führen kann.

Die Berechnung des Ψ-Wertes unter Anwendung der DIN EN ISO 10211 wird nunmehr anhand eines Beispiels erläutert:

Der Wärmebrückeneinfluss einer in der Außenwand eingebundenen Stahlbetonstütze soll untersucht werden. Die Stahlbetonstütze wird außenseitig zusätzlich mit 4 cm Wärmedämmung mit einem Bemessungswert der Wärmeleitfähigkeit von 0,025 W/(mK) gedämmt. Die gewählte Schnittführung ist Bild 2 zu entnehmen. Die Stahlbetonstütze ist bei der Ermittlung des U-Wertes der Außenwand nicht berücksichtigt worden.

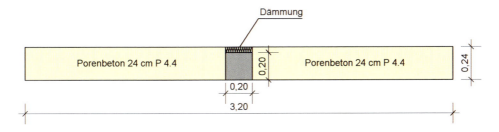

Bild 2: Außenwand mit Stahlbetonstütze

Der U-Wert der Außenwand beträgt 0,599 W(m²K) (24 cm Porenbetonplatte P4,4/0,6) nach DIN EN ISO 6946.

Der Term $U \cdot l$ aus Gleichung 11 wird zu: 0,599 · 3,20 m = 1,92 W(mK)

Der mit dem Programm Psi-Therm ermittelte Wärmestrom beträgt 51,49 W/m.

Der thermische Leitwert berechnet sich aus:

$$L^{2D} = \frac{q}{\Delta \vartheta} = \frac{51,49}{25} = 2,06 \, \text{W/mK}$$

q Wärmestrom 2-D aus Wärmebrückenprogramm;
$\Delta \vartheta$ Temperaturdifferenz (hier: 20 − (− 5) = 25 K).

Außenmaßbezogener Wärmebrückenverlustkoeffizient ψ_a:

Ψ_a = 2,06 − 1,92 = 0,14 W(mK)

Bei einer 3 m hohen Stahlbetonstütze wären demnach für den Anschluss zusätzliche Verluste von 0,14 · 3 m = 0,42 W/K zu berücksichtigen.

Wird der längenbezogene Wärmebrückenverlustkoeffizient auf die wärmeübertragende Umfassungsfläche bezogen, so ergibt sich ein Wert von 0,42/9,6 m² = 0,044 W(m²K).

1.4 Transmissionswärmeverluste unter Beachtung zusätzlicher Verluste über Wärmebrücken

Gemäß EnEV ist der flächenbezogene Transmissionswärmeverlust H_T nach DIN EN 832 mit den in DIN V 4108-6 Anhang D genannten Randbedingungen zu ermitteln. Dabei dürfen die Vereinfachungen für den Berechnungsgang nach DIN EN 832 verwendet werden. Diese Festlegung gilt unabhängig vom Temperaturniveau des Gebäudes. In der DIN V 18599-2 wird für H_T der Begriff Transmissionswärmetransferkoeffizient verwendet. Dieser Unterschied hat auf den Berechnungsalgorithmus keinen Einfluss und wird daher nicht weiter beachtet.

Die Berechnung des spezifischen Transmissionswärmeverlustes erfolgt auf der Grundlage der nachfolgend dargestellten Gleichung:

$$H_T = L_D + L_S + H_U \qquad [13]$$

H_T spezifischer Transmissionswärmeverlust;

L_D Leitwert zwischen dem beheizten Raum und außen über die Gebäudehülle in W/K;

L_S stationärer Leitwert zum Erdreich in W/K nach DIN EN ISO 13370;

H_U der spezifische Transmissionswärmeverlustkoeffizient über unbeheizte Räume in W/K nach DIN EN ISO 13789.

Der Leitwert L_D ist dabei nach folgender Rechenvorschrift zu bestimmen:

$$L_D = \sum_i A_i U_i + \sum_k l_k \psi_k + \sum_j \chi_j \qquad [14]$$

oder

$$L_D = \sum_i A_i \cdot U_i + \sum_k L_k^{2D} + \sum_j L_j^{3D} \qquad [15]$$

A_i die Fläche des Bauteils i der Gebäudehülle in m²;

U_i der Wärmedurchgangskoeffizient in W/(m²K) des Bauteils i der Gebäudehülle, berechnet nach DIN EN ISO 6946 und DIN EN ISO 10077;

l_k die Länge der zweidimensionalen Wärmebrücke k;

Ψ_k der längenbezogene Wärmedurchgangskoeffizient in W/(mK) der Wärmebrücke k nach DIN EN ISO 10211;

χ_j der punktbezogene Wärmedurchgangskoeffizient in W/k der punktförmigen Wärmebrücke j, berechnet nach DIN EN ISO 10211;

L_k^{2D} der thermische Leitwert in W/(mK), der durch die zweidimensionale Berechnung nach DIN EN ISO 10211 ermittelt wird;

L_j^{3D} der thermische Leitwert in W/K, der durch dreidimensionale Berechnung nach DIN EN ISO 10211 ermittelt wird.

Die mögliche Vereinfachung des Rechenganges besteht in der Verwendung von Temperaturkorrekturfaktoren F_x für Bauteile, die nicht an die Außenluft grenzen (siehe Tabelle 5) und in der Verwendung eines pauschalen, auf die wärmeübertragende Umfassungsfläche bezogenen Wärmebrückenzuschlages ΔU_{WB}.

1 Wirkungsweise von Wärmebrücken

Dreidimensionale Wärmebrücken werden im Rahmen des öffentlich-rechtlichen Nachweises nicht beachtet, zweidimensionale Wärmebrücken zu niedrig beheizten Räumen dürfen vernachlässigt werden. Der zusätzliche spezifische Wärmeverlust für Bauteile mit Flächenheizung ist im öffentlich-rechtlichen Nachweis nach Abschnitt 6.1.4 der DIN V 4108-6 zu ermitteln und zum spezifischen Transmissionswärmeverlust zu addieren. Unter Beachtung dieser Vereinfachungen ergibt sich folgende Berechnungsvorschrift für den spezifischen Transmissionswärmeverlust:

$$H_T = \sum (F_{xi} \cdot U_i \cdot A_i) + \Delta U_{WB} \cdot A + \Delta H_{T,FH} \qquad [16]$$

F_{xi} Temperaturkorrekturfaktor nach Tabelle 3 DIN V 4108-6, für Bauteile gegen Außenluft ist $F_{xi} = 1$;
U_i Wärmedurchgangskoeffizient eines Bauteils in W/(m²K);
A_i Fläche eines Bauteils in m²;
ΔU_{WB} spezifischer Wärmebrückenzuschlag in W/(m²K);
A wärmeübertragende Umfassungsfläche des Gebäudes;
$\Delta H_{T,FH}$ spezifischer Wärmeverlust über Bauteile mit Flächenheizung.

Wird, abweichend von Gleichung 16, der zusätzliche Verlust über Wärmebrücken nach DIN EN ISO 10211 berechnet, so ist statt des Terms $\Delta U_{WB} \cdot A$ der Leitwert L zu verwenden. Die Berechnung des Wärmedurchgangskoeffizienten U_i hat nach den Vorschriften der DIN EN ISO 6946, DIN EN ISO 10077 (Fenster) und DIN EN ISO 13370 bzw. Anhang E der DIN V 4108-6 (Bauteile, die an das Erdreich grenzen) zu erfolgen. Wird der U-Wert für Bauteile, die an das Erdreich grenzen, nach Anhang E der DIN V 4108-6 berechnet, so ist zu beachten, dass bei an das Erdreich grenzenden Bauteilen (z.B. Bodenplatten) der äußere Wärmeübergangswiderstand gleich null zu setzen ist.

1.5 Nachweis der Gleichwertigkeit nach DIN 4108 Beiblatt 2

Es ist möglich, Wärmebrücken auf der Grundlage der nach DIN EN ISO 10211 festgelegten Randbedingungen zu berechnen oder auch nur einen Nachweis der Gleichwertigkeit nach DIN 4108 Beiblatt 2 zu führen.

Der Nachweis der Gleichwertigkeit von zu den im Beiblatt 2 aufgezeigten Konstruktionen kann dabei mit einem der nachfolgenden Verfahren vorgenommen werden:

a) **Bei der Möglichkeit einer eindeutigen Zuordnung des konstruktiven Grundprinzips und bei Vorliegen der Übereinstimmung der beschriebenen Bauteilabmessungen und Baustoffeigenschaften ist eine Gleichwertigkeit gegeben.**

Diese Art des Gleichwertigkeitsnachweises folgt dem Grundsatz, dass das zu beurteilende Detail mit einem Detail aus dem Beiblatt übereinstimmt. Ein Beispiel ist in Tabelle 3 aufgeführt.

1 Wirkungsweise von Wärmebrücken

Tabelle 3: Gleichwertigkeitsnachweis nach Verfahren a)

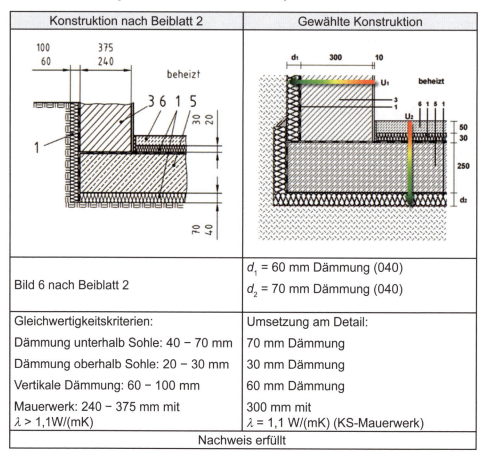

Konstruktion nach Beiblatt 2	Gewählte Konstruktion
Bild 6 nach Beiblatt 2	d_1 = 60 mm Dämmung (040) d_2 = 70 mm Dämmung (040)
Gleichwertigkeitskriterien: Dämmung unterhalb Sohle: 40 – 70 mm Dämmung oberhalb Sohle: 20 – 30 mm Vertikale Dämmung: 60 – 100 mm Mauerwerk: 240 – 375 mm mit λ > 1,1 W/(mK)	Umsetzung am Detail: 70 mm Dämmung 30 mm Dämmung 60 mm Dämmung 300 mm mit λ = 1,1 W/(mK) (KS-Mauerwerk)
Nachweis erfüllt	

b) Bei Materialien mit abweichender Wärmeleitfähigkeit erfolgt der Nachweis der Gleichwertigkeit über den Wärmedurchlasswiderstand der jeweiligen Schicht.

Diese Instruktion für eine Feststellung der Gleichwertigkeit soll ermöglichen, dass bei Einhaltung der energetischen Qualität der Gesamtkonstruktion auch abweichende Aufbauten verwendet werden können. In der Praxis wird man diese Regel vor allem dann anwenden können, wenn zum Beispiel Mauerwerk oder Dämmung geringerer Wärmeleitfähigkeit zum Einsatz kommen soll. Es ist jedoch zu beachten, dass in Beiblatt 2 kein Wärmedurchlasswiderstand ausgewiesen wird, es ist daher immer zunächst davon auszugehen, dass der Aufbau mit den minimalen Wärmeleitfähigkeiten nach Beiblatt 2 als Vergleichsgrundlage zu dienen hat. Der folgende Vergleich verdeutlicht die Nachweisführung anhand eines Beispiels:

1 Wirkungsweise von Wärmebrücken

Tabelle 4: Gleichwertigkeitsnachweis nach Verfahren b)

Konstruktion nach Beiblatt 2	Gewählte Konstruktion
Bild 58 nach Beiblatt 2	d_1 = 175 mm Porenbeton 0,16 W/(mK) d_2 = 100 mm Dämmung (040) d_3 = 200 mm Stahlbeton
Gleichwertigkeitskriterien: Mauerwerk: 150 – 240 mm mit $\lambda \geq 1{,}1$ W/(mK) Dämmung: 100 – 140 mm mit $\lambda = 0{,}04$ W/(mK) Stahlbetondecke Stahlbetonsturz mit $\lambda = 2{,}1$ W/(mK) Fuge Blendrahmen-Baukörper mit 10 mm Dämmstoff ausfüllen	Umsetzung am Detail: 175 mm Porenbeton mit $\lambda = 0{,}18$ W/(mK) 100 mm Dämmung mit $\lambda = 0{,}04$ W/(mK) Stahlbetondecke Porenbetonflachsturz mit $\lambda = 0{,}21$ W/(mK) Fuge Blendrahmen-Baukörper mit 10 mm Dämmstoff ausgefüllt
Nachweis erfüllt $R_1 \leq R_2$	

Hinweis: Die Forderung nach Einhaltung des Wärmedurchlasswiderstandes gilt für alle Bereiche der Konstruktion, nicht nur für das Mauerwerk selbst. Deshalb ist bei dem dargestellten Detail eine Reduzierung der Dämmung auf 80 mm nur dann möglich, wenn eine Dämmung mit einer Wärmeleitfähigkeit von $\leq 0{,}03$ W/(mK) zum Einsatz käme, da ansonsten der Wärmedurchlasswiderstand an der Stirnseite der Decke geringer ausfiele.

c) **Ist auf dem unter a) und b) dargestellten Wege keine Übereinstimmung zu erreichen, so sollte die Gleichwertigkeit des Anschlussdetails mit einer Wärmebrückenberechnung nach dem in DIN EN ISO 10211 beschriebenen Verfahren unter Verwendung der in DIN 4108 Beiblatt 2 angegebenen Randbedingungen vorgenommen werden.**

1 Wirkungsweise von Wärmebrücken

Für diese Art des Nachweises der Gleichwertigkeit ist also eine Berechnung des Ψ-Wertes gefordert. Eine solche Berechnung kann nur unter Verwendung von speziellen EDV-Programmen vorgenommen werden. Zu beachten ist hierbei, dass in Beiblatt 2 an einigen Stellen von den in DIN EN ISO 10211 vorgeschriebenen Randbedingungen abgewichen wird (z.B. bei erdberührten Bauteilen). Die Berechnungen des Ψ-Wertes für ebensolche Anschlussdetails können vorderhand nur für den Nachweis der Gleichwertigkeit verwendet werden und nicht für einen detaillierten Nachweis der Wärmebrückenverluste eines Gebäudes. Andererseits kann es erforderlich werden, alle Details eines Gebäudes bezüglich ihrer Gleichwertigkeit nachzuweisen. Die Summe der nach Beiblatt 2 ermittelten längenbezogenen Wärmedurchgangskoeffizienten führt zum Gesamtverlust über Wärmebrücken. Teilt man diesen durch die wärmeübertragende Umfassungsfläche, so wird ein ΔU_{WB} herauskommen, der unter Umständen unterhalb des nach DIN V 4108-6/DIN V 18599-2 angebotenen Wertes liegt. Wenn alle Details unter gleichen Randbedingungen ermittelt worden sind und der Gesamtverlust geringer ist als im Beiblatt 2 angegeben, so spricht nichts dagegen, den so ermittelten ΔU_{WB} zu verwenden. Dementsprechend relativiert sich die Aussage nach Beiblatt 2 und eine detaillierte Ermittlung der Verlustwerte nach den Randbedingungen des Beiblatts 2 scheint möglich. Voraussetzung ist, und das ist nicht oft genug zu betonen, dass wirklich alle Details des Gebäudes berechnet worden sind – aber das entspricht ja auch der Intention des detaillierten Nachweises.

Die zu verwendenden Randbedingungen sind im Kapitel 7 des Beiblatts enthalten. In Bild 3 werden exemplarisch die Randbedingungen für die Berechnung des Ψ-Wertes eines Anschlusses der obersten Geschossdecke dargestellt. Der Dachraum ist unbeheizt.

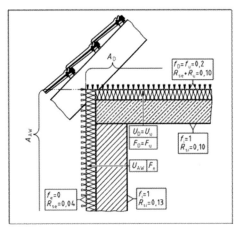

Bild 3: Randbedingung für die Berechnung des Ψ-Wertes (Beispiel)

In den Randbedingungen werden festgelegt:

1. Wärmeübergangswiderstände (nach DIN EN ISO 6946).
2. Der gewählte Außenmaßbezug der Bauteile.
3. Temperaturfaktoren (f-Werte).

Schauen wir uns zunächst eine Besonderheit der Randbedingungen an – den Temperaturfaktor f. Vorweg: Dieser hat nichts zu tun mit dem Faktor f_{RSi} und auch nicht mit unserem Temperaturfaktor nach Gleichung 9.

1 Wirkungsweise von Wärmebrücken

Die Temperaturfaktoren f_x sind aus den Temperaturkorrekturfaktoren F_x nach DIN V 4108-6 bzw. DIN V 18599-2 abgeleitet und stehen in folgender Beziehung zueinander:

$$F_x = 1 - f_x \qquad [17]$$

Der Wert für den Temperaturkorrekturfaktor zum ungeheizten Dachraum F_u für das in Bild 2 aufgezeigte Anschlussdetail ist nach DIN V 4108-6 mit 0,8 anzunehmen, daher wird f_u 0,2. Der Vorteil einer Verwendung des Temperaturfaktors besteht darin, dass auf das Umrechnen auf die konkreten Temperaturen verzichtet werden kann, was eine Vereinfachung, gleichwohl aber keine Notwendigkeit und schon gar keine Voraussetzung darstellt. Da der Temperaturfaktor mit dem Temperaturkorrekturfaktor in der in Gleichung 17 gezeigten Art in Verbindung steht, ist es wichtig, auch die tatsächlich in der Berechnung des Transmissionswärmeverlustes für das jeweilige Bauteil verwendeten F_x-Werte zu benutzen. Anderenfalls ist die Berechnung der Ψ-Werte nicht korrekt. Die nach DIN V 4108-6 /DIN V 18599-2 anzusetzenden Temperaturkorrekturfaktoren sind der Tabelle 5 zu entnehmen.

Tabelle 5: Anzuwendende Temperaturkorrekturfaktoren

Bauteil	F_i [1]					
Außenwand, Fenster, Decke über Außenluft	1,00					
Dach (als Systemgrenze)	1,00					
Dachgeschossdecke (Dachraum nicht ausgebaut)	0,80					
Wände und Decken zu Abseiten (Drempel)	0,80					
Wände und Decken zu unbeheizten Räumen	0,50					
Wände und Decken zu Räumen mit niedrigen Innentemperaturen	0,35					
Wände und Fenster zu unbeheiztem Glasvorbau bei Verglasung des Vorbaus mit						
- Einfachverglasung	0,80					
- Zweischeibenverglasung	0,70					
- Wärmeschutzverglasung	0,50					
unterer Gebäudeabschluss	$B' < 5$ m [2]		$5\,m \leq B' \leq 10\,m$ [2]		$B' > 10$ m [2]	
	R_f bzw. R_w in m²KW⁻¹ [3]					
	≤ 1	> 1	≤ 1	> 1	≤ 1	> 1
Flächen des beheizten Kellers:						
- Fußboden des beheizten Kellers	0,30	0,45	0,25	0,40	0,20	0,35
- Wand des beheizten Kellers	0,40	0,60	0,40	0,60	0,40	0,60
Fußboden [4] auf Erdreich ohne Randdämmung	0,45	0,60	0,40	0,50	0,25	0,35
Fußboden [4] auf Erdreich mit Randdämmung						
- 5 m breit, waagerecht	0,30		0,25		0,20	
- 2 m tief, senkrecht	0,25		0,20		0,15	
Kellerdecke und Kellerinnenwand:						
- zum beheizten Keller mit Perimeterdämmung	0,55		0,50		0,45	
- zum unbeheizten Keller ohne Perimeterdämmung	0,70		0,65		0,55	
aufgeständerter Fußboden	0,90					
Bodenplatte von Räumen mit niedrigen Innentemperaturen	0,20	0,55	0,15	0,50	0,10	0,35

1) Gelten analog für Bauteile, die Räume mit niedrigen Innentemperaturen begrenzen, außer für Fußböden auf dem Erdreich.
2) $B' = \frac{A_G}{0,5 \cdot P}$ mit Bodengrundfläche A_G und Umfang der Bodengrundfläche P.
3) Wärmedurchlasswiderstand von Bodenplatte R_f (oben bezeichnet als Fußboden und Bodenplatte) bzw. der Kellerwand R_w, ggf. flächengewichtetes Mittel aus den Wärmedurchlasswiderständen von Bodenplatte und Kellerwand.
4) Fließendes Grundwasser: Erhöhung von F_i um 15 %
5) Randdämmung: $R > 2\,m^2\,K\,W^{-1}$, Bodenplatte ungedämmt.

1 Wirkungsweise von Wärmebrücken

Die Temperaturkorrekturfaktoren für an das Erdreich grenzende Bauteile (Bodenplatte, Kellerwand) werden im Beiblatt 2 einheitlich für alle Details mit 0,6 festgelegt. Diese Annahme liegt auf der sicheren Seite, da die positiven Einflüsse aus Geometrie und Dämmung derartiger Bauteile nicht in die Berechnung eingehen. Für detaillierte Nachweise nach DIN EN ISO 10211 sollten diese Einflüsse jedoch nicht unberücksichtigt bleiben.

Was ist aber zu tun, wenn in einem Berechnungsprogramm mit realen Temperaturen gerechnet werden soll? In diesem Fall sind die Temperaturfaktoren in Temperaturen umzurechnen. Beispiele für Temperaturen, die sich aus der Anwendung des nach Gleichung 17 dargestellten Zusammenhanges ergeben, zeigt Tabelle 5. Wir gehen hierbei davon aus – so wie in DIN 4108-2 festgelegt –, dass die Standardtemperaturdifferenz zwischen innen und außen 25 K beträgt (innen: 20 °C, außen: – 5 °C). An diese Temperaturdifferenz werden mit den Temperaturkorrekturfaktoren F_x die anderen Randbedingungen angepasst, sozusagen als Relativwert. So bedeutet beispielsweise, dass bei einem Temperaturkorrekturfaktor von 0,8 (nicht ausgebauter Dachraum) die Temperaturdifferenz zwischen dem auf 20 °C temperierten Innenraum und dem Dachraum nur 80 % der Standardtemperaturdifferenz von 25 K entspricht. Die Temperatur des Dachraums würde dementsprechend 0 K betragen. Dies gilt zumindest für die Berechnung des Ψ-Wertes, denn wir wissen ja, dass für die Berechnung der Oberflächentemperatur die Werte nach Tabelle 2 anzunehmen sind.

In der Tabelle 6 sind die Zusammenhänge für ausgewählte F_x-Werte noch einmal als Übersicht dargestellt. Diese Übersicht soll helfen, die richtigen f-Werte für die Berechnung mit Psi-Therm auszuwählen oder zu berechnen.

Randbedingungen:

Außen: – 5 °C

Innen: + 20°C

Temperaturdifferenz: 25 K

Tabelle 6: Berechnung der anzusetzenden Außentemperaturen aus den f-Werten

Bauteil zu	F	f	Differenz D	Temperaturdifferenz D_1 in °C	Korrigierte Außentemperatur in °C
			= 1 – f	= D · 25 K	= 20 – D_1
Außenluft	1	0	1	25	– 5
Ungeheizter Dachraum	0,8	0,2	0,8	20	0
Erdreich	0,6	0,4	0,6	15	5
Unbeheizten Räumen	0,5	0,5	0,5	12,5	7,5

Alle im Beiblatt 2 berechneten Ψ-Werte sind außenmaßbezogene Werte. Der Ψ-Wert wird bestimmt nach:

$$\psi = L^{2D} - \sum_{j=1}^{J} U_j \cdot l_j \qquad [18]$$

L^{2D} der längenbezogene thermische Leitwert aus einer 2-D-Berechnung;

U_j der Wärmedurchgangskoeffizient des 1-D-Teiles;

l_j die Länge, über die der U_j-Wert gilt.

Da über den Außenmaßbezug nach DIN EN ISO 13789 bei der Berechnung der Wärmeverluste schon ein Teil der Wärmebrückenverluste in die Berechnung eingeht, ist der Ψ-Wert vor allem ein Verhältniswert, der das Verhältnis bereits einbezogener Verluste zu den tatsächlich vorhandenen Verlusten darstellt. Der außenmaßbezogene Ψ-Wert ist daher kein Wert zur energetischen Beurteilung der Anschlussdetails.

Der Nachweis der Gleichwertigkeit über die Berechnung des Ψ-Wertes soll im Folgenden an einem Beispiel erläutert werden.

1 Wirkungsweise von Wärmebrücken

Tabelle 7: Gleichwertigkeitsnachweis nach Verfahren c)

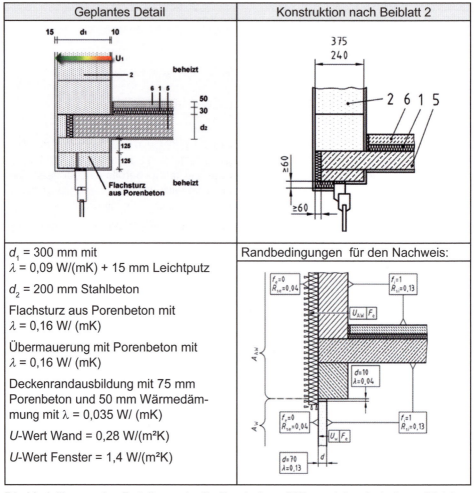

Geplantes Detail	Konstruktion nach Beiblatt 2
d_1 = 300 mm mit λ = 0,09 W/(mK) + 15 mm Leichtputz d_2 = 200 mm Stahlbeton Flachsturz aus Porenbeton mit λ = 0,16 W/ (mK) Übermauerung mit Porenbeton mit λ = 0,16 W/ (mK) Deckenrandausbildung mit 75 mm Porenbeton und 50 mm Wärmedämmung mit λ = 0,035 W/ (mK) U-Wert Wand = 0,28 W/(m²K) U-Wert Fenster = 1,4 W/(m²K)	Randbedingungen für den Nachweis:

Die Modellierung des Details sowie die Ergebnisse (Wärmeströme) sind aus Bild 4 zu entnehmen.

1 Wirkungsweise von Wärmebrücken

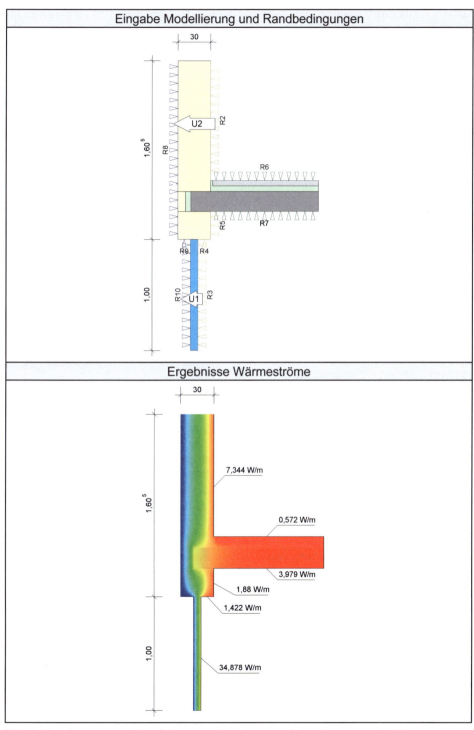

Bild 4: Eingabedaten und Ergebnisse der Berechnung mit dem Programm Psi-Therm

1 Wirkungsweise von Wärmebrücken

Auf der Basis der Berechnungsergebnisse erfolgt die Ermittlung des längenbezogenen Wärmedurchgangskoeffizienten.

Ermittlung des Ψ-Wertes:	
Eingangsdaten:	Ergebnisse:
U-Wert der Wandkonstruktion im ungestörten Bereich	0,28 W/(m²K)
U-Wert des Fensters	1,40 W/(m²K)
Länge der Wand gemäß Modellierung (Eingabe der Länge mit Außenmaßbezug nach DIN EN ISO 13789)	1,605 m
Länge des Fensters gemäß Modellierung	1,00 m
Sollwärmestrom über die Wandfläche	0,28 x 1,605 = 0,449 W/(mK)
Sollwärmestrom über die Fensterfläche	1,40 x 1,00 m = 1,40 W/(mK)
Sollwärmestrom über die Wandfläche	1,414+0,449 = 1,849 W/(mK)
Temperaturdifferenz $\Delta\theta$ (innen: 20 °C, außen: – 5°C)	25 K
Ausgabedaten:	
Gesamtwärmestrom:	50,068 W/m
Berechnungsdaten:	
Leitwert: Gesamtwärmestrom / Temperaturdifferenz	50,068/25 = 2,0027 W/(mK)
Ψ-Wert: Leitwert – Gesamtsollwärmestrom	2,0027 – 1,849 = 0,154 W/(mK)
Vergleich:	
0,15 = 0,15	

Der Nachweis der Gleichwertigkeit wurde erbracht, da der berechnete Ψ-Wert mit dem nach Beiblatt 2 geforderten übereinstimmt. Bei Übereinstimmung der restlichen Detaillösungen des Gebäudes mit den in Beiblatt 2 enthaltenen, kann somit der pauschale Wärmebrückenzuschlag von 0,05 W/(m²K) angewendet werden. Sollten auch andere Details nicht mit denen nach Beiblatt 2 übereinstimmen, so ist die oben veranschaulichte Vorgehensweise für jedes Detail zu wiederholen.

d) Ebenso können Ψ-Werte Veröffentlichungen oder Herstellernachweisen entnommen werden, die auf den im Beiblatt 2 festgelegten Randbedingungen basieren.

Mit dieser vom Beiblatt 2 eingeräumten Nachweisart wird die Möglichkeit eröffnet, die von Herstellern bereitgestellten Ψ-Werte als Grundlage einer Gleichwertigkeitsbeurteilung zu verwenden. Dem Planer obliegt jedoch eine gewisse Prüfpflicht, die sich vor allem darauf beschränkt, die verwendeten Randbedingungen zu hinterfragen. Gegebenenfalls sollte sich der Planer, um die Haftungsfrage eindeutig zu regeln, vom Anbieter die verwendeten Randbedingungen detailliert bescheinigen lassen. Alle die in diesem Katalog berechneten Werte basieren auf den Randbedingungen von Beiblatt 2 und können daher auch für den Nachweis der Gleichwertigkeit herangezogen werden.

1 Wirkungsweise von Wärmebrücken

Hinweis zur Bagatellregelung nach EnEV:

Soweit nach den Vorgaben des Beiblatts 2 Gleichwertigkeitsnachweise zu führen wären, ist dies nach EnEV 2009 für solche Wärmebrücken nicht erforderlich, bei denen die angrenzenden Bauteile kleinere Wärmedurchgangskoeffizienten aufweisen, als in den Musterlösungen der DIN 4108 Beiblatt 2:2006-03 zugrunde gelegt sind. Diese in der EnEV enthaltene Regelung führt bislang leider zu missverständlichen Interpretationen und soll daher kurz erläutert werden:

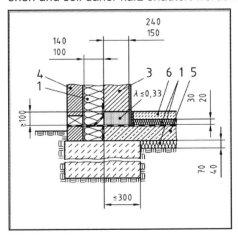

Bild 5: Bild 17 aus DIN 4108 Beiblatt 2

Der Text der EnEV lässt folgende Interpretationen zu:

Variante A: Auf einen Kimmstein kann verzichtet werden, wenn die angrenzenden Bauteile (hier Sohlplatte und zweischalige Außenwand) jeweils einen geringeren U-Wert aufweisen als die im Bild dargestellte Musterlösung.

Variante B: Die Musterlösung ist grundsätzlich mit Kimmstein umzusetzen. Da aber auch eine dickere Wärmedämmung (z.B. Außenwand mit 160 mm Dämmung) vom Konstruktionsprinzip nach Beiblatt 2 abweicht, wäre ein Gleichwertigkeitsnachweis erforderlich. Aufgrund des Verordnungstextes ist dieser aber entbehrlich.

Es ist anzunehmen, dass der Verordnungsgeber die Variante B meinte. Bis zu einer offiziellen Klarstellung ist zu empfehlen, nicht allein auf die U-Werte der angrenzenden Bauteile abzustellen und zusätzlich den Nachweis der Einhaltung der Mindestoberflächentemperatur nach DIN 4108-2 an den ungünstigsten Stellen zu führen.

1.6 Empfehlungen zur energetischen Betrachtung

Unter welchen Voraussetzungen können geometrische und konstruktive Wärmebrücken im öffentlich-rechtlichen Nachweis unberücksichtigt bleiben? Diese Frage wird im neuen Beiblatt wie nachfolgend aufgezeigt beantwortet:

1. **Anschlüsse Außenwand/Außenwand (Außen- und Innenecke) dürfen bei der energetischen Betrachtung vernachlässigt werden.**

Diese Möglichkeit wurde deshalb eingeräumt, weil der Außenmaßbezug bei der Berechnung der thermischen Verluste über die Außenwände die zusätzlichen Verluste an solchen Anschlüssen generell einschließt. Bei der detaillierten Berechnung des außenmaßbezogenen Ψ-Wertes für solche Anschlussdetails werden daher auch stets negative Verlustwerte (sprich: Wärmegewinne) ermittelt. Eine Gleichwertigkeitsbetrachtung ist daher entbehrlich. Dies bedeutet jedoch nicht, dass die Gewinne bei einer detaillierten Berechnung aller Wärmebrücken eines Gebäudes nach DIN EN ISO 10211 nicht einbezogen werden dürfen.

Ergänzend sei jedoch hinzugefügt, dass diese Empfehlung nur für den Fall einer thermisch homogenen Eckausbildung zutrifft. Werden zum Beispiel Stahlbetonstützen oder Stahlstützen im Eckbereich angeordnet, so ist sicherlich eine detaillierte Berechnung der Ψ-Werte und der f_{Rsi}-Werte zu empfehlen. Derartige Konstruktionen werden von der oben erwähnten Vereinfachung nicht erfasst.

2. Der Anschluss Geschossdecke (zwischen beheizten Geschossen) an die Außenwand, bei der eine durchlaufende Dämmschicht mit einer Dicke ≥ 100 mm bei einer Wärmeleitfähigkeit von 0,04 W/(mK) vorhanden ist, kann bei der energetischen Betrachtung vernachlässigt werden.

Ein Beispiel für die Anwendung dieser Vereinfachung dokumentiert Bild 6.

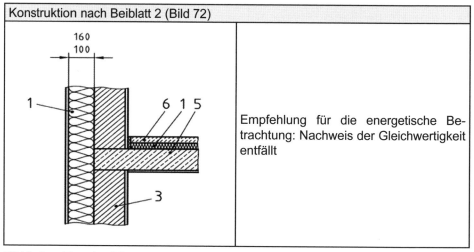

Bild 6: Anschlussdetail Decke/Außenwand

Die zusätzlichen Verluste am Anschluss Decke/Außenwand sind auch für den im Bild 6 skizzierten Fall durch den im Nachweis verwendeten Außenmaßbezug bereits im Gesamtverlust der Außenwand enthalten. Die geforderte minimale Oberflächentemperatur von 12,6 °C an der Innenseite wird aufgrund der durchlaufenden Dämmschicht mit einem Mindestwärmedurchlasswiderstand von 2,5 m²K/W sicher eingehalten.

Werden zum Beispiel Aussteifungsstützen im Außenmauerwerk angeordnet, so gilt diese Vereinfachung aber nur dann, wenn die Außenwand bereits als zusammengesetztes inhomogenes Bauteil berechnet wurde. Eine detaillierte Berechnung der Oberflächentemperatur sollte auch für diesen Fall vorgenommen werden.

1 Wirkungsweise von Wärmebrücken

3. **Anschluss Innenwand an eine durchlaufende Außenwand oder obere und untere Außenbauteile, die nicht durchstoßen werden bzw. wenn eine durchlaufende Dämmschicht mit einer Dicke von ≥ 100 mm bei einer Wärmeleitfähigkeit von 0,04 W/(mK) vorliegt, dürfen bei der energetischen Betrachtung vernachlässigt werden.**

Die Grundlage für diese Vereinfachung wurde bereits unter 1. erläutert. Diese Empfehlung folgt dem Grundsatz, dass ohne Perforation der Dämmschicht keine Wärmebrücken auftreten, zumindest nicht für den hierorts bereits mehrfach erwähnten außenmaßbezogenen Berechnungsfall. In Bild 7 ist ein Beispiel für die Anwendung dieser Empfehlung beigefügt.

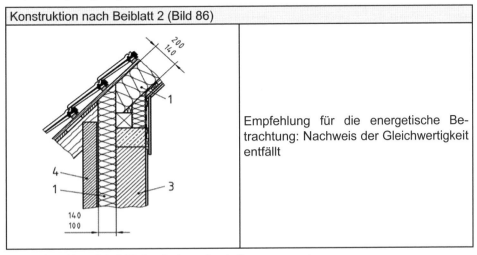

Bild 7: Anschlussdetail Pfettendach an das Außenmauerwerk

Hinweis: Mit dem in Bild 7 dargestellten Konstruktionsprinzip sind auch auskragende Bauteile (Balkonplatte) erfasst. Hier fordert das Beiblatt, grundsätzlich auskragende Bauteile thermisch von der Gebäudehülle zu trennen. Auch für diesen Anwendungsfall sind keine weiteren Nachweise erforderlich.

4. **Einzeln auftretende Türanschlüsse in der wärmetauschenden Hüllfläche (Haustür, Kellerabgangstür, Kelleraußentür, Türen zum unbeheizten Dachraum) dürfen bei der energetischen Betrachtung vernachlässigt werden.**

Diese normativen Hinweise würdigen den Umstand, dass derlei Wärmebrücken auf den Energieverlust eines Gebäudes in der Tat nur einen geringen Einfluss haben. Detaillierte Nachweise sind ohnehin sehr aufwendig und nur mit vereinfachenden Modellbildungen realisierbar. Dies schließt aber wiederum nicht die Sorgfaltspflicht des Planers aus, diese Details so zu planen, dass an den Anschlüssen keine niedrigen Oberflächentemperaturen aufgrund hoher Wärmeverluste auftreten. Mit der im Normentext gewählten Formulierung soll lediglich die Möglichkeit eingeräumt werden, auch bei Vorhandensein einzelner im Beiblatt nicht abgebildeter Details den pauschalen Wärmebrückenverlust von 0,05 W/(m²K) auf die gesamte wärmeübertragende Umfassungsfläche anwenden zu können.

2 Modellierung von Wärmebrücken

Wie die Ausführungen zum thermischen Leitwert bereits gezeigt haben, kommt der richtigen Modellierung der Wärmebrücken als üblicherweise kleiner Teil der Gebäudehülle eine große Bedeutung zu. Wer beeinflusst eigentlich wen in welchem Maße, so könnte man dieses Problem umschreiben. Um nicht allzu große Auswüchse zuzulassen, hat die grundlegende europäische Berechnungsnorm DIN EN ISO 10211 zumindest für die üblichen Fälle einige Annahmen definiert, an denen man sich bei der Modellierung orientieren kann und sollte. Man ist jedoch nicht davor gefeit, auch für spezielle Situation Annahmen treffen zu müssen, die keine Norm enthält. Wichtig ist, diese möglichst genau zu beschreiben.

Die erste Frage, die sich ergibt und beantwortet werden muss, ist die nach der richtigen Schnittführung an einer Wärmebrücke. DIN EN ISO 10211 gibt dazu folgende Hinweise:

- Schnittführung erfolgt in der Symmetrieebene, falls diese weniger als d_{min} vom zentralen Element (also von dem Teil, den wir hier als Wärmebrücke bezeichnen) entfernt ist.

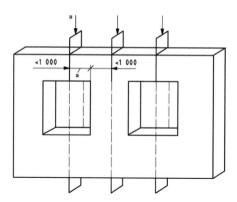

Bild 8: Symmetrieebene, die als Schnittebenen zu verwenden sind nach DIN EN ISO 10211

- Im Abstand von mindestens d_{min} vom zentralen Element, falls keine Symmetrie vorhanden ist.

Gemäß DIN EN ISO 10211 ist demnach der Symmetriefall immer höher zu werten als ein fiktiver Mindestabstand. Eine "künstliche" Modellierung mit Abständen zum zentralen Element, die real gar nicht existieren, steht demzufolge im Widerspruch zu den normativen Vorgaben.

2 Modellierung von Wärmebrücken

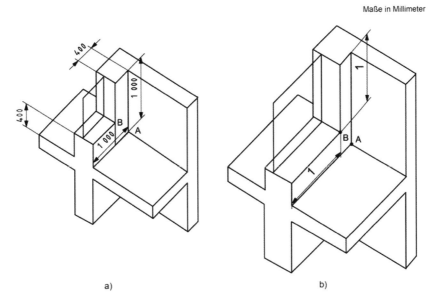

Legende
1   1 000 mm oder in Bezug auf eine Symmetrieebene
A   Wärmebrücke, an der Ecke des Innenraums (Region A)
B   Wärmebrücke, in der Umgebung des Fensters in der Außenwand (Bereich B)

Bild 9: Modell mit mehr als einer Wärmebrücke (wichtig für 3-D-Modelle) nach DIN EN ISO 10211

Der Wert d_{min} ist nach DIN EN ISO 10211 definiert mit 1 m oder mit dem Dreifachen der Dicke des flankierenden Bauteils, je nachdem, welches der größere Wert ist.

In der Praxis ergeben sich regelmäßig Probleme daraus, dass bei Einhaltung der Mindestabstände mehrere Wärmebrücken in die Modellierung fallen, und es demgegenüber nicht genau möglich ist, einem Detail einen berechneten Wert zuzuordnen. Dieser Fall ist insbesondere dann wichtig, wenn Gleichwertigkeitsnachweise nach DIN 4108 Beiblatt 2 zur Einhaltung der hierorts ausgewiesenen maximalen Ψ-Werte geführt werden sollen. Diese Maximalwerte gelten auch nur für die ausgezeichnete Schnittführung, daher brauchen die Maximalwerte nicht eingehalten werden, wenn benachbarte Wärmebrücken sich über das im Beiblatt aufgezeigte Maß hinaus gegenseitig beeinflussen.

Für 2-D-Modelle, ergeben sich beispielhaft für den Anschluss Wand-Decke bzw. bei einbindenden Bauteilen die nachfolgenden Schnittebenen.

2 Modellierung von Wärmebrücken

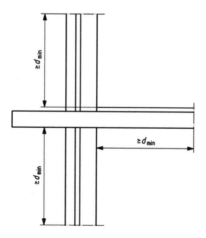

Legende
d_{min} Mindestdicke

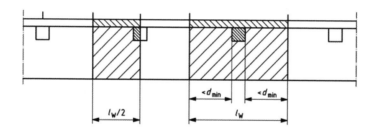

Legende
d_{min} Mindestdicke
l_w festgelegter Abstand

Bild 10: Beispiele für die Anordnung von Schnittebenen im 2-D-Modell

Noch anders stellt sich die Schnittführung bei erdberührten Bauteilen dar. Die DIN EN ISO 10211 setzt für diesen Fall recht großzügige Schnittführungen fest, die außerhalb des Gebäudes bis hin zum 2,5-fachen Wert der Gebäudebreite reichen. Für das 2-D-Modell ergibt sich die nachfolgend dokumentierte Schnittführung. Da die Gebäudebreite von Gebäude zu Gebäude unterschiedlich ist, kann der Ψ-Wert für derartige Anschlüsse auch streng genommen nur gebäudebezogen ermittelt werden. Es sollte aber reichen, für standardisierte Anschlüsse mit einer Gebäudebreite b von 8 m zu rechnen, was zu einem Erdreich-Rechteck von 24 x 20 m führt. Die Situation, dass ja auch innerhalb des Gebäudes zusätzliche Wärmebrücken – zum Beispiel der Anschluss einer Innenwand an das Erdreich – auftreten können, beschreibt die Norm nicht. In diesem Fall kann man sich damit behelfen, links und rechts des Anschlusses jeweils in einem Abstand von 2 m die Schnittführung vorzunehmen und die Erdreichtiefe mit 10 m anzusetzen. Die Schnittkanten werden jeweils als adiabatisch angenommen. In der alten Ausgabe der DIN EN ISO 10211, deren Ausgabedatum im Beiblatt 2 hinterlegt ist und demzufolge im öffentlich-rechtlichen Nachweis zu beachten ist, wird für die horizontale Schnittebene im Erdreich eine mittlere Außentemperatur am Standort von 8,9 °C angenommen.

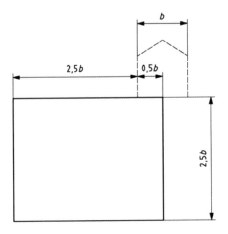

Legende

b Fußbodenbreite

Bild 11: 2-D-Modellierung bei Wärmebrücken, die an das Erdreich grenzen

Werden die Randbedingungen des Beiblatts 2 verwendet, ergeben sich insbesondere für die an das Erdreich grenzenden Wärmebrücken divergierende Annahmen, auf die an dieser Stelle nicht in Gänze eingegangen werden kann. Nur ein Beispiel ist mit Bild 12 gegeben.

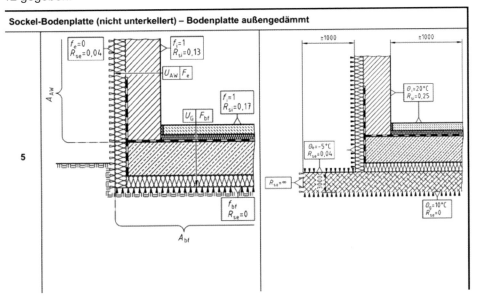

Bild 12: Modellierung einer Wärmebrücke nach DIN 4108 Beiblatt 2

Wir entnehmen aus Bild 12, dass entgegen DIN EN ISO 10211 das Erdreich bzw. der durch das Erdreich entstehende zusätzliche Wärmedurchlasswiderstand unberücksichtigt bleibt. Die Außentemperatur (f_e = 0 bzw. – 5 °C) wird für den gesamten Außenbereich verwendet, für die Temperaturrandbedingungen unterhalb der Sohlplatte ist f_{bf} (Standard = 0,6 bzw. + 5 °C) anzusetzen. Nur bei der Berechnung der minimalen Oberflächentemperatur wird unterhalb der Bodenplatte ein Erdkörper mit einer Tiefe von 3 m angenommen. Die Schnittkante erhält die Temperatur 10 °C, was nur einer äußerst groben Annäherung an die Vorgaben der DIN EN ISO 10211 entspricht. Da auch das Beiblatt 2 die Randbedingungen nach DIN EN ISO 10211 explizit alternierend zulässt, kann der Nachweisführende zwischen diesen Randbedingungen wählen, nur vermischen sollte und darf er sie nicht.

Ist die Modellierung der Wärmebrücke abgeschlossen, so rückt nach Gleichung 18 eine weitere Frage in den Vordergrund, und zwar die nach dem für die Wärmebrücke einzubeziehenden Soll-Wärmestrom. Unter Soll-Wärmestrom wird bei der Berechnung von Wärmebrücken jener Wärmestrom verstanden, der ohne den Einfluss einer Wärmebrücke durch die Konstruktion fließt oder, besser ausgedrückt, fließen würde. Unser Raummodell aus Bild 5 hat genau diesen Soll-Wärmestrom ermittelt, demnach den zweiten Term in der Gleichung 18. Die Berechnung des ersten Terms übernimmt ein Rechenprogramm. Zu beachten bei der Berechnung des Soll-Wärmestroms ist die Tatsache, dass eine Übereinstimmung mit den Angaben in der Berechnung der Leitwerte aus dem wärmetechnischen Nachweis bestehen muss, um einen verwertbaren ψ-Wert zu erhalten. In Deutschland erfolgt die Berechnung der Leitwerte – modern auch als Transferkoeffizienten bezeichnet – über die Außenmaße der Bauteile. Sachlogisch darf bei der Berechnung der Wärmebrücken davon nicht abgewichen werden. Was es heißt, über Außenmaße zu ermitteln, wird in Bild 13 illustriert.

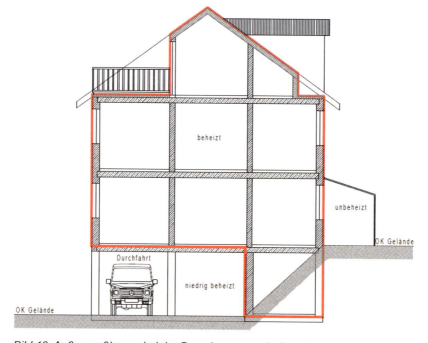

Bild 13: Außenmaßbezug bei der Berechnung von Leitwerten

2 Modellierung von Wärmebrücken

Aus der DIN V 18599-1 kann in Anlehnung an DIN EN ISO 13789 die nachfolgende Prinzipskizze für den Flächenbezug über Außenmaße entnommen werden.

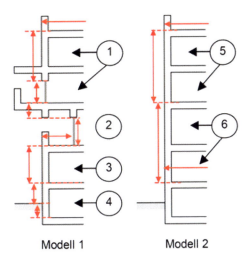

Bild 14: Außenmaßbezug nach DIN V 18599-1

Als unvorteilhaft erweist sich die Tatsache, dass nicht alle Randbedingungen nach Beiblatt 2 zu DIN 4108 dem Außenmaßbezug entsprechen. Im Bild 15 ist ein solcher Fall aufgeführt.

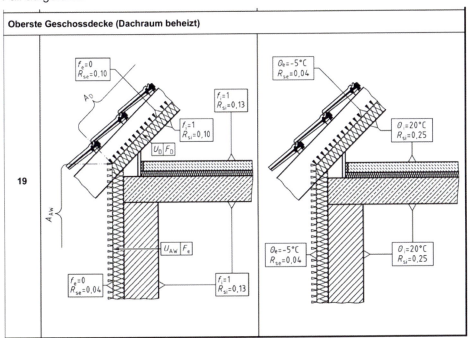

Bild 15: Bezugsmaße nach Beiblatt 2 für den Anschluss Dach-Decke

Nach Bild 15 müsste die Bezugslänge der Außenwand bis zur Oberkante des Estrichs reichen, obgleich der Außenmaßbezug nach Bild 14 bei beheizten oberen Geschossen einen Bezugspunkt auf der Oberkante der Decke setzt. Auch die Länge der schrägen Dachkonstruktion wäre entsprechend zu korrigieren. Bis zu einer Korrektur des Beiblatts ist diesem Umstand dahin gehend Rechnung zu tragen, dass bei reinen Gleichwertigkeitsnachweisen die Bezugslängen des Beiblatts, bei detaillierten Berechnungen der Wärmebrücken aber die der DIN EN ISO 13789 zu verwenden sind.

3 Mathematische Grundlagen

Wir haben bereits im ersten Abschnitt feststellen können, dass zwischen der Änderung der Temperatur in einem Körper und dem Wärmestrom eine proportionale Abhängigkeit besteht, die durch die Wärmeleitfähigkeit beschrieben wird. Die Temperaturverteilung kann durch eine Funktion $T(x,y,z)$ der drei möglichen Ortskoordinaten beschrieben werden. Eine solche Beschreibung transformiert den eindimensionalen in einen dreidimensionalen Fall, in dem die Wärme in die Richtung des größten Temperaturabfalls fließt. Denkt man sich also einen Körper mit drei unterschiedlichen Wärmeleitfähigkeiten, so wird der stärkste Temperaturabfall in der Richtung auftreten, in der die Wärmeleitfähigkeit am größten ist. Mathematisch kann dieser Fall folgendermaßen umschrieben werden.

$$\dot{q} = -\lambda \cdot \nabla T \qquad [19]$$

Nach Gleichung 19 fließt der Wärmestrom in entgegengesetzter Richtung zum Vektor der partiellen Abteilung der Temperaturverteilung. ∇T ist dabei die richtungsabhängige Gradiente der Temperatur:

$$\nabla T = \begin{pmatrix} \dfrac{\delta T}{\delta x} \\ \dfrac{\delta T}{\delta y} \\ \dfrac{\delta T}{\delta z} \end{pmatrix}$$

In der Betrachtung von Volumina haben wir zusätzlich den Zusammenhang einzubeziehen, dass aufgrund des Wärmestroms die Wärmeenergie im Körper abnimmt, was allgemein auch als Energieerhaltungssatz bekannt ist. Mathematisch kann diese Erkenntnis als Differenzialgleichung dargestellt werden.

$$\operatorname{div} \dot{q} + \frac{\delta q}{\delta t} = 0 \qquad [20]$$

Die Summe aus der Divergenz des Wärmstroms und der Ableitung der Wärmeenergiedichte nach der Zeit ist demnach immer null. Ein Erhaltungssatz dieser Form wird auch als Kontinuitätsgleichung bezeichnet. Entsteht in einem Körper aufgrund von Energieumwandlungsprozessen zusätzliche Wärmeenergie, so kann die Gleichung 20 nicht mehr null sein. Der sodann auf der rechten Seite der Gleichung entstehende Betrag ist die Wärmeenergie, die je Zeit- und Volumeneinheit im Körper an einem

Ort (x,y,z) entsteht. Für die Berechnung von Wärmebrücken ist dies beispielsweise wichtig, wenn innerhalb einer Konstruktion eine Wärmequelle vorhanden ist, die auf eine Volumeneinheit bezogen in W/m³ angegeben wird.

Aus Gleichung 19 und 20 resultiert nunmehr das Problem, beide mathematischen Zusammenhänge so zu verbinden, dass möglichst eine Gleichung daraus entstehen kann. Dazu wird der Zusammenhang zwischen Temperatur und Wärmeenergie benötigt, der sich physikalisch wie folgt darstellt:

$$\Delta q = c \cdot \rho \cdot \Delta T \qquad [21]$$

Demnach ist die Änderung der Wärmeenergie eines Körpers definiert als Produkt seiner Wärmekapazität und der vorhandenen Temperaturänderung. Damit stellt sich die Änderung der Wärmeenergie je Zeiteinheit wie folgt dar:

$$\frac{\delta q}{\delta t} = c \cdot \rho \cdot \frac{\delta T}{\delta t} \qquad [22]$$

Verbindet man nun diese gewonnenen Erkenntnisse zu einer einzigen Gleichung, so erhält man die von Fourier aufgestellte Grundgleichung der Wärmeleitung:

$$c \cdot \rho \frac{\delta T}{\delta t} = \frac{\delta}{\delta x}\left(\lambda \frac{\delta T}{\delta x}\right) + \frac{\delta}{\delta y}\left(\lambda \frac{\delta T}{\delta y}\right) + \frac{\delta}{\delta z}\left(\lambda \frac{\delta T}{\delta z}\right) + \dot{q}_E \qquad [23]$$

Wir gehen davon aus, dass das Material homogen ist (was zugegebenermaßen auch nicht für alle Baustoffe zutrifft, bei der Berechnung der Wärmebrücken aber zumeist nicht zu berücksichtigen ist), was zu einer Vereinfachung der Gleichung 23 führt.

$$c \cdot \rho \frac{\delta T}{\delta t} = \lambda \left(\frac{\delta^2 T}{\delta x^2} + \frac{\delta^2 T}{\delta y^2} + \frac{\delta^2 T}{\delta z^2}\right) + \dot{q}_E \qquad [24]$$

Um die Temperaturänderung zu erhalten, wird die Wärmekapazität im nächsten Schritt durch Division auf die rechte Seite der Gleichung gebracht:

$$\frac{\delta T}{\delta t} = \frac{\lambda}{c\rho}\left(\frac{\delta^2 T}{\delta x^2} + \frac{\delta^2 T}{\delta y^2} + \frac{\delta^2 T}{\delta z^2}\right) + \frac{\dot{q}_E}{c\rho} \qquad [25]$$

Der Quotient aus Wärmeleitfähigkeit und Wärmekapazität wird auch als Wärmeleitzahl „a" bezeichnet, die Summe innerhalb der Klammer wird auch LAPLACE-Operator genannt und mit Δ vereinfacht.

Die Gleichung 25 gilt für den räumlichen und zeitlichen Verlauf der Temperatur und lässt sich nur für Fälle mit einfachen Anfangs- und Randbedingungen geschlossen integrieren.

Die erste Vereinfachung der Wärmeleitungsgleichung tritt mit der ausschließlichen Betrachtung von stationären Zuständen ein. Für diesen Fall wird die Ableitung der Temperatur nach der Zeit zu null, was zu folgender Differenzialgleichung führt:

3 Mathematische Grundlagen

$$\frac{\delta}{\delta x}\cdot\left(\lambda\frac{\delta T}{\delta x}\right)+\frac{\delta}{\delta y}\left(\lambda\frac{\delta T}{\delta y}\right)+\frac{\delta}{\delta z}\left(\lambda\frac{\delta T}{\delta z}\right)+\dot{q}_E=0 \qquad [26]$$

Für den Fall, dass die Wärmeleitfähigkeit in allen Richtungen gleich ist, kann zur Vereinfachung der Gleichung λ vor die Ableitung gezogen und durch Division eliminiert werden. Im Wärmebrückennachweis nach Beiblatt 2 wird nur der stationäre Berechnungsfall mit homogenen Materialien berücksichtigt. Es muss klar sein, dass durch diese stationäre Betrachtung zum Beispiel der Einfluss der Wärmekapazität auf den Wärmetransport durch das Bauteil vernachlässigt wird. Des Weiteren werden auch keine Wärmequellen berücksichtigt.

Für die weitere Betrachtung der Berechnung ist es erforderlich, sich über die Randbedingungen klar zu werden, die zur numerischen Lösung der Wärmeleitungsgleichung herangezogen werden. Genutzt werden dabei zwei Randbedingungen, die in der Literatur auch als Neumann-Randbedingung und Robin-Randbedingung bezeichnet werden. Die Neumann-Randbedingung wird für die Schnittebene in der Konstruktion angewendet, was physikalisch mit der Annahme einer idealen Wärmeisolation für die Schnittebene gleichzusetzen ist (adiabate Schnittebene). Außerhalb der gewählten Schnittebene ist für die Wärmebrückenberechnung die Anwendung der Neumann-Randbedingung nur dort sinnvoll, wo ein Festkörper an einen anderen Festkörper mit extrem niedriger Wärmeleitfähigkeit grenzt.

Was passiert aber, wenn Wärme von einem Festkörper (z.B. Baustoff) auf ein Fluid (z.B. Luft) übergeht? Aus der klassischen Bauphysik ist der Begriff des Wärmeübergangskoeffizienten bzw. des Wärmeübergangswiderstandes bekannt. Für die Festlegung der Randbedingungen am Übergang der Medien steht die Ausgangssituation, dass die Temperatur an der Oberfläche des Festkörpers unbekannt, die Temperatur des umgebenden Mediums aber bekannt sein dürfte, da die allgemeinen Randbedingungen für die Berechnung von Wärmebrücken eine solche Temperatur bereits vorgeben. Diese Randbedingung wird in der Literatur oft als Randbedingung dritter Art oder Robin-Randbedingung bezeichnet.

Die Berechnung der stationären Wärmeleitung kann z.B. auf der Grundlage des sogenannten Minimumsprinzips erfolgen, was insbesondere bei der Berücksichtigung der Methode der finiten Elemente Vorteile bringt und aus der Mechanik hergeleitet worden ist. Das Minimumsprinzip ist eine zur Fourier-Wärmeleitungsdifferenzialgleichung ranggleiche Beschreibung von stationären Wärmeleitvorgängen. Auf eine Herleitung wird hier verzichtet. Das sich aus dem Minimumsprinzip ergebende lineare Gleichungssystem wird nach dem Verfahren der konjugierten Gradienten gelöst.

Das CG-Verfahren (von engl. conjugate gradients oder auch Verfahren der konjugierten Gradienten) ist gemäß Definition (siehe auch www.wikipedia.org) eine effiziente numerische Methode zur Lösung von großen, symmetrischen, positiv definiten Gleichungssystemen der Form $Ax = b$. Es gehört zur Klasse der Krylow-Unterraum-Verfahren. Das Verfahren liefert nach spätestens m Schritten die exakte Lösung, wobei m die Dimension der quadratischen Matrix A ist. Insbesondere ist es aber als iteratives Verfahren interessant, da der Fehler monoton fällt.

Unter Anwendung des Kontinuitätsprinzips und unter Berücksichtigung der Randbedingungen wird ein Gleichungssystem aufgestellt, was sich als Funktion der Temperaturen nach der Zerlegung von Konstruktionen in viele kleine Elemente ergibt (finite Elemente). Aus der Temperaturverteilung lassen sich durch Anwendung des Fourierschen Gesetzes die Wärmeströme berechnen.

Um die Übereinstimmung des gewählten Verfahrens mit dem des Referenzverfahrens zu vergleichen, sind die Berechnungsprogramme mit dem nach DIN EN ISO 10211 vorgegebenen Referenzfällen zu prüfen.

Die nachfolgende Übersicht zeigt beispielhaft die Übereinstimmung zwischen dem Referenzfall B nach DIN EN ISO 10211 und den mit einem Rechenprogramm ermittelten Werten für ausgewählte Temperaturen und den Wärmestrom.

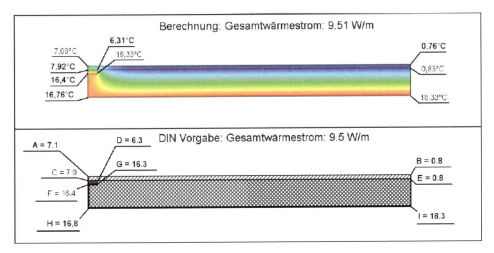

Bild 16: Vergleich Referenzfall und Nachweis mit Rechenprogramm

4 Der digitale Wärmebrückenkatalog

4.1 Einleitung

Neben den in diesem Buch aufgezeigten Wärmebrückendetails können weitere Details aus dem digitalen Wärmebrückenkatalog (zu beziehen über www.beuth.de) entnommen werden. Die Digitalisierung hat den Vorteil, dass die Konstruktionsaufbauten im Programm direkt angesteuert werden können, was die Dokumentation für die Bauantragsunterlagen erleichtert. Der digitale Wärmebrückenkatalog beruht auf den in diesem Buch dargestellten Berechnungen unter Beachtung der im Beiblatt 2 zu DIN 4108 formulierten Randbedingungen. Die enthaltenen Ψ-Werte können sowohl als Nachweis der Gleichwertigkeit eigener Details mit den im Beiblatt 2 aufgezeigten Details dienen (Grenzwertbetrachtung) als auch für den Einzelnachweis jeder vorhandenen Wärmebrücken verwendet werden. Die Legalisierung dieses Vorgehens ergibt sich aus dem Abschnitt 3.5 des Beiblatts, in dem die Veröffentlichungen von Ψ-Werten und Herstellernachweise auf gleiche Stufe mit den im Beiblatt 2 veröffentlichten Werten gestellt werden, wenn die Randbedingungen nach Abschnitt 7 des Beiblatts 2 für die Berechnung herangezogen worden sind. Darin eingeschlossen ist die Verwendung der Randbedingungen nach DIN EN ISO 10211. Diese können immer alternativ zu den Randbedingungen nach Beiblatt 2 verwendet werden. Aus diesem Grunde werden im digitalen Wärmebrückenkatalog die verwendeten Randbedingungen der Berechnung bei jedem Detail aufgeführt, um zu ermöglichen, dass ein Nachrechnen der Details zu den gleichen Ergebnissen führt.

Der digitale Wärmebrückenkatalog ist kein eigenständiges Berechnungsprogramm. Es können folglich nur die bereits mit Berechnungsergebnissen hinterlegten Details mit den zugehörigen Variationsparametern (Wärmeleitfähigkeit und Dicke der verwendeten Materialien) durch den Programmnutzer verwendet werden.

In den folgenden Abschnitten wird die Nutzung des digitalen Wärmebrückenkataloges im Allgemeinen und anhand eines konkreten Beispiels erläutert.

4.2 Genereller Aufbau des digitalen Wärmebrückenkataloges

Aus Bild 17 ist die Menüführung des digitalen Wärmebrückenkataloges zu entnehmen. Auf der linken Seite des Menüs sind die jeweiligen Konstruktionsbereiche dargestellt, für die im Katalog Details vorhanden sind. Durch Scrollen des oberen linken Bildes können weitere Konstruktionsarten (z.B. kerngedämmtes Mauerwerk, Holzbauart) ausgewählt werden. Unter den Konstruktionsarten werden die Bezeichnungen der vorhandenen Details angezeigt.

Um die Zuordnung der Details zu den Konstruktionsvorschlägen nach Beiblatt 2 zu erleich-tern, wird die gleiche Bezeichnung verwendet (Bild 45 heißt: Bild 45 nach Beiblatt 2). Ist keine Bildbezeichnung verwendet, so handelt es sich um Zusatzdetails, die im Beiblatt 2 so nicht enthalten sind, für die es aber eine Zuordnungsmöglichkeit gibt (z.B. Multipor 42 als außengedämmtes Mauerwerk) bzw. für die ein Ψ-Wert errechnet worden ist.

4 Der digitale Wärmebrückenkatalog

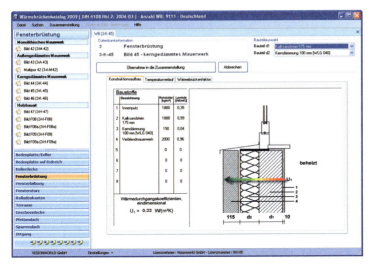

Bild 17: Menüführung im digitalen Wärmebrückenkatalog

Um den Suchprozess abzukürzen und einen direkteren Zugriff auf die hinterlegten Details zu ermöglichen, können über eine Suchfunktion die für das Bauvorhaben auszuwählenden Details eingegrenzt werden. Ein Mausklick auf die Konstruktionsbezeichnung unterhalb des Buttons „Aktualisieren" führt zu einem Vorschaubild des ausgewählten Details. Über diesen Weg können Schritt für Schritt alle in Frage kommenden Details des Gebäudes ausgewählt und in eine Zusammenstellung übertragen werden.

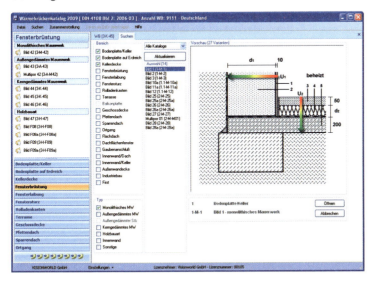

Bild 18: Suchfunktion

4 Der digitale Wärmebrückenkatalog

Nach dem Anklicken der Auswahlmöglichkeit „Öffnen" wird das ausgewählte Detail geöffnet und kann fortan mit den im Programm hinterlegten Parametern (Bauteilauswahl) bearbeitet werden.

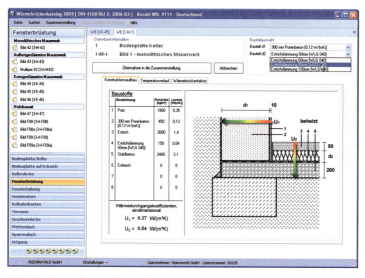

Bild 19: Bauteilauswahl mit Bauteilvariablen d_1 und d_2

Nachdem die Parameter eingestellt worden sind, können die U-Werte aller angrenzenden Bauteile, der Temperaturverlauf (siehe Bild 20) und der Wärmebrückenfaktor (siehe Bild 21) abgelesen werden. Unter „Bauteilbeschreibung" sind zusätzliche Randbedingungen für die Feststellung der Gleichwertigkeit dokumentiert. Wenn, so wie im Bild 20 dargestellt, eine Gleichwertigkeit allein aufgrund einer Übereinstimmung der Detailausbildung bescheinigt werden kann, sind Abweichungen in den Randbedingungen bei der Berechnung des Ψ-Wertes (hier F_{bf} = 0,4 und nicht 0,6) möglich und zulässig.

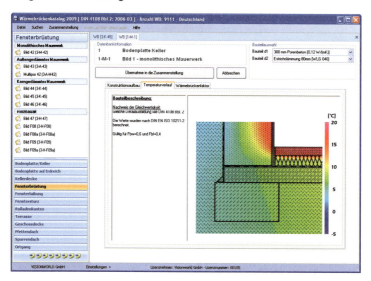

Bild 20: Temperaturverlauf im Bauteil

4 Der digitale Wärmebrückenkatalog

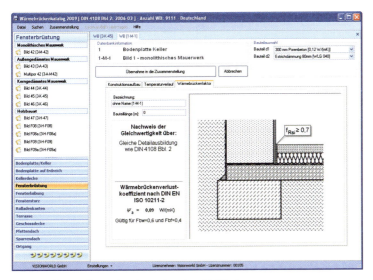

Bild 21: Darstellung des berechneten Ψ-Wertes

Am Schluss der Bauteilauswahl ist das Bauteil in die Zusammenstellung zu übernehmen. Vorher ist die Länge der Wärmebrücke einzutragen (siehe Bild 21), um den Gesamtverlust in W/K für das Detail zu berechnen. Der Zusammenstellung der Wärmebrücken kann gleichzeitig eine eigene Bezeichnung zugewiesen werden.

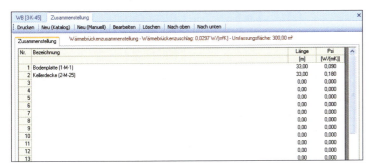

Bild 22: Zusammenstellung mit Angabe der Länge und des ψ-Wertes

Wie im Bild 22 zu erkennen, rechnet das Programm den längenbezogenen Verlust automatisch in einen auf die wärmeübertragende Umfassungsfläche bezogenen Verlust um, wenn die Umfassungsfläche eingegeben worden ist. Die Eingabe der Umfassungsfläche ist unter „Datei → Projektdaten" vorzunehmen.

4 Der digitale Wärmebrückenkatalog

Bild 23: Eingabe der Umfassungsfläche

Ebenfalls können unter diesem Menüpunkt auch der Projektname und die Bürozeile eingegeben werden. Die Bürozeile wird im Ausdruck sichtbar.

Nach der Auswahl des Druckmenüs werden alle in die Zusammenfassung übernommenen Details aufgeführt. Zusätzlich wird für jedes Detail ein eigenes Detailblatt mit allen relevanten bauphysikalischen Parametern ausgegeben.

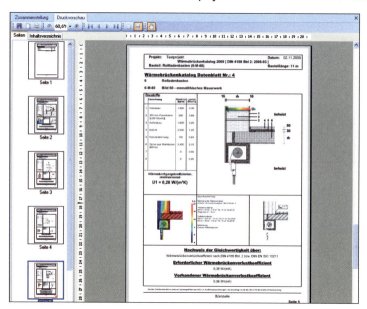

Bild 24: Datenblatt für das ausgewählte Detail

Die Druckvorschau kann direkt an einen Drucker übergeben oder als PDF-Datei gespeichert werden.

4.3 Beispiel

Das im Bild 25 dargestellte Detail soll mit dem digitalen Wärmebrückenkatalog auf Gleichwertigkeit überprüft werden.

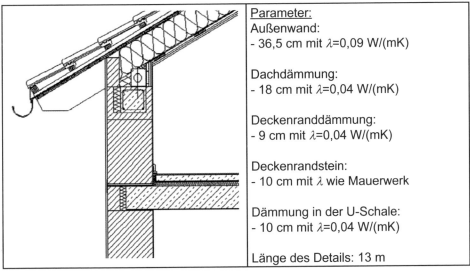

Parameter:
Außenwand:
- 36,5 cm mit λ=0,09 W/(mK)

Dachdämmung:
- 18 cm mit λ=0,04 W/(mK)

Deckenranddämmung:
- 9 cm mit λ=0,04 W/(mK)

Deckenrandstein:
- 10 cm mit λ wie Mauerwerk

Dämmung in der U-Schale:
- 10 cm mit λ=0,04 W/(mK)

Länge des Details: 13 m

Bild 25: Nachzuweisendes Konstruktionsdetail

Gemäß Beiblatt 2 sind für das ausgewählte Detail nach Bild 25 zwei Ψ-Werte maßgebend. Zum einen ist eine Wärmebrücke an der Stirnseite der Stahlbetondecke und zum anderen am Auflagerpunkt des Sparrens auf dem Ringbalken zu verzeichnen. Sicherlich wäre es möglich, für das Detail nach Bild 25 nur einen Ψ-Wert zu ermitteln und so die gegebenenfalls vorhandene gegenseitige Beeinflussung der Detaillösungen zu berücksichtigen (was sehr stark von der Schnittführung und vom Abstand der Details untereinander abhängt). Mit dieser Vorgehensweise wäre aber keine Gleichwertigkeit im Sinne der Einhaltung der Grenzwerte für den Ψ-Wert möglich, da das Beiblatt 2 für diesen Ansatz keinen Referenzwert enthält (wäre auch nur unter klaren Einschränkungen der geometrischen Verhältnisse möglich, was für einen Katalog nicht sinnvoll erscheint). Nach Beiblatt 2 ist für den Deckenanschluss das Bild 71 (siehe Bild 26) und für den Anschluss des Ringbalkens an die Dachkonstruktion das Bild 83 (siehe Bild 27) maßgebend.

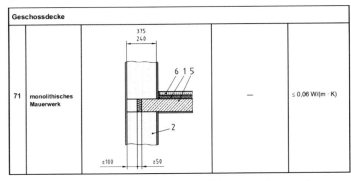

Bild 26: Anschluss Decke an die monolithische Außenwand nach Beiblatt 2

4 Der digitale Wärmebrückenkatalog

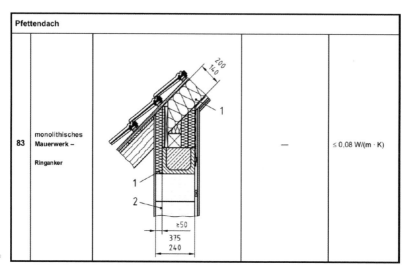

83	monolithisches Mauerwerk – Ringanker		—	≤ 0,08 W/(m · K)

Bild 27: Anschluss Ringbalken nach Beiblatt 2

Für den Nachweis der Gleichwertigkeit für das im Bild 27 dargestellte Detail sind zwei Wege möglich:

1. Übereinstimmung des Details mit den Konstruktionen nach Beiblatt 2.

2. Einhaltung des Ψ-Wertes.

Gemäß Bild 26 sind für eine gleiche Detailausbildung am Deckenrand eine Deckenranddämmung mit einer Mindestdicke von 50 mm und ein Deckenrandstein von mindestens 100 mm vorzusehen. Für den Deckenrandstein und das Mauerwerk ist eine Wärmeleitfähigkeit von ≤ 0,21 W/(mK) einzuhalten. Alle Voraussetzungen sind mit der Detaillierung nach Bild 26 eingehalten, die Gleichwertigkeit ist gegeben.

Die Detailausbildung am Anschluss des Ringbalkens an die Dachkonstruktion nach Bild 25 weicht offensichtlich von den Vorschlägen nach Beiblatt 2 ab, sodass ein Nachweis über die Einhaltung des Grenzwertes für den längenbezogenen Wärmebrückenverlustkoeffizient zu führen ist.

Nach dem unter 4.2 beschriebenen Verfahren wird der Ψ-Wert mit dem digitalen Wärmebrückenkatalog ermittelt.

4 Der digitale Wärmebrückenkatalog

Schritt 1: Auswahl der infrage kommenden Konstruktionen

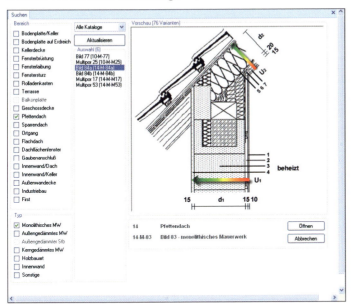

Bild 28: Auswahl der Konstruktion

Die Vorauswahl erfolgt über „Bereich → Geschossdecke/Pfettendach → Typ → Monolithisches Mauerwerk". Nach dem Anklicken der Bildbezeichnung (Auswahl) wird die hinterlegte Konstruktion sichtbar.

Schritt 2: Anpassung der gewählten Details

Mit einem Klick auf „Öffnen" wird das Detail geöffnet.

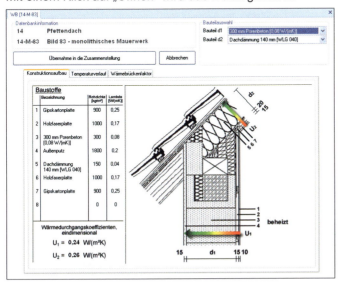

Bild 29: Ausgewähltes Detail des Katalogs

51

4 Der digitale Wärmebrückenkatalog

Die Bauteilauswahl ist jetzt an die tatsächlichen Bedingungen des nachzuweisenden Details anzupassen.

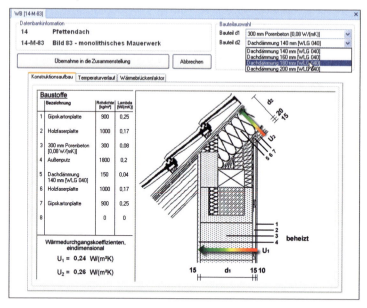

Bild 30: Detail nach Anpassung der Parameter für d_1 und d_2

Schritt 3: Überprüfung der verwendeten Randbedingungen

Nach dem Anklicken der Auswahl „Temperaturverlauf" sind im linken Bereich die verwendeten Randbedingungen sichtbar.

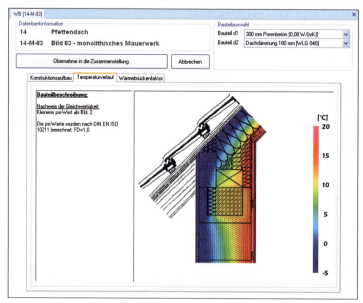

Bild 31: Darstellung des Temperaturverlaufes und der Randbedingungen

Der Hinweis zu DIN EN ISO 10211 deutet auf das benutzte Rechenverfahren hin. F_D = 1,0 bedeutet, dass der Ψ-Wert für eine Temperaturdifferenz von 1 K berechnet worden ist, demnach keine Abminderung aufgrund abweichender Temperaturverhältnisse vorgenommen wurde. Beide Angaben befinden sich in Übereinstimmung mit den Vorgaben des Beiblatts, der Ψ-Wert kann sowohl für den Nachweis der Gleichwertigkeit mittels Einhaltung des Grenzwertes als auch als Einzelwert für eine detaillierte Aufstellung aller Wärmebrücken verwendet werden.

Schritt 4: Überprüfung der Gleichwertigkeit

Nach der Auswahl des Ordners „Wärmebrückenfaktor" wird der berechnete Ψ-Wert und der nach Beiblatt 2 gesetzte Referenzwert (Grenzwert) sichtbar.

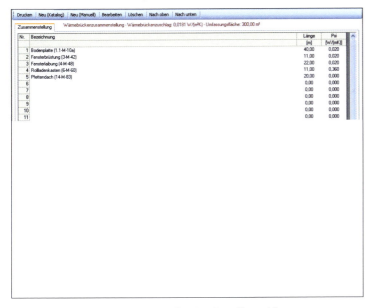

Bild 32: Der berechnete Ψ-Wert für den Detailanschluss

Der Nachweis der Gleichwertigkeit ist aufgrund der Tatsache, dass der vorhandene Ψ-Wert kleiner ist als der Referenzwert, erbracht. Im öffentlich-rechtlichen Nachweis kann das Detail verwendet werden, um einen reduzierten Wärmebrückenzuschlag von 0,05 W/(m²K) für die gesamte wärmeübertragende Umfassungsfläche anzusetzen, wenn auch für alle anderen Details des Gebäudes der Nachweis der Gleichwertigkeit geführt werden kann.

Soll der Einzelnachweis für alle Details geführt werden, so ist für das Detail die Bauteillänge (Außenmaßbezug) einzutragen. Aus der Bauteillänge multipliziert mit dem längenbezogenen Verlustkoeffizient von in diesem Beispiel 0,00 W/(mK) ergibt sich der tatsächliche Wärmeverlust über die gesamte Wärmebrücke. Werden alle Verlustwerte addiert und durch die wärmeübertragende Umfassungsfläche dividiert, so erhält man den flächenbezogenen Verlustwert für das gesamte Gebäude. Dazu ist die Eingabe der Umfassungsfläche (siehe Abschnitt 4.2) erforderlich.

Für dieses Beispiel ergibt sich nach Eingabe der Länge von 13 m die im Bild 33 dargestellte Zusammenstellung.

4 Der digitale Wärmebrückenkatalog

Bild 33: Übernahme des Details in die Zusammenstellung

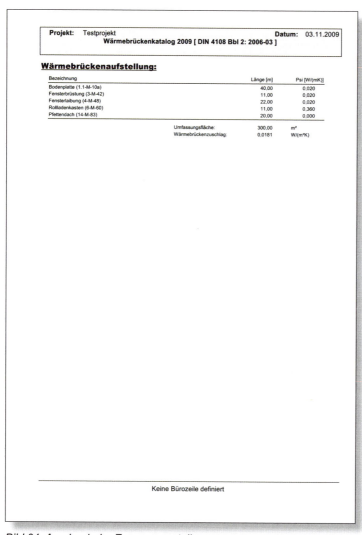

Bild 34: Ausdruck der Zusammenstellung

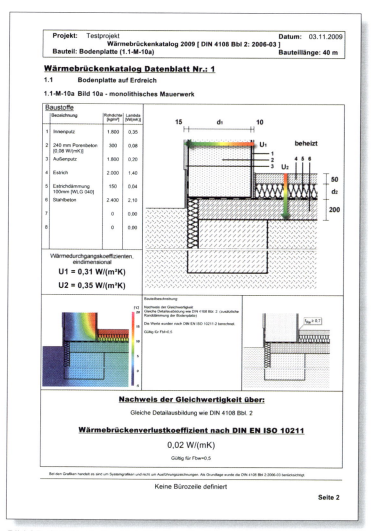

Bild 35: Ausdruck des Detailblattes für die nachgewiesene Wärmebrücke

5 Der Bauteilkatalog

Der nachfolgende Bauteilkatalog enthält Konstruktionen, die mindestens ein Gleichwertigkeitskriterium nach DIN 4108 Beiblatt 2 (siehe Abschnitt 4) erfüllen. Für verschiedene Wand-/Deckenaufbauten wurden jeweils die längenbezogenen Wärmebrückenverlustkoeffizienten (Ψ-Wert) berechnet. Alle dargestellten Konstruktionen erfüllen darüber hinaus die Anforderungen an die Mindestoberflächentemperatur nach DIN 4108-2 (z.B. für Bauteile, die an die Außenluft grenzen = 12,6 °C).

Die Benutzung des Kataloges wird anhand der Konstruktion 1-M-1 erläutert. Die Gleichwertigkeit der in Bild 36 dargestellten Konstruktion soll nachgewiesen werden.

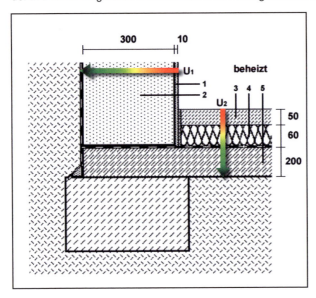

Bild 36: Konstruktion, deren Gleichwertigkeit nachgewiesen werden soll

Da es sich um eine Bodenplatte eines nicht unterkellerten Gebäudes handelt, bildet Bild 1 aus Beiblatt 2 die Basis eines Gleichwertigkeitsnachweises.

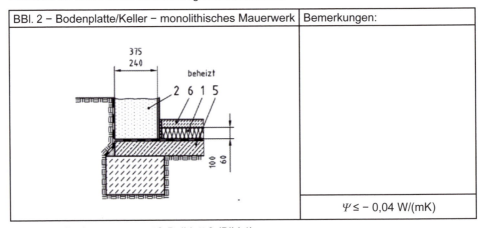

Bild 37: Anforderungen gemäß Beiblatt 2 (Bild 1)

5 Der Bauteilkatalog

Der längenbezogene Wärmebrückenverlustkoeffizient darf max. −0,04 W/(mK) betragen. Ist der längenbezogene Verlust größer als nach Bild 37 vorgeschrieben, so kann die Gleichwertigkeit noch über das Kriterium „gleiche Detailausbildung nachgewiesen werden".

Der Bezeichnung aus dem Beiblatt 2 folgend, sind im Bauteilkatalog im Abschnitt 1 „Bodenplatten/Keller" alle Konstruktionen dieses Typs zu finden.

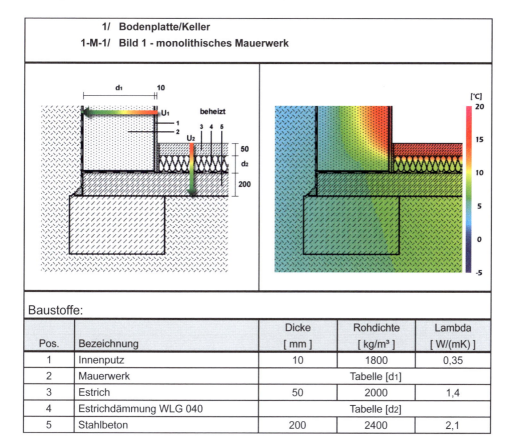

1/ Bodenplatte/Keller				
1-M-1/ Bild 1 - monolithisches Mauerwerk				
Baustoffe:				
Pos.	Bezeichnung	Dicke [mm]	Rohdichte [kg/m³]	Lambda [W/(mK)]
1	Innenputz	10	1800	0,35
2	Mauerwerk	Tabelle [d1]		
3	Estrich	50	2000	1,4
4	Estrichdämmung WLG 040	Tabelle [d2]		
5	Stahlbeton	200	2400	2,1

Die Bezeichnung 1-M-1 bedeutet: Abschnitt 1 - Monolithisches Mauerwerk - Bild 1. Für Konstruktionen, die nicht im Beiblatt 2 enthalten sind, ist der zweiten Ziffer jeweils ein Buchstabenindex beigefügt worden: 2-M-25a (Seite 64) = Abschnitt 2 - Monolithisches Mauerwerk - Bild 25 nach Beiblatt 2, erweitertes Detail a.

Unterhalb des Details werden die Dicke, die Rohdichte und der Rechenwert der Wärmeleitfähigkeit für diejenigen Baustoffe tabellarisch erfasst, die keinen variablen Bemessungswert erhalten. In der Regel sind das Baustoffe, die nur einen geringen und zumeist vernachlässigbaren Einfluss auf die Ermittlung des Ψ-Wertes ausüben.

Hinweis: Die Wärmeleitfähigkeit für Stahlbetonbauteile ist aufgrund der Vorgaben aus dem Beiblatt mit 2,1 W/(mK) angenommen worden. Dem Autor ist bekannt, dass DIN EN ISO 10456 für bewehrte Betonbauteile eine Wärmeleitfähigkeit von ≥ 2,3 W/(mK) vorsieht. Die hierdurch zu erwartende Differenz im Ψ-Wert der Konstruktion liegt ca. bei 5/1000 W/(mK), folglich ohne nennenswerte Auswirkungen auf das Gesamtergebnis.

Für unser Beispiel ist aus den nachfolgenden Tabellen nunmehr der richtige Wert auszuwählen.

Die Angabe zu den U-Werten der beiden Konstruktionen ist eine zusätzliche Information, um gegebenenfalls eigene Berechnungen validieren zu können.

Für die vorgegebene Konstruktion kann ein Ψ-Wert abgelesen werden: −0,03 W/(mK). Der Wert liegt etwas oberhalb des nach Beiblatt 2 geforderten Wertes. Da es sich aber um eine mit Bild 1 nach Beiblatt 2 übereinstimmende Ausführung handelt, ist die Gleichwertigkeit erbracht:

Hinweis: Alle Details mit erdberührten Bauteilen dieses Kataloges sind unter Verwendung der Randbedingungen der DIN EN ISO 10211 berechnet worden. Daher kann es zu Differenzen bei den Ψ-Werten kommen, die auf den ersten Blick nicht nachvollziehbar erscheinen. Mit dieser Vorgehensweise ist jedoch sichergestellt, dass alle Ψ-Werte auch im Einzelnachweis der Wärmebrückenverluste benützt werden können. Diese Möglichkeit bestünde nicht, wenn die Randbedingungen nach Anhang A von Beiblatt 2 zur Anwendung gekommen wären. Der Nutzer des Kataloges ist daher gehalten, die Differenzen bei erdberührten Bauteilen nicht fälschlicherweise als Mangel im Detail zu interpretieren.

U-Wert [U_1]:

Variable	Dicke [mm]	Rohdichte [kg/m³]	Lambda [W/(mK)]	U-Wert [U_1] [W/(m²K)]
Mauerwerk [d1]	300	450	0,12	0,37
	300	500	0,14	0,43
	300	550	0,16	0,48
	365	350	0,09	0,24
	365	400	0,10	0,26
	365	450	0,12	0,31
	365	500	0,14	0,36
	365	550	0,16	0,40

U-Wert [U_2]:

Variable	Dicke [mm]	Rohdichte [kg/m³]	Lambda [W/(mK)]	U-Wert [U_2] [W/(m²K)]
Estrich-dämmung [d2]	60	150	0,04	0,54
	80	150	0,04	0,43
	100	150	0,04	0,35

Wärmebrückenverlustkoeffizient: (Ψ-Wert, außenmaßbezogen)

Variable	Dicke [mm]	Rohdichte [kg/m³]	Lambda [W/(mK)]	Variable [d2] - Estrichdämmung WLF 0,040		
				60 mm	80 mm	100 mm
Mauerwerk [d1]	300	450	0,12	−0,02	0,09	0,15
	300	500	0,14	−0,02	0,09	0,15
	300	550	0,16	−0,03	0,09	0,15
	365	350	0,09	−0,03	0,08	0,14
	365	400	0,10	−0,03	0,08	0,14
	365	450	0,12	−0,03	0,09	0,15
	365	500	0,14	−0,03	0,09	0,15
	365	550	0,16	−0,03	0,09	0,15

Bauteilkatalog zum Beiblatt 2 der DIN 4108

Bauteilkatalog zum Beiblatt 2 der DIN 4108

1/ Bodenplatte/Keller
1-M-1/ Bild 1 - monolithisches Mauerwerk

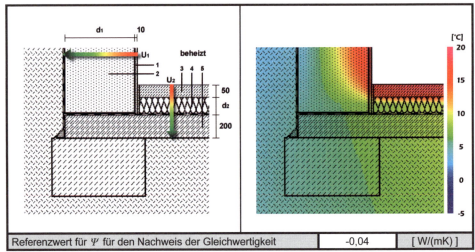

Referenzwert für Ψ für den Nachweis der Gleichwertigkeit	-0,04	[W/(mK)]

Baustoffe:

Pos.	Bezeichnung	Dicke [mm]	Rohdichte [kg/m³]	Lambda [W/(mK)]
1	Innenputz	10	1800	0,35
2	Mauerwerk	Tabelle [d1]		
3	Estrich	50	2000	1,4
4	Estrichdämmung WLF 0,040	Tabelle [d2]		
5	Stahlbeton	200	2400	2,1

U-Wert [U_1]:

Variable	Dicke [mm]	Rohdichte [kg/m³]	Lambda [W/(mK)]	U-Wert [U_1] [W/(m²K)]
Mauerwerk [d1]	300	450	0,12	0,37
	300	500	0,14	0,43
	300	550	0,16	0,48
	365	350	0,09	0,24
	365	400	0,10	0,26
	365	450	0,12	0,31
	365	500	0,14	0,36
	365	550	0,16	0,40

U-Wert [U_2]:

Variable	Dicke [mm]	Rohdichte [kg/m³]	Lambda [W/(mK)]	U-Wert [U_2] [W/(m²K)]
Estrich- dämmung [d2]	60	150	0,04	0,54
	80	150	0,04	0,43
	100	150	0,04	0,35

Wärmebrückenverlustkoeffizient: (Ψ-Wert, außenmaßbezogen)

Variable	Dicke [mm]	Rohdichte [kg/m³]	Lambda [W/(mK)]	Variable [d2] - Estrichdämmung WLF 0,040		
				60 mm	80 mm	100 mm
Mauerwerk [d1]	300	450	0,12	-0,02	0,09	0,15
	300	500	0,14	-0,02	0,09	0,15
	300	550	0,16	-0,03	0,09	0,15
	365	350	0,09	-0,03	0,08	0,14
	365	400	0,10	-0,03	0,08	0,14
	365	450	0,12	-0,03	0,09	0,15
	365	500	0,14	-0,03	0,09	0,15
	365	550	0,16	-0,03	0,09	0,15

WLF = Bemessungswert der Wärmeleitfähigkeit in W/(mK) nach DIN V 4108-4; DIN EN ISO 10456

1 / Bodenplatte/Keller
1-M-2 / Bild 2 - monolithisches Mauerwerk

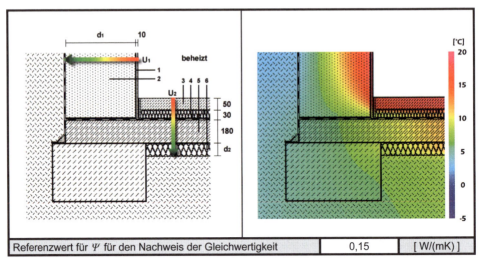

| Referenzwert für Ψ für den Nachweis der Gleichwertigkeit | 0,15 | [W/(mK)] |

Baustoffe:

Pos.	Bezeichnung	Dicke [mm]	Rohdichte [kg/m³]	Lambda [W/(mK)]
1	Innenputz	10	1800	0,35
2	Mauerwerk		Tabelle [d1]	
3	Estrich	50	2000	1,4
4	Perimeterdämmung WLF 0,045		Tabelle [d2]	
5	Stahlbeton	180	2400	2,1

U-Wert [U_1]:

Variable	Dicke [mm]	Rohdichte [kg/m³]	Lambda [W/(mK)]	U-Wert [U_1] [W/(m²K)]
Mauerwerk [d1]	300	450	0,12	0,37
	300	500	0,14	0,43
	300	550	0,16	0,48
	365	350	0,09	0,24
	365	400	0,10	0,26
	365	450	0,12	0,31
	365	500	0,14	0,36
	365	550	0,16	0,40

U-Wert [U_2]:

Variable	Dicke [mm]	Rohdichte [kg/m³]	Lambda [W/(mK)]	U-Wert [U_2] [W/(m²K)]
Perimeter-dämmung [d2]	40	150	0,045	0,51
	50	150	0,045	0,46
	60	150	0,045	0,41
	70	150	0,045	0,38

Wärmebrückenverlustkoeffizient: (Ψ-Wert, außenmaßbezogen)

Variable	Dicke [mm]	Rohdichte [kg/m³]	Lambda [W/(mK)]	Variable [d2] - Perimeterdämmung WLF 0,045			
				40 mm	50 mm	60 mm	70 mm
Mauerwerk [d1]	300	450	0,12	0,03	0,09	0,14	0,17
	300	500	0,14	0,02	0,08	0,12	0,16
	300	550	0,16	0,00	0,06	0,11	0,15
	365	350	0,09	0,03	0,09	0,14	0,18
	365	400	0,10	0,03	0,09	0,14	0,18
	365	450	0,12	0,03	0,09	0,14	0,18
	365	500	0,14	0,02	0,08	0,13	0,17
	365	550	0,16	0,01	0,07	0,12	0,16

1 / Bodenplatte/Keller
1-M-3 / Bild 3 - monolithisches Mauerwerk

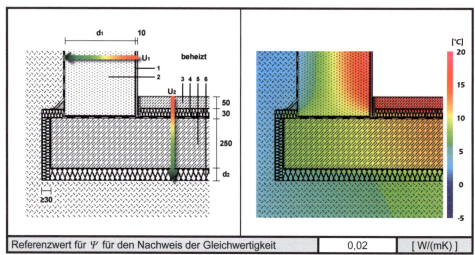

Referenzwert für Ψ' für den Nachweis der Gleichwertigkeit	0,02	[W/(mK)]

Baustoffe:

Pos.	Bezeichnung	Dicke [mm]	Rohdichte [kg/m³]	Lambda [W/(mK)]
1	Innenputz	10	1800	0,35
2	Mauerwerk		Tabelle [d1]	
3	Estrich	50	2000	1,4
4	Wärmedämmung	30	150	0,04
5	Perimeterdämmung WLF 0,045		Tabelle [d2]	
6	Stahlbeton	250	2400	2,1

U-Wert [U_1]:

Variable	Dicke [mm]	Rohdichte [kg/m³]	Lambda [W/(mK)]	U-Wert [U_1] [W/(m²K)]
Mauerwerk [d1]	300	450	0,12	0,37
	300	500	0,14	0,43
	300	550	0,16	0,48
	365	350	0,09	0,24
	365	400	0,10	0,26
	365	450	0,12	0,31
	365	500	0,14	0,36
	365	550	0,16	0,40

U-Wert [U_2]:

Variable	Dicke [mm]	Rohdichte [kg/m³]	Lambda [W/(mK)]	U-Wert [U_2] [W/(m²K)]
Perimeter-dämmung [d2]	40	150	0,045	0,50
	50	150	0,045	0,45
	60	150	0,045	0,41
	70	150	0,045	0,37

Wärmebrückenverlustkoeffizient: (Ψ-Wert, außenmaßbezogen)

Variable	Dicke [mm]	Rohdichte [kg/m³]	Lambda [W/(mK)]	Variable [d2] - Perimeterdämmung WLF 0,045			
				40 mm	50 mm	60 mm	70 mm
Mauerwerk [d1]	300	450	0,12	0,00	0,05	0,09	0,12
	300	500	0,14	-0,02	0,04	0,08	0,11
	300	550	0,16	-0,03	0,02	0,00	0,10
	365	350	0,09	0,01	0,06	0,11	0,13
	365	400	0,10	0,01	0,06	0,10	0,13
	365	450	0,12	0,00	0,05	0,10	0,13
	365	500	0,14	-0,01	0,05	0,09	0,12
	365	550	0,16	-0,01	0,04	0,08	0,11

Bauteilkatalog zum Beiblatt 2 der DIN 4108

1 / Bodenplatte/Keller
1-A-4 / Bild 4 - außengedämmtes Mauerwerk

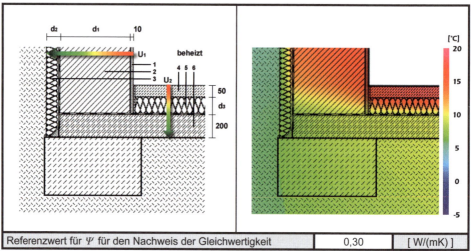

| Referenzwert für Ψ für den Nachweis der Gleichwertigkeit | 0,30 | [W/(mK)] |

Baustoffe:

Pos.	Bezeichnung	Dicke [mm]	Rohdichte [kg/m³]	Lambda [W/(mK)]
1	Innenputz	10	1800	0,35
2	Mauerwerk	Tabelle [d1]		
3	Perimeterdämmung WLF 0,045	Tabelle [d2]		
4	Estrich	50	2000	1,4
5	Estrichdämmung WLF 0,040	Tabelle [d3]		
6	Stahlbeton	200	2400	2,1

U-Wert [U_1]:

Variable [d1] - Kalksandstein **ohne** Kimmstein 300 mm - 0,99 W/(mK)				
Variable	Dicke [mm]	Rohdichte [kg/m³]	Lambda [W/(mK)]	U-Wert [U_1] [W/(m²K)]
Perimeter-dämmung [d2]	60	150	0,045	0,54
	80	150	0,045	0,44
	100	150	0,045	0,37

Variable [d1] - Kalksandstein **mit ISO** Kimmstein 300 mm - 0,99 W/(mK)				
Variable	Dicke [mm]	Rohdichte [kg/m³]	Lambda [W/(mK)]	U-Wert [U_1] [W/(m²K)]
Perimeter-dämmung [d2]	60	150	0,045	0,54
	80	150	0,045	0,44
	100	150	0,045	0,37

U-Wert [U_2]:

Variable	Dicke [mm]	Rohdichte [kg/m³]	Lambda [W/(mK)]	U-Wert [U_2] [W/(m²K)]
Estrich-dämmung [d3]	60	150	0,04	0,54
	80	150	0,04	0,43
	100	150	0,04	0,35

Wärmebrückenverlustkoeffizient: (Ψ-Wert, außenmaßbezogen)

Variable [d1] - Kalksandstein **ohne** Kimmstein 300 mm - 0,99 W/(mK)						
Variable	Dicke [mm]	Rohdichte [kg/m³]	Lambda [W/(mK)]	Variable [d3] - Estrichdämmung WLF 0,040		
				60 mm	80 mm	100 mm
Perimeter-dämmung [d2]	60	150	0,045	0,06	0,19	0,26
	80	150	0,045	0,09	0,21	0,28
	100	150	0,045	0,10	0,22	0,29

Variable [d1] - Kalksandstein **mit ISO** Kimmstein 300 mm - 0,99 W/(mK)						
Variable	Dicke [mm]	Rohdichte [kg/m³]	Lambda [W/(mK)]	Variable [d3] - Estrichdämmung WLF 0,040		
				60 mm	80 mm	100 mm
Perimeter-dämmung [d2]	60	150	0,045	0,01	0,14	0,21
	80	150	0,045	0,04	0,16	0,23
	100	150	0,045	0,05	0,17	0,24

1 / Bodenplatte/Keller
1-A-5 / Bild 5 - außengedämmtes Mauerwerk

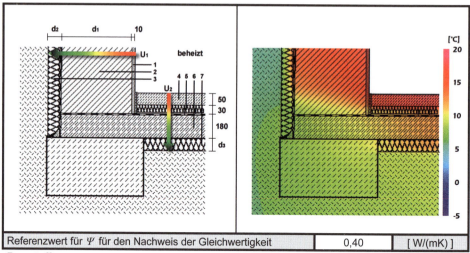

| Referenzwert für Ψ für den Nachweis der Gleichwertigkeit | | 0,40 | [W/(mK)] |

Baustoffe:

Pos.	Bezeichnung	Dicke [mm]	Rohdichte [kg/m³]	Lambda [W/(mK)]
1	Innenputz	10	1800	0,35
2	Mauerwerk	Tabelle [d1]		
3	Perimeterdämmung WLF 0,045	Tabelle [d2]		
4	Estrich	50	2000	1,4
5	Estrichdämmung WLF 0,040	30	150	0,04
6	Stahlbeton	180	2400	2,1
7	Perimeterdämmung WLF 0,045	Tabelle [d3]		

U-Wert [U_1]:

Variable [d1] - Kalksandstein **ohne** Kimmstein 300 mm - 0,99 W/(mK)				
Variable	Dicke [mm]	Rohdichte [kg/m³]	Lambda [W/(mK)]	U-Wert [U_1] [W/(m²K)]
Perimeter-dämmung [d2]	60	150	0,045	0,54
	80	150	0,045	0,44
	100	150	0,045	0,37

Variable [d1] - Kalksandstein **mit ISO** Kimmstein 300 mm - 0,99 W/(mK)				
Variable	Dicke [mm]	Rohdichte [kg/m³]	Lambda [W/(mK)]	U-Wert [U_1] [W/(m²K)]
Perimeter-dämmung [d2]	60	150	0,045	0,54
	80	150	0,045	0,44
	100	150	0,045	0,37

U-Wert [U_2]:

Variable	Dicke [mm]	Rohdichte [kg/m³]	Lambda [W/(mK)]	U-Wert [U_2] [W/(m²K)]
Perimeter-dämmung [d3]	40	150	0,045	0,51
	50	150	0,045	0,46
	60	150	0,045	0,41
	70	150	0,045	0,38

Wärmebrückenverlustkoeffizient: (Ψ-Wert, außenmaßbezogen)

Variable [d1] - Kalksandstein **ohne** Kimmstein 300 mm - 0,99 W/(mK)							
Variable	Dicke [mm]	Rohdichte [kg/m³]	Lambda [W/(mK)]	Variable [d3] - Perimeterdämmung WLF 0,045			
				40 mm	50 mm	60 mm	70 mm
Perimeter-dämmung [d2]	60	150	0,045	0,05	0,11	0,16	0,20
	80	150	0,045	0,09	0,15	0,20	0,25
	100	150	0,045	0,11	0,18	0,23	0,27

Variable [d1] - Kalksandstein **mit ISO** Kimmstein 300 mm - 0,99 W/(mK)							
Variable	Dicke [mm]	Rohdichte [kg/m³]	Lambda [W/(mK)]	Variable [d3] - Perimeterdämmung WLF 0,045			
				40 mm	50 mm	60 mm	70 mm
Perimeter-dämmung [d2]	60	150	0,045	0,00	0,08	0,12	0,16
	80	150	0,045	0,05	0,11	0,16	0,20
	100	150	0,045	0,07	0,13	0,18	0,22

1 / Bodenplatte/Keller
1-A-6a / Bild 6a - außengedämmtes Mauerwerk

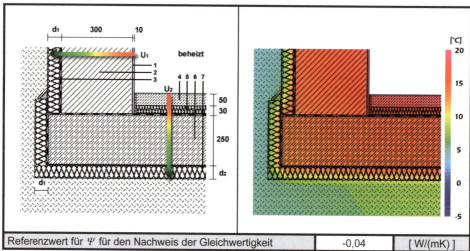

Referenzwert für Ψ für den Nachweis der Gleichwertigkeit	-0,04	[W/(mK)]

Baustoffe:

Pos.	Bezeichnung	Dicke [mm]	Rohdichte [kg/m³]	Lambda [W/(mK)]
1	Innenputz	10	1800	0,35
2	Kalksandstein	300	2100	0,99
3	Perimeterdämmung WLF 0,040	Tabelle [d1]		
4	Estrich	50	2000	1,4
5	Estrichdämmung WLF 0,040	30	150	0,04
6	Stahlbeton	250	2400	2,1
7	Perimeterdämmung WLF 0,045	Tabelle [d2]		

U-Wert [U_1]:

Variable	Dicke [mm]	Rohdichte [kg/m³]	Lambda [W/(mK)]	U-Wert [U_1] [W/(m²K)]
Perimeter-dämmung [d_1]	60	150	0,04	0,50
	80	150	0,04	0,40
	100	150	0,04	0,33

U-Wert [U_2]:

Variable	Dicke [mm]	Rohdichte [kg/m³]	Lambda [W/(mK)]	U-Wert [U_2] [W/(m²K)]
Perimeter-dämmung [d_2]	40	150	0,045	0,50
	50	150	0,045	0,45
	60	150	0,045	0,41
	70	150	0,045	0,37

Wärmebrückenverlustkoeffizient: (Ψ-Wert, außenmaßbezogen)

Variable	Dicke [mm]	Rohdichte [kg/m³]	Lambda [W/(mK)]	Variable [d_2] - Perimeterdämmung WLF 0,045			
				40 mm	50 mm	60 mm	70 mm
Perimeter-dämmung [d_1]	60	150	0,04	-0,06	-0,01	0,03	0,06
	80	150	0,04	-0,03	0,02	0,06	0,09
	100	150	0,04	-0,01	0,04	0,07	0,10

Bauteilkatalog zum Beiblatt 2 der DIN 4108

1.1 / Bodenplatte auf Erdreich
1.1-M-10a / Bild 10a - monolithisches Mauerwerk

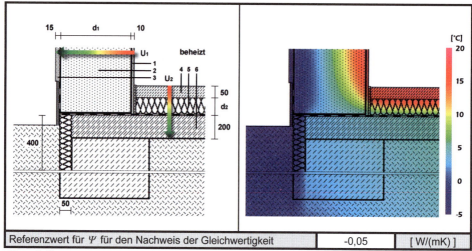

Referenzwert für Ψ für den Nachweis der Gleichwertigkeit	-0,05	[W/(mK)]

Baustoffe:

Pos.	Bezeichnung	Dicke [mm]	Rohdichte [kg/m³]	Lambda [W/(mK)]
1	Innenputz	10	1800	0,35
2	Mauerwerk		Tabelle [d1]	
3	Außenputz	15	1300	0,2
4	Estrich	50	2000	1,4
5	Estrichdämmung WLF 0,040		Tabelle [d2]	
6	Stahlbeton	200	2400	2,1

U-Wert [U_1]:

Variable	Dicke [mm]	Rohdichte [kg/m³]	Lambda [W/(mK)]	U-Wert [U_1] [W/(m²K)]
Mauerwerk [d1]	240	350	0,09	0,34
	300	350	0,09	0,28
	365	350	0,09	0,23
	240	400	0,10	0,37
	300	400	0,10	0,31
	365	400	0,10	0,25
	240	450	0,12	0,44
	300	450	0,12	0,36
	365	450	0,12	0,30
	240	500	0,14	0,50
	300	500	0,14	0,41
	365	500	0,14	0,35
	240	550	0,16	0,56
	300	550	0,16	0,47
	365	550	0,16	0,39

U-Wert [U_2]:

Variable	Dicke [mm]	Rohdichte [kg/m³]	Lambda [W/(mK)]	U-Wert [U_2] [W/(m²K)]
Estrich-dämmung [d2]	60	150	0,04	0,54
	80	150	0,04	0,43
	100	150	0,04	0,35

Wärmebrückenverlustkoeffizient: (Ψ-Wert, außenmaßbezogen)

Variable	Dicke [mm]	Rohdichte [kg/m³]	Lambda [W/(mK)]	Variable [d2] - Estrichdämmung WLF 0,040		
				60 mm	80 mm	100 mm
Mauerwerk [d1]	240	350	0,09	-0,16	-0,04	0,02
	300	350	0,09	-0,17	-0,05	0,02
	365	350	0,09	-0,18	-0,05	0,01
	240	400	0,10	-0,16	-0,04	0,02
	300	400	0,10	-0,17	-0,05	0,02
	365	400	0,10	-0,18	-0,05	0,01
	240	450	0,12	-0,17	-0,05	0,02
	300	450	0,12	-0,17	-0,05	0,01
	365	450	0,12	-0,18	-0,05	0,01
	240	500	0,14	-0,17	-0,05	0,01
	300	500	0,14	-0,17	-0,05	0,01
	365	500	0,14	-0,18	-0,05	0,01
	240	550	0,16	-0,17	-0,05	0,01
	300	550	0,16	-0,17	-0,05	0,01
	365	550	0,16	-0,18	-0,05	0,01

1.1 / Bodenplatte auf Erdreich
1.1-M-11a / Bild 11a - monolithisches Mauerwerk

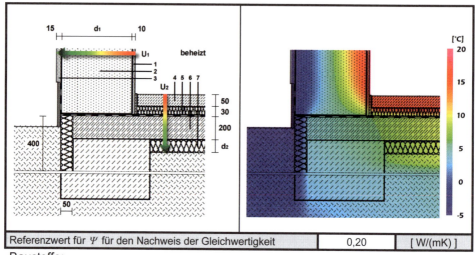

| Referenzwert für Ψ für den Nachweis der Gleichwertigkeit | 0,20 | [W/(mK)] |

Baustoffe:

Pos.	Bezeichnung	Dicke [mm]	Rohdichte [kg/m³]	Lambda [W/(mK)]
1	Innenputz	10	1800	0,35
2	Mauerwerk		Tabelle [d1]	
3	Außenputz	15	1300	0,2
4	Estrich	50	2000	1,4
5	Estrichdämmung WLF 0,040	30	150	0,04
6	Stahlbeton	200	2400	2,1
7	Perimeterdämmung WLF 0,045		Tabelle [d2]	

U-Wert [U_1]:

Variable	Dicke [mm]	Rohdichte [kg/m³]	Lambda [W/(mK)]	U-Wert [U_1] [W/(m²K)]
Mauerwerk [d1]	240	350	0,09	0,34
	300	350	0,09	0,28
	365	350	0,09	0,23
	240	400	0,10	0,37
	300	400	0,10	0,31
	365	400	0,10	0,25
	240	450	0,12	0,44
	300	450	0,12	0,36
	365	450	0,12	0,30
	240	500	0,14	0,50
	300	500	0,14	0,41
	365	500	0,14	0,35
	240	550	0,16	0,56
	300	550	0,16	0,47
	365	550	0,16	0,39

U-Wert [U_2]:

Variable	Dicke [mm]	Rohdichte [kg/m³]	Lambda [W/(mK)]	U-Wert [U_2] [W/(m²K)]
Perimeter-dämmung [d2]	40	150	0,045	0,51
	50	150	0,045	0,45
	60	150	0,045	0,41
	70	150	0,045	0,38

Wärmebrückenverlustkoeffizient: (Ψ-Wert, außenmaßbezogen)

Variable	Dicke [mm]	Rohdichte [kg/m³]	Lambda [W/(mK)]	Variable [d2] - Perimeterdämmung WLF 0,045			
				40 mm	50 mm	60 mm	70 mm
Mauerwerk [d1]	240	350	0,09	-0,12	-0,05	0,00	0,04
	300	350	0,09	-0,11	-0,04	0,00	0,05
	365	350	0,09	-0,11	-0,04	0,02	0,06
	240	400	0,10	-0,13	-0,06	-0,01	0,03
	300	400	0,10	-0,12	-0,05	0,00	0,04
	365	400	0,10	-0,11	-0,04	0,01	0,05
	240	450	0,12	-0,14	-0,07	-0,02	0,02
	300	450	0,12	-0,13	-0,06	-0,01	0,03
	365	450	0,12	-0,12	-0,05	0,00	0,04
	240	500	0,14	-0,16	-0,09	-0,04	0,00
	300	500	0,14	-0,14	-0,07	-0,02	0,02
	365	500	0,14	-0,13	-0,06	-0,01	0,03
	240	550	0,16	-0,17	-0,11	-0,06	-0,02
	300	550	0,16	-0,16	-0,09	-0,03	0,01
	365	550	0,16	-0,16	-0,07	-0,02	0,02

Bauteilkatalog zum Beiblatt 2 der DIN 4108

1.1 / Bodenplatte auf Erdreich
1.1-M-12 / Bild 12 - monolithisches Mauerwerk

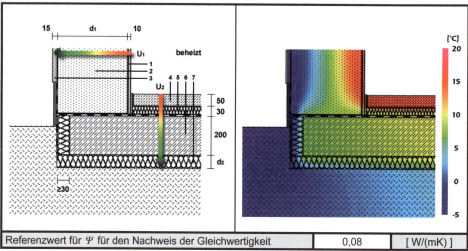

Referenzwert für Ψ für den Nachweis der Gleichwertigkeit		0,08	[W/(mK)]

Baustoffe:

Pos.	Bezeichnung	Dicke [mm]	Rohdichte [kg/m³]	Lambda [W/(mK)]
1	Innenputz	10	1800	0,35
2	Mauerwerk	Tabelle [d1]		
3	Außenputz	15	1300	0,2
4	Estrich	50	2000	1,4
5	Estrichdämmung WLF 0,040	30	150	0,04
6	Stahlbeton	200	2400	2,1
7	Perimeterdämmung WLF 0,045	Tabelle [d2]		

U-Wert [U_1]:

Variable	Dicke [mm]	Rohdichte [kg/m³]	Lambda [W/(mK)]	U-Wert [U_1] [W/(m²K)]
Mauerwerk [d1]	240	350	0,09	0,34
	300	350	0,09	0,28
	365	350	0,09	0,23
	240	400	0,10	0,37
	300	400	0,10	0,31
	365	400	0,10	0,25
	240	450	0,12	0,44
	300	450	0,12	0,36
	365	450	0,12	0,30
	240	500	0,14	0,50
	300	500	0,14	0,41
	365	500	0,14	0,35
	240	550	0,16	0,56
	300	550	0,16	0,47
	365	550	0,16	0,39

U-Wert [U_2]:

Variable	Dicke [mm]	Rohdichte [kg/m³]	Lambda [W/(mK)]	U-Wert [U_2] [W/(m²K)]
Perimeter-dämmung [d2]	40	150	0,045	0,51
	50	150	0,045	0,45
	60	150	0,045	0,41
	70	150	0,045	0,38

Wärmebrückenverlustkoeffizient: (Ψ-Wert, außenmaßbezogen)

Variable	Dicke [mm]	Rohdichte [kg/m³]	Lambda [W/(mK)]	Variable [d2] - Perimeterdämmung WLF 0,045			
				40 mm	50 mm	60 mm	70 mm
Mauerwerk [d1]	240	350	0,09	-0,16	-0,11	-0,06	-0,03
	300	350	0,09	-0,15	-0,09	-0,05	-0,02
	365	350	0,09	-0,15	-0,09	-0,04	-0,01
	240	400	0,10	-0,17	-0,12	-0,07	-0,04
	300	400	0,10	-0,16	-0,10	-0,06	-0,03
	365	400	0,10	-0,16	-0,10	-0,05	-0,02
	240	450	0,12	-0,19	-0,14	-0,09	-0,06
	300	450	0,12	-0,18	-0,12	-0,07	-0,04
	365	450	0,12	-0,17	-0,11	-0,06	-0,03
	240	500	0,14	-0,21	-0,16	-0,11	-0,08
	300	500	0,14	-0,19	-0,13	-0,09	-0,06
	365	500	0,14	-0,18	-0,12	-0,07	-0,04
	240	550	0,16	-0,23	-0,18	-0,13	-0,10
	300	550	0,16	-0,21	-0,15	-0,11	-0,08
	365	550	0,16	-0,19	-0,13	-0,09	-0,06

1.1 / Bodenplatte auf Erdreich
1.1-A-13a / Bild 13a - außengedämmtes Mauerwerk

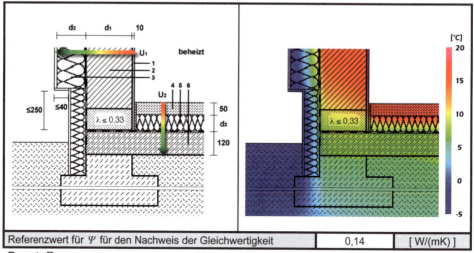

Referenzwert für Ψ für den Nachweis der Gleichwertigkeit	0,14	[W/(mK)]

Baustoffe:

Pos.	Bezeichnung	Dicke [mm]	Rohdichte [kg/m³]	Lambda [W/(mK)]
1	Innenputz	10	1800	0,35
2	Mauerwerk		Tabelle [d1]	
3	Wärmedämmverbundsystem		Tabelle [d2]	
4	Estrich	50	2000	1,4
5	Estrichdämmung WLF 0,040		Tabelle [d3]	
6	Stahlbeton	120	2400	2,1

Bemerkungen für Ausführung ohne Kimmstein:

Die Einbindetiefe der erdberührten Wärmedämmung (d ≥ 60 mm) beträgt mindestens 300 mm von Oberkante Bodenplatte (Rohdecke) gemessen.

U-Wert [U_1]:

Variable	Variable [d1] - Kalksandstein **ohne** Kimmstein 175 mm - 0,99 W/(mK)			
	Dicke [mm]	Rohdichte [kg/m³]	Lambda [W/(mK)]	U-Wert [U_1] [W/(m²K)]
WDVS [d2]	100	150	0,04	0,35
	120	150	0,04	0,30
	140	150	0,04	0,26
	160	150	0,04	0,23
	100	150	0,045	0,38
	120	150	0,045	0,33
	140	150	0,045	0,29
	160	150	0,045	0,25

Variable [d1] - Kalksandstein **mit ISO** Kimmstein 175 mm - 0,99 W/(mK)				
Variable	Dicke [mm]	Rohdichte [kg/m³]	Lambda [W/(mK)]	U-Wert [U1] [W/(m²K)]
WDVS [d2]	100	150	0,04	0,35
	120	150	0,04	0,30
	140	150	0,04	0,26
	160	150	0,04	0,23
	100	150	0,045	0,38
	120	150	0,045	0,33
	140	150	0,045	0,29
	160	150	0,045	0,25

U-Wert [U_2]:

Variable	Dicke [mm]	Rohdichte [kg/m³]	Lambda [W/(mK)]	U-Wert [U2] [W/(m²K)]
Estrich- dämmung [d3]	60	150	0,04	0,55
	80	150	0,04	0,43
	100	150	0,04	0,36

Wärmebrückenverlustkoeffizient: (Ψ-Wert, außenmaßbezogen)

Variable [d1] - Kalksandstein **ohne** Kimmstein 175 mm - 0,99 W/(mK)						
Variable	Dicke [mm]	Rohdichte [kg/m³]	Lambda [W/(mK)]	Variable [d3] - Estrichdämmung WLF 0,040		
				60 mm	80 mm	100 mm
WDVS [d2]	100	150	0,04	-0,05	0,09	0,17
	120	150	0,04	-0,06	0,08	0,16
	140	150	0,04	-0,07	0,08	0,16
	160	150	0,04	-0,08	0,07	0,15
	100	150	0,045	-0,05	0,09	0,16
	120	150	0,045	-0,06	0,08	0,16
	140	150	0,045	-0,07	0,08	0,15
	160	150	0,045	-0,08	0,07	0,15

Variable [d1] - Kalksandstein **mit ISO** Kimmstein 175 mm - 0,99 W/(mK)						
Variable	Dicke [mm]	Rohdichte [kg/m³]	Lambda [W/(mK)]	Variable [d3] - Estrichdämmung WLF 0,040		
				60 mm	80 mm	100 mm
WDVS [d2]	100	150	0,04	-0,11	0,03	0,11
	120	150	0,04	-0,12	0,03	0,10
	140	150	0,04	-0,13	0,02	0,10
	160	150	0,04	-0,13	0,01	0,09
	100	150	0,045	-0,11	0,03	0,10
	120	150	0,045	-0,12	0,03	0,10
	140	150	0,045	-0,13	0,02	0,09
	160	150	0,045	-0,13	0,01	0,09

1.1 / Bodenplatte auf Erdreich
1.1-A-14a / Bild 14a - außengedämmtes Mauerwerk

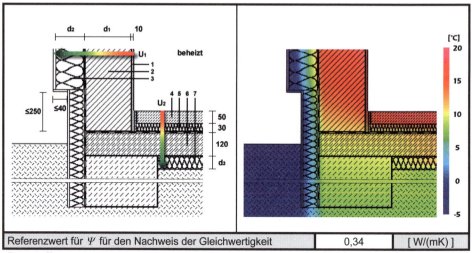

| Referenzwert für Ψ für den Nachweis der Gleichwertigkeit | 0,34 | [W/(mK)] |

Baustoffe:

Pos.	Bezeichnung	Dicke [mm]	Rohdichte [kg/m³]	Lambda [W/(mK)]
1	Innenputz	10	1800	0,35
2	Mauerwerk		Tabelle [d1]	
3	Wärmedämmverbundsystem		Tabelle [d2]	
4	Estrich	50	2000	1,4
5	Estrichdämmung WLF 0,040	30	150	0,04
6	Stahlbeton	120	2400	2,1
7	Perimeterdämmung WLF 0,045		Tabelle [d3]	

Bemerkungen für Ausführung ohne Kimmstein:

Die Einbindetiefe der erdberührten Wärmedämmung (d ≥ 60 mm) beträgt mindestens 300 mm von Oberkante Bodenplatte (Rohdecke) gemessen.

U-Wert [U_1]:

Variable	Variable [d1] - Kalksandstein **ohne** Kimmstein 175 mm - 0,99 W/(mK)			
	Dicke [mm]	Rohdichte [kg/m³]	Lambda [W/(mK)]	U-Wert [U_1] [W/(m²K)]
WDVS [d2]	100	150	0,04	0,35
	120	150	0,04	0,30
	140	150	0,04	0,26
	160	150	0,04	0,23
	100	150	0,045	0,38
	120	150	0,045	0,33
	140	150	0,045	0,29
	160	150	0,045	0,25

Variable [d1] - Kalksandstein **mit ISO** Kimmstein 175 mm - 0,99 W/(mK)

Variable	Dicke [mm]	Rohdichte [kg/m³]	Lambda [W/(mK)]	U-Wert [U1] [W/(m²K)]
WDVS [d2]	100	150	0,04	0,35
	120	150	0,04	0,30
	140	150	0,04	0,26
	160	150	0,04	0,23
	100	150	0,045	0,38
	120	150	0,045	0,33
	140	150	0,045	0,29
	160	150	0,045	0,25

U-Wert [U_2]:

Variable	Dicke [mm]	Rohdichte [kg/m³]	Lambda [W/(mK)]	U-Wert [U2] [W/(m²K)]
Perimeter-dämmung [d3]	40	150	0,045	0,52
	50	150	0,045	0,46
	60	150	0,045	0,42
	70	150	0,045	0,38

Wärmebrückenverlustkoeffizient: (Ψ-Wert, außenmaßbezogen)

| | | | | \multicolumn{4}{c}{Variable [d1] - Kalksandstein **ohne** Kimmstein 175 mm - 0,99 W/(mK)} | | | |

Variable	Dicke [mm]	Rohdichte [kg/m³]	Lambda [W/(mK)]	Variable [d3] - Perimeterdämmung WLF 0,045			
				40 mm	50 mm	60 mm	70 mm
WDVS [d2]	100	150	0,04	-0,10	-0,02	0,04	0,08
	120	150	0,04	-0,11	-0,04	0,02	0,07
	140	150	0,04	-0,12	-0,04	0,02	0,07
	160	150	0,04	-0,13	-0,05	0,01	0,06
	100	150	0,045	-0,10	-0,02	0,04	0,08
	120	150	0,045	-0,11	-0,04	0,02	0,07
	140	150	0,045	-0,12	-0,04	0,02	0,07
	160	150	0,045	-0,13	-0,05	0,01	0,05

Variable	Dicke [mm]	Rohdichte [kg/m³]	Lambda [W/(mK)]	Variable [d3] - Perimeterdämmung WLF 0,045			
\multicolumn{8}{l}{Variable [d1] - Kalksandstein **mit ISO** Kimmstein 175 mm - 0,99 W/(mK)}							
				40 mm	50 mm	60 mm	70 mm
WDVS [d2]	100	150	0,04	-0,13	-0,06	0,00	0,04
	120	150	0,04	-0,15	-0,07	-0,01	0,04
	140	150	0,04	-0,15	-0,08	-0,02	0,03
	160	150	0,04	-0,16	-0,08	-0,02	0,03
	100	150	0,045	-0,14	-0,06	0,00	0,04
	120	150	0,045	-0,14	-0,07	-0,01	0,03
	140	150	0,045	-0,16	-0,08	-0,02	0,03
	160	150	0,045	-0,16	-0,08	-0,02	0,02

Bauteilkatalog zum Beiblatt 2 der DIN 4108

1.1 / Bodenplatte auf Erdreich
1.1-A-15 / Bild 15 - außengedämmtes Mauerwerk

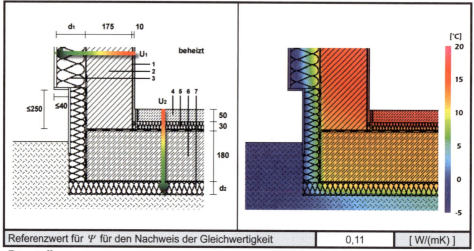

Referenzwert für Ψ für den Nachweis der Gleichwertigkeit		0,11	[W/(mK)]

Baustoffe:

Pos.	Bezeichnung	Dicke [mm]	Rohdichte [kg/m³]	Lambda [W/(mK)]
1	Innenputz	10	1800	0,35
2	Kalksandstein	175	1800	0,99
3	Wärmedämmverbundsystem	Tabelle [d1]		
4	Estrich	50	2000	1,4
5	Estrichdämmung WLF 0,040	30	150	0,04
6	Stahlbeton	180	2400	2,1
7	Perimeterdämmung WLF 0,045	Tabelle [d2]		

Bemerkungen:

Kann auch ohne Dämmung unter dem Estrich ausgeführt werden.

U-Wert [U_1]:

Variable	Dicke [mm]	Rohdichte [kg/m³]	Lambda [W/(mK)]	U-Wert [U_1] [W/(m²K)]
WDVS [d_1]	100	150	0,04	0,35
	120	150	0,04	0,30
	140	150	0,04	0,26
	160	150	0,04	0,23
	100	150	0,045	0,38
	120	150	0,045	0,33
	140	150	0,045	0,29
	160	150	0,045	0,25

U-Wert [U_2]:

Variable	Dicke [mm]	Rohdichte [kg/m³]	Lambda [W/(mK)]	U-Wert [U_2] [W/(m²K)]
Perimeter-dämmung [d_2]	40	150	0,045	0,52
	50	150	0,045	0,46
	60	150	0,045	0,42
	70	150	0,045	0,38

Wärmebrückenverlustkoeffizient: (Ψ-Wert, außenmaßbezogen)

Variable	Dicke [mm]	Rohdichte [kg/m³]	Lambda [W/(mK)]	Variable [d_2] - Perimeterdämmung WLF 0,045			
				40 mm	50 mm	60 mm	70 mm
WDVS [d_1]	100	150	0,04	-0,12	-0,07	-0,03	0,00
	120	150	0,04	-0,13	-0,08	-0,04	-0,01
	140	150	0,04	-0,13	-0,08	-0,04	-0,01
	160	150	0,04	-0,13	-0,08	-0,04	-0,02
	100	150	0,045	-0,13	-0,08	-0,04	-0,01
	120	150	0,045	-0,13	-0,08	-0,04	-0,01
	140	150	0,045	-0,14	-0,09	-0,05	-0,02
	160	150	0,045	-0,14	-0,08	-0,04	-0,02

Bauteilkatalog zum Beiblatt 2 der DIN 4108

1.1 / Bodenplatte auf Erdreich
1.1-K-16 / Bild 16 - zweischaliges Mauerwerk

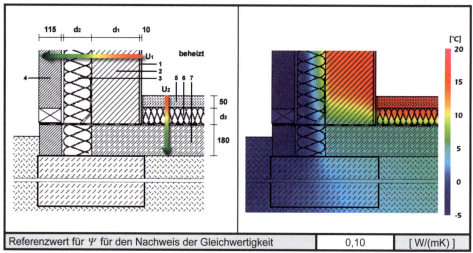

Referenzwert für Ψ für den Nachweis der Gleichwertigkeit	0,10	[W/(mK)]

Baustoffe:

Pos.	Bezeichnung	Dicke [mm]	Rohdichte [kg/m³]	Lambda [W/(mK)]
1	Innenputz	10	1800	0,35
2	Mauerwerk		Tabelle [d1]	
3	Kerndämmung		Tabelle [d2]	
4	Verblendmauerwerk	115	2000	0,96
5	Estrich	50	2000	1,4
6	Estrichdämmung WLF 0,040		Tabelle [d3]	
7	Stahlbeton	180	2400	2,1

Bemerkungen für Ausführung ohne Kimmstein:

Die Einbindetiefe dieser Kerndämmung (d ≥ 60 mm) beträgt mindestens 300 mm von Oberkante Bodenplatte (Rohdecke) gemessen.

U-Wert [U_1]:

				U-Wert [U_1] [W/(m²K)]				
Variable	Dicke [mm]	Rohdichte [kg/m³]	Lambda [W/(mK)]	Variable [d1] - 175 mm				
				KS ohne Kimmstein	KS mit ISO Kimmstein	Mauerwerk 0,10 W/(mK)	Mauerwerk 0,12 W/(mK)	Mauerwerk 0,14 W/(mK)
Kerndämmung [d2]	100	150	0,04	0,33	0,33	0,22	0,23	0,25
	120	150	0,04	0,29	0,29	0,20	0,21	0,22
	140	150	0,04	0,25	0,25	0,18	0,19	0,20

U-Wert [U_2]:

Variable	Dicke [mm]	Rohdichte [kg/m³]	Lambda [W/(mK)]	U-Wert [U_2] [W/(m²K)]
Estrich-dämmung [d3]	60	150	0,04	0,55
	80	150	0,04	0,43
	100	150	0,04	0,36

Wärmebrückenverlustkoeffizient: (Ψ-Wert, außenmaßbezogen)

Variable [d1] - Kalksandstein **ohne** Kimmstein 175 mm - 0,99 W/(mK)						
Variable	Dicke [mm]	Rohdichte [kg/m³]	Lambda [W/(mK)]	Variable [d3] - Estrichdämmung WLF 0,040		
				60 mm	80 mm	100 mm
Kerndäm-mung [d2]	100	150	0,04	-0,02	0,11	0,18
	120	150	0,04	-0,02	0,11	0,18
	140	150	0,04	-0,03	0,11	0,18

Variable [d1] - Kalksandstein **mit ISO** Kimmstein 175 mm - 0,99 W/(mK)						
Variable	Dicke [mm]	Rohdichte [kg/m³]	Lambda [W/(mK)]	Variable [d3] - Estrichdämmung WLF 0,040		
				60 mm	80 mm	100 mm
Kerndäm-mung [d2]	100	150	0,04	0,03	0,05	0,05
	120	150	0,04	0,03	0,05	0,06
	140	150	0,04	0,03	0,05	0,06

Variable [d1] - Mauerwerk 175 mm - 0,10 W/(mK)						
Variable	Dicke [mm]	Rohdichte [kg/m³]	Lambda [W/(mK)]	Variable [d3] - Estrichdämmung WLF 0,040		
				60 mm	80 mm	100 mm
Kerndäm-mung [d2]	100	150	0,04	-0,17	-0,04	0,02
	120	150	0,04	-0,17	-0,04	0,02
	140	150	0,04	-0,18	-0,04	0,02

Variable [d1] - Mauerwerk 175 mm - 0,12 W/(mK)						
Variable	Dicke [mm]	Rohdichte [kg/m³]	Lambda [W/(mK)]	Variable [d3] - Estrichdämmung WLF 0,040		
				60 mm	80 mm	100 mm
Kerndäm-mung [d2]	100	150	0,04	-0,16	-0,04	0,03
	120	150	0,04	-0,17	-0,04	0,03
	140	150	0,04	-0,17	-0,04	0,03

Variable [d1] - Mauerwerk 175 mm - 0,14 W/(mK)						
Variable	Dicke [mm]	Rohdichte [kg/m³]	Lambda [W/(mK)]	Variable [d3] - Estrichdämmung WLF 0,040		
				60 mm	80 mm	100 mm
Kerndäm-mung [d2]	100	150	0,04	-0,16	-0,03	0,03
	120	150	0,04	-0,16	-0,03	0,03
	140	150	0,04	-0,16	-0,03	0,03

Bauteilkatalog zum Beiblatt 2 der DIN 4108

1.1 / Bodenplatte auf Erdreich
1.1-K-17 / Bild 17 - zweischaliges Mauerwerk

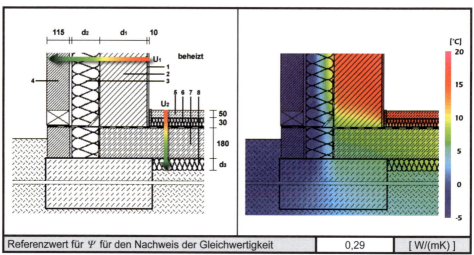

Referenzwert für Ψ für den Nachweis der Gleichwertigkeit	0,29	[W/(mK)]

Baustoffe:

Pos.	Bezeichnung	Dicke [mm]	Rohdichte [kg/m³]	Lambda [W/(mK)]
1	Innenputz	10	1800	0,35
2	Mauerwerk		Tabelle [d1]	
3	Kerndämmung		Tabelle [d2]	
4	Verblendmauerwerk	115	2000	0,96
5	Estrich	50	2000	1,4
6	Estrichdämmung WLF 0,040	30	150	0,04
7	Stahlbeton	180	2400	2,1
8	Perimeterdämmung		Tabelle [d3]	

Bemerkungen für Ausführung ohne Kimmstein:

Die Einbindetiefe dieser Kerndämmung (d ≥ 60 mm) beträgt mindestens 300 mm von Oberkante Bodenplatte (Rohdecke) gemessen.

U-Wert [U_1]:

Variable	Dicke [mm]	Rohdichte [kg/m³]	Lambda [W/(mK)]	U-Wert [U_1] [W/(m²K)] Variable [d1] - 175 mm				
				KS ohne Kimmstein	KS mit ISO Kimmstein	Mauerwerk 0,10 W/(mK)	Mauerwerk 0,12 W/(mK)	Mauerwerk 0,14 W/(mK)
Kerndämmung [d2]	100	150	0,04	0,33	0,33	0,22	0,23	0,25
	120	150	0,04	0,29	0,29	0,20	0,21	0,22
	140	150	0,04	0,25	0,25	0,18	0,19	0,20

U-Wert [U_2]:

Variable	Dicke [mm]	Rohdichte [kg/m³]	Lambda [W/(mK)]	U-Wert [U_2] [W/(m²K)]
Perimeter-dämmung [d3]	40	150	0,045	0,51
	50	150	0,045	0,46
	60	150	0,045	0,41
	70	150	0,045	0,38

Wärmebrückenverlustkoeffizient: (Ψ-Wert, außenmaßbezogen)

	Variable [d1] - Kalksandstein **ohne** Kimmstein 175 mm - 0,99 W/(mK)						
Variable	Dicke [mm]	Rohdichte [kg/m³]	Lambda [W/(mK)]	Variable [d3] - Perimeterdämmung WLF 0,045			
				40 mm	50 mm	60 mm	70 mm
Kerndäm-mung [d2]	100	150	0,04	0,15	0,17	0,19	0,20
	120	150	0,04	0,15	0,17	0,19	0,20
	140	150	0,04	0,15	0,17	0,18	0,20

	Variable [d1] - Kalksandstein **mit ISO** Kimmstein 175 mm - 0,99 W/(mK)						
Variable	Dicke [mm]	Rohdichte [kg/m³]	Lambda [W/(mK)]	Variable [d3] - Perimeterdämmung WLF 0,045			
				40 mm	50 mm	60 mm	70 mm
Kerndäm-mung [d2]	100	150	0,04	0,06	0,08	0,10	0,12
	120	150	0,04	0,06	0,08	0,10	0,12
	140	150	0,04	0,06	0,08	0,10	0,12

	Variable [d1] - Mauerwerk 175 mm - 0,10 W/(mK)						
Variable	Dicke [mm]	Rohdichte [kg/m³]	Lambda [W/(mK)]	Variable [d3] - Perimeterdämmung WLF 0,045			
				40 mm	50 mm	60 mm	70 mm
Kerndäm-mung [d2]	100	150	0,04	-0,10	-0,02	0,03	0,08
	120	150	0,04	-0,10	-0,02	0,03	0,08
	140	150	0,04	-0,11	-0,03	0,03	0,07

	Variable [d1] - Mauerwerk 175 mm - 0,12 W/(mK)						
Variable	Dicke [mm]	Rohdichte [kg/m³]	Lambda [W/(mK)]	Variable [d3] - Perimeterdämmung WLF 0,045			
				40 mm	50 mm	60 mm	70 mm
Kerndäm-mung [d2]	100	150	0,04	-0,10	-0,02	0,03	0,08
	120	150	0,04	-0,10	-0,02	0,03	0,08
	140	150	0,04	-0,10	-0,03	0,03	0,07

	Variable [d1] - Mauerwerk 175 mm - 0,14 W/(mK)						
Variable	Dicke [mm]	Rohdichte [kg/m³]	Lambda [W/(mK)]	Variable [d3] - Perimeterdämmung WLF 0,045			
				40 mm	50 mm	60 mm	70 mm
Kerndäm-mung [d2]	100	150	0,04	-0,10	-0,02	0,03	0,08
	120	150	0,04	-0,10	-0,02	0,03	0,08
	140	150	0,04	-0,10	-0,03	0,03	0,07

Bauteilkatalog zum Beiblatt 2 der DIN 4108

1.1 / Bodenplatte auf Erdreich
1.1-H-19 / Bild 19 - Holzbauart

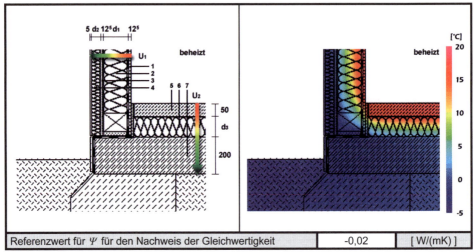

| Referenzwert für Ψ für den Nachweis der Gleichwertigkeit | | -0,02 | [W/(mK)] |

Baustoffe:

Pos.	Bezeichnung	Dicke [mm]	Rohdichte [kg/m³]	Lambda [W/(mK)]
1	Gipsfaserplatte	12,5	1150	0,32
2	Dämmung WLF 0,040	Tabelle [d1]		
3	Gipsfaserplatte	12,5	1150	0,32
4	WDVS WLF 0,040	Tabelle [d2]		
5	Estrich	50	2000	1,4
6	Estrichdämmung WLF 0,040	Tabelle [d3]		
7	Stahlbeton	200	2400	2,1

U-Wert [U_1]:

				U-Wert [U_1] $[W/(m^2K)]$				
Variable	Dicke [mm]	Rohdichte [kg/m³]	Lambda [W/(mK)]	Variable [d_1] - Dämmung WLF 0,040				
				120 mm	140 mm	160 mm	180 mm	200 mm
WDVS [d_2]	40	30	0,04	0,24	0,21	0,19	0,17	0,16
	60	30	0,04	0,21	0,19	0,17	0,16	0,15
	80	30	0,04	0,19	0,17	0,16	0,15	0,14
	100	30	0,04	0,17	0,16	0,15	0,14	0,13
	120	30	0,04	0,16	0,15	0,14	0,13	0,12

U-Wert [U_2]:

Variable	Dicke [mm]	Rohdichte [kg/m³]	Lambda [W/(mK)]	U-Wert [U_2] $[W/(m^2K)]$
Estrichdämmung [d_3]	60	150	0,04	0,54
	80	150	0,04	0,43
	100	150	0,04	0,35

Wärmebrückenverlustkoeffizient: (Ψ-Wert, außenmaßbezogen)

		Variable [d_3] - Estrichdämmung 60 mm - 0,04 W/(mK)						
Variable	Dicke [mm]	Rohdichte [kg/m³]	Lambda [W/(mK)]	Variable [d_1] - Dämmung WLF 0,040				
				120 mm	140 mm	160 mm	180 mm	200 mm
WDVS [d_2]	40	30	0,04	0,08	0,07	0,07	0,06	0,06
	60	30	0,04	0,07	0,07	0,06	0,06	0,05
	80	30	0,04	0,07	0,07	0,06	0,06	0,05
	100	30	0,04	0,07	0,06	0,06	0,05	0,05
	120	30	0,04	0,07	0,06	0,06	0,05	0,04

		Variable [d_3] - Estrichdämmung 80 mm - 0,04 W/(mK)						
Variable	Dicke [mm]	Rohdichte [kg/m³]	Lambda [W/(mK)]	Variable [d_1] - Dämmung WLF 0,040				
				120 mm	140 mm	160 mm	180 mm	200 mm
WDVS [d_2]	40	30	0,04	0,15	0,15	0,15	0,14	0,14
	60	30	0,04	0,15	0,15	0,15	0,14	0,14
	80	30	0,04	0,15	0,15	0,15	0,14	0,14
	100	30	0,04	0,15	0,15	0,14	0,14	0,14
	120	30	0,04	0,15	0,15	0,14	0,14	0,14

		Variable [d_3] - Estrichdämmung 100 mm - 0,04 W/(mK)						
Variable	Dicke [mm]	Rohdichte [kg/m³]	Lambda [W/(mK)]	Variable [d_1] - Dämmung WLF 0,040				
				120 mm	140 mm	160 mm	180 mm	200 mm
WDVS [d_2]	40	30	0,04	0,18	0,18	0,18	0,18	0,18
	60	30	0,04	0,18	0,18	0,18	0,18	0,18
	80	30	0,04	0,18	0,18	0,18	0,18	0,18
	100	30	0,04	0,18	0,18	0,18	0,18	0,17
	120	30	0,04	0,18	0,18	0,18	0,18	0,17

1.1 / Bodenplatte auf Erdreich
1.1-H-20 / Bild 20 - Holzbauart

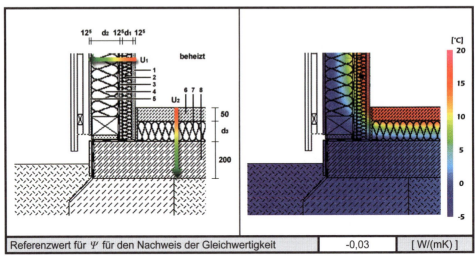

Referenzwert für Ψ für den Nachweis der Gleichwertigkeit		-0,03	[W/(mK)]

Baustoffe:

Pos.	Bezeichnung	Dicke [mm]	Rohdichte [kg/m³]	Lambda [W/(mK)]
1	Gipsfaserplatte	12,5	1150	0,32
2	Dämmung WLF 0,040	Tabelle [d1]		
3	Gipsfaserplatte	12,5	1150	0,32
4	Dämmung WLF 0,040	Tabelle [d2]		
5	Gipsfaserplatte	12,5	1150	0,32
6	Estrich	50	2000	1,4
7	Estrichdämmung WLF 0,040	Tabelle [d3]		
8	Stahlbeton	200	2400	2,1

U-Wert [U_1]:

Variable	Dicke [mm]	Rohdichte [kg/m³]	Lambda [W/(mK)]	U-Wert [U_1] [W/(m²K)]				
				Variable [d2] - Dämmung WLF 0,040				
				120 mm	140 mm	160 mm	180 mm	200 mm
Dämmung [d1]	40	30	0,04	0,23	0,21	0,19	0,17	0,16
	60	30	0,04	0,21	0,19	0,17	0,16	0,15

U-Wert [U_2]:

Variable	Dicke [mm]	Rohdichte [kg/m³]	Lambda [W/(mK)]	U-Wert [U_2] [W/(m²K)]
Estrich-dämmung [d3]	60	150	0,04	0,54
	80	150	0,04	0,43
	100	150	0,04	0,35

Wärmebrückenverlustkoeffizient: (Ψ-Wert, außenmaßbezogen)

Variable	Dicke [mm]	Rohdichte [kg/m³]	Lambda [W/(mK)]	Variable [d3] - Estrichdämmung 60 mm - 0,04 W/(mK)				
				Variable [d2] - Dämmung WLF 0,040				
				120 mm	140 mm	160 mm	180 mm	200 mm
Dämmung [d1]	40	30	0,04	0,06	0,06	0,05	0,05	0,05
	60	30	0,04	0,05	0,05	0,05	0,05	0,05

Variable	Dicke [mm]	Rohdichte [kg/m³]	Lambda [W/(mK)]	Variable [d3] - Estrichdämmung 80 mm - 0,04 W/(mK)				
				Variable [d2] - Dämmung WLF 0,040				
				120 mm	140 mm	160 mm	180 mm	200 mm
Dämmung [d1]	40	30	0,04	0,14	0,14	0,14	0,13	0,13
	60	30	0,04	0,14	0,13	0,12	0,12	0,11

Variable	Dicke [mm]	Rohdichte [kg/m³]	Lambda [W/(mK)]	Variable [d3] - Estrichdämmung 100 mm - 0,04 W/(mK)				
				Variable [d2] - Dämmung WLF 0,040				
				120 mm	140 mm	160 mm	180 mm	200 mm
Dämmung [d1]	40	30	0,04	0,18	0,17	0,17	0,17	0,17
	60	30	0,04	0,18	0,17	0,17	0,17	0,17

1.1 / Bodenplatte auf Erdreich
1.1-H-20a / Bild 20a - Holzbauart

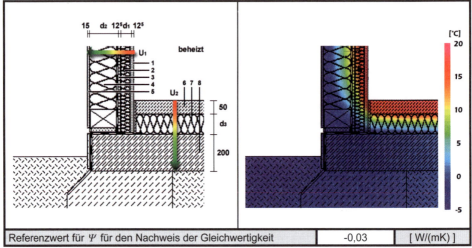

Referenzwert für Ψ für den Nachweis der Gleichwertigkeit	-0,03	[W/(mK)]

Baustoffe:

Pos.	Bezeichnung	Dicke [mm]	Rohdichte [kg/m³]	Lambda [W/(mK)]
1	Gipsfaserplatte	12,5	1150	0,32
2	Dämmung WLF 0,040	Tabelle [d1]		
3	Gipsfaserplatte	12,5	1150	0,32
4	Dämmung WLF 0,040	Tabelle [d2]		
5	Powerpanel HD	15	1000	0,4
6	Estrich	50	2000	1,4
7	Estrichdämmung WLF 0,040	Tabelle [d3]		
8	Stahlbeton	200	2400	2,1

U-Wert [U_1]:

Variable	Dicke [mm]	Rohdichte [kg/m³]	Lambda [W/(mK)]	U-Wert [U_1] [W/(m²K)] Variable [d2] - Dämmung WLF 0,040				
				120 mm	140 mm	160 mm	180 mm	200 mm
Dämmung [d1]	40	30	0,04	0,23	0,21	0,19	0,17	0,16
	60	30	0,04	0,21	0,19	0,17	0,16	0,15

U-Wert [U_2]:

Variable	Dicke [mm]	Rohdichte [kg/m³]	Lambda [W/(mK)]	U-Wert [U_2] [W/(m²K)]
Estrich- dämmung [d3]	60	150	0,04	0,54
	80	150	0,04	0,43
	100	150	0,04	0,35

Wärmebrückenverlustkoeffizient: (Ψ-Wert, außenmaßbezogen)

Variable	Dicke [mm]	Rohdichte [kg/m³]	Lambda [W/(mK)]	Variable [d3] - Estrichdämmung 60 mm - 0,04 W/(mK) Variable [d2] - Dämmung WLF 0,040				
				120 mm	140 mm	160 mm	180 mm	200 mm
Dämmung [d1]	40	30	0,04	0,06	0,06	0,05	0,05	0,05
	60	30	0,04	0,05	0,05	0,05	0,05	0,05

Variable	Dicke [mm]	Rohdichte [kg/m³]	Lambda [W/(mK)]	Variable [d3] - Estrichdämmung 80 mm - 0,04 W/(mK) Variable [d2] - Dämmung WLF 0,040				
				120 mm	140 mm	160 mm	180 mm	200 mm
Dämmung [d1]	40	30	0,04	0,14	0,14	0,14	0,13	0,13
	60	30	0,04	0,14	0,13	0,12	0,12	0,11

Variable	Dicke [mm]	Rohdichte [kg/m³]	Lambda [W/(mK)]	Variable [d3] - Estrichdämmung 100 mm - 0,04 W/(mK) Variable [d2] - Dämmung WLF 0,040				
				120 mm	140 mm	160 mm	180 mm	200 mm
Dämmung [d1]	40	30	0,04	0,18	0,17	0,17	0,17	0,17
	60	30	0,04	0,18	0,17	0,17	0,17	0,17

Bauteilkatalog zum Beiblatt 2 der DIN 4108

1.1 / Bodenplatte auf Erdreich
1.1-H-21 / Bild 21 - Holzbauart

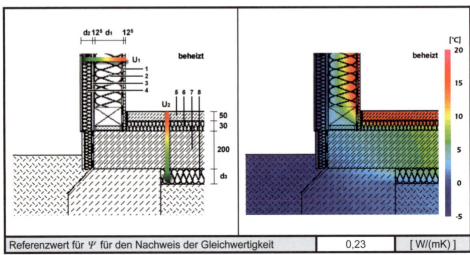

Referenzwert für Ψ für den Nachweis der Gleichwertigkeit	0,23	[W/(mK)]

Baustoffe:

Pos.	Bezeichnung	Dicke [mm]	Rohdichte [kg/m³]	Lambda [W/(mK)]
1	Gipsfaserplatte	12,5	1150	0,32
2	Dämmung WLF 0,040	Tabelle [d1]		
3	Gipsfaserplatte	12,5	1150	0,32
4	Dämmung WLF 0,040	Tabelle [d2]		
5	Estrich	50	2000	1,4
6	Estrichdämmung	30	150	0,04
7	Stahlbeton	200	2400	2,1
8	Perimeterdämmung WLF 0,040	Tabelle [d3]		

U-Wert [U_1]:

				U-Wert [U_1] [W/(m²K)]				
	Dicke	Rohdichte	Lambda	Variable [d1] - Dämmung WLF 0,040				
Variable	[mm]	[kg/m³]	[W/(mK)]	120 mm	140 mm	160 mm	180 mm	200 mm
WDVS [d2]	40	30	0,04	0,24	0,21	0,19	0,17	0,16
	60	30	0,04	0,21	0,19	0,17	0,16	0,15
	80	30	0,04	0,19	0,17	0,16	0,15	0,14
	100	30	0,04	0,17	0,16	0,15	0,14	0,13
	120	30	0,04	0,16	0,15	0,14	0,13	0,12

U-Wert [U2]:

Variable	Dicke [mm]	Rohdichte [kg/m³]	Lambda [W/(mK)]	U-Wert [U2] [W/(m²K)]
Perimeter-dämmung [d3]	40	150	0,04	0,48
	50	150	0,04	0,43
	60	150	0,04	0,39
	70	150	0,04	0,35

Wärmebrückenverlustkoeffizient: (Ψ-Wert, außenmaßbezogen)

	Variable [d3] - Perimeterdämmung 40 mm - 0,04 W/(mK)							
Variable	Dicke [mm]	Rohdichte [kg/m³]	Lambda [W/(mK)]	Variable [d1] - Dämmung WLF 0,040				
				120 mm	140 mm	160 mm	180 mm	200 mm
WDVS [d2]	40	30	0,04	0,22	0,22	0,21	0,21	0,21
	60	30	0,04	0,21	0,21	0,21	0,21	0,21
	80	30	0,04	0,21	0,21	0,20	0,20	0,20
	100	30	0,04	0,21	0,20	0,20	0,20	0,19
	120	30	0,04	0,20	0,20	0,19	0,19	0,19

	Variable [d3] - Perimeterdämmung 50 mm - 0,04 W/(mK)							
Variable	Dicke [mm]	Rohdichte [kg/m³]	Lambda [W/(mK)]	Variable [d1] - Dämmung WLF 0,040				
				120 mm	140 mm	160 mm	180 mm	200 mm
WDVS [d2]	40	30	0,04	0,28	0,28	0,27	0,27	0,26
	60	30	0,04	0,28	0,27	0,27	0,26	0,25
	80	30	0,04	0,27	0,27	0,26	0,26	0,25
	100	30	0,04	0,27	0,26	0,26	0,25	0,24
	120	30	0,04	0,27	0,26	0,25	0,25	0,24

	Variable [d3] - Perimeterdämmung 60 mm - 0,04 W/(mK)							
Variable	Dicke [mm]	Rohdichte [kg/m³]	Lambda [W/(mK)]	Variable [d1] - Dämmung WLF 0,040				
				120 mm	140 mm	160 mm	180 mm	200 mm
WDVS [d2]	40	30	0,04	0,33	0,32	0,32	0,31	0,31
	60	30	0,04	0,32	0,32	0,31	0,31	0,30
	80	30	0,04	0,32	0,32	0,31	0,30	0,30
	100	30	0,04	0,32	0,31	0,30	0,30	0,29
	120	30	0,04	0,31	0,31	0,30	0,29	0,29

	Variable [d3] - Perimeterdämmung 70 mm - 0,04 W/(mK)							
Variable	Dicke [mm]	Rohdichte [kg/m³]	Lambda [W/(mK)]	Variable [d1] - Dämmung WLF 0,040				
				120 mm	140 mm	160 mm	180 mm	200 mm
WDVS [d2]	40	30	0,04	0,37	0,36	0,36	0,35	0,34
	60	30	0,04	0,36	0,36	0,35	0,34	0,34
	80	30	0,04	0,36	0,35	0,35	0,34	0,33
	100	30	0,04	0,35	0,35	0,34	0,33	0,33
	120	30	0,04	0,35	0,34	0,34	0,33	0,32

1.1 / Bodenplatte auf Erdreich
1.1-H-22 / Bild 22 - Holzbauart

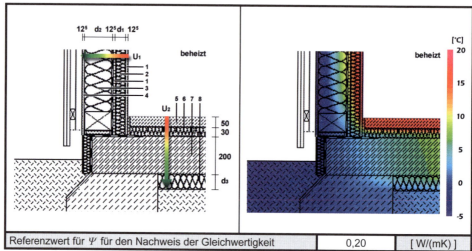

| Referenzwert für Ψ für den Nachweis der Gleichwertigkeit | 0,20 | [W/(mK)] |

Baustoffe:

Pos.	Bezeichnung	Dicke [mm]	Rohdichte [kg/m³]	Lambda [W/(mK)]
1	Gipsfaserplatte	25	1150	0,32
2	Dämmung WLF 0,040	Tabelle [d1]		
3	Dämmung WLF 0,040	Tabelle [d2]		
4	Gipsfaserplatte	12,5	1150	0,32
5	Estrich	50	2000	1,4
6	Estrichdämmung WLF 0,040	30	150	0,04
7	Stahlbeton	200	2400	2,1
8	Perimeterdämmung WLF 0,040	Tabelle [d3]		

U-Wert [U1]:

Variable	Dicke [mm]	Rohdichte [kg/m³]	Lambda [W/(mK)]	U-Wert [U1] [W/(m²K)]				
				Variable [d2] - Dämmung WLF 0,040				
				120 mm	140 mm	160 mm	180 mm	200 mm
Dämmung [d1]	40	30	0,04	0,23	0,21	0,19	0,17	0,16
	60	30	0,04	0,21	0,19	0,17	0,16	0,15

U-Wert [U2]:

Variable	Dicke [mm]	Rohdichte [kg/m³]	Lambda [W/(mK)]	U-Wert [U2] [W/(m²K)]
Perimeter- dämmung [d3]	40	150	0,04	0,48
	50	150	0,04	0,43
	60	150	0,04	0,39
	70	150	0,04	0,35

Wärmebrückenverlustkoeffizient: (Ψ-Wert, außenmaßbezogen)

	Variable [d1] - Dämmung 40 mm - 0,04 W/(mK)							
Variable	Dicke [mm]	Rohdichte [kg/m³]	Lambda [W/(mK)]	Variable [d2] - Dämmung WLF 0,040				
				120 mm	140 mm	160 mm	180 mm	200 mm
Perimeter- dämmung [d3]	40	150	0,04	0,22	0,22	0,22	0,22	0,22
	50	150	0,04	0,27	0,26	0,26	0,25	0,25
	60	150	0,04	0,32	0,31	0,31	0,30	0,30
	70	150	0,04	0,35	0,35	0,34	0,34	0,33

	Variable [d1] - Dämmung 60 mm - 0,04 W/(mK)							
Variable	Dicke [mm]	Rohdichte [kg/m³]	Lambda [W/(mK)]	Variable [d2] - Dämmung WLF 0,040				
				120 mm	140 mm	160 mm	180 mm	200 mm
Perimeter- dämmung [d3]	40	150	0,04	0,21	0,21	0,20	0,20	0,19
	50	150	0,04	0,26	0,26	0,25	0,25	0,25
	60	150	0,04	0,31	0,31	0,30	0,30	0,29
	70	150	0,04	0,35	0,34	0,34	0,33	0,33

1.1 / Bodenplatte auf Erdreich
1.1-H-22a / Bild 22a - Holzbauart

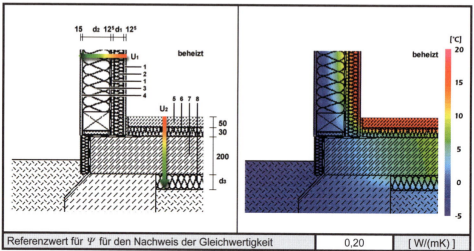

| Referenzwert für Ψ für den Nachweis der Gleichwertigkeit | 0,20 | [W/(mK)] |

Baustoffe:

Pos.	Bezeichnung	Dicke [mm]	Rohdichte [kg/m³]	Lambda [W/(mK)]
1	Gipsfaserplatte	25	1150	0,32
2	Dämmung WLF 0,040	Tabelle [d1]		
3	Dämmung WLF 0,040	Tabelle [d2]		
4	Powerpanel HD	15	1000	0,4
5	Estrich	50	2000	1,4
6	Estrichdämmung WLF 0,040	30	150	0,04
7	Stahlbeton	200	2400	2,1
8	Perimeterdämmung WLF 0,040	Tabelle [d3]		

U-Wert [U_1]:

Variable	Dicke [mm]	Rohdichte [kg/m³]	Lambda [W/(mK)]	\multicolumn{5}{c}{U-Wert [U_1] [W/(m²K)]}				
				\multicolumn{5}{c}{Variable [d2] - Dämmung WLF 0,040}				
				120 mm	140 mm	160 mm	180 mm	200 mm
Dämmung [d1]	40	30	0,04	0,23	0,21	0,19	0,17	0,16
	60	30	0,04	0,21	0,19	0,17	0,16	0,15

U-Wert [U_2]:

Variable	Dicke [mm]	Rohdichte [kg/m³]	Lambda [W/(mK)]	U-Wert [U_2] [W/(m²K)]
Perimeter-dämmung [d3]	40	150	0,04	0,48
	50	150	0,04	0,43
	60	150	0,04	0,39
	70	150	0,04	0,35

Wärmebrückenverlustkoeffizient: (Ψ-Wert, außenmaßbezogen)

	\multicolumn{8}{c}{Variable [d1] - Dämmung 40 mm - 0,04 W/(mK)}							
Variable	Dicke [mm]	Rohdichte [kg/m³]	Lambda [W/(mK)]	\multicolumn{5}{c}{Variable [d2] - Dämmung WLF 0,040}				
				120 mm	140 mm	160 mm	180 mm	200 mm
Perimeter-dämmung [d3]	40	150	0,04	0,22	0,22	0,22	0,22	0,22
	50	150	0,04	0,27	0,26	0,26	0,25	0,25
	60	150	0,04	0,32	0,31	0,31	0,30	0,30
	70	150	0,04	0,35	0,35	0,34	0,34	0,33

	\multicolumn{8}{c}{Variable [d1] - Dämmung 60 mm - 0,04 W/(mK)}							
Variable	Dicke [mm]	Rohdichte [kg/m³]	Lambda [W/(mK)]	\multicolumn{5}{c}{Variable [d2] - Dämmung WLF 0,040}				
				120 mm	140 mm	160 mm	180 mm	200 mm
Perimeter-dämmung [d3]	40	150	0,04	0,21	0,21	0,20	0,20	0,19
	50	150	0,04	0,26	0,26	0,25	0,25	0,25
	60	150	0,04	0,31	0,31	0,30	0,30	0,29
	70	150	0,04	0,35	0,34	0,34	0,33	0,33

1.1 / Bodenplatte auf Erdreich
1.1-H-23 / Bild 23 - Holzbauart

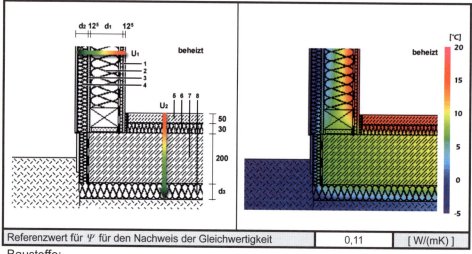

Referenzwert für Ψ für den Nachweis der Gleichwertigkeit	0,11	[W/(mK)]

Baustoffe:

Pos.	Bezeichnung	Dicke [mm]	Rohdichte [kg/m³]	Lambda [W/(mK)]
1	Gipsfaserplatte	12,5	1150	0,32
2	Dämmung WLF 0,040	Tabelle [d1]		
3	Gipsfaserplatte	12,5	1150	0,32
4	WDVS WLF 0,040	Tabelle [d2]		
5	Estrich	50	2000	1,4
6	Estrichdämmung WLF 0,040	30	150	0,04
7	Stahlbeton	200	2400	2,1
8	Perimeterdämmung WLF 0,040	Tabelle [d3]		

U-Wert [U_1]:

				U-Wert [U_1] - [W/(m²K)]				
Variable	Dicke [mm]	Rohdichte [kg/m³]	Lambda [W/(mK)]	Variable [d1] - Dämmung WLF 0,040				
				120 mm	140 mm	160 mm	180 mm	200 mm
WDVS [d2]	40	30	0,04	0,24	0,21	0,19	0,17	0,16
	60	30	0,04	0,21	0,19	0,17	0,16	0,15
	80	30	0,04	0,19	0,17	0,16	0,15	0,14
	100	30	0,04	0,17	0,16	0,15	0,14	0,13
	120	30	0,04	0,16	0,15	0,14	0,13	0,12

U-Wert [U_2]:

Variable	Dicke [mm]	Rohdichte [kg/m³]	Lambda [W/(mK)]	U-Wert [U_2] [W/(m²K)]
Perimeter-dämmung [d3]	40	150	0,04	0,48
	50	150	0,04	0,43
	60	150	0,04	0,39
	70	150	0,04	0,35

Wärmebrückenverlustkoeffizient: (Ψ-Wert, außenmaßbezogen)

				Variable [d2] - WDVS 40 mm - 0,04 W/(mK)				
Variable	Dicke [mm]	Rohdichte [kg/m³]	Lambda [W/(mK)]	Variable [d1] - Dämmung WLF 0,040				
				120 mm	140 mm	160 mm	180 mm	200 mm
Perimeter-dämmung [d3]	40	150	0,04	0,11	0,11	0,11	0,11	0,11
	50	150	0,04	0,16	0,16	0,16	0,16	0,16
	60	150	0,04	0,20	0,20	0,20	0,20	0,20
	70	150	0,04	0,23	0,23	0,23	0,23	0,23

				Variable [d2] - WDVS 60 mm - 0,04 W/(mK)				
Variable	Dicke [mm]	Rohdichte [kg/m³]	Lambda [W/(mK)]	Variable [d1] - Dämmung WLF 0,040				
				120 mm	140 mm	160 mm	180 mm	200 mm
Perimeter-dämmung [d3]	40	150	0,04	0,11	0,11	0,11	0,11	0,11
	50	150	0,04	0,16	0,16	0,16	0,16	0,16
	60	150	0,04	0,20	0,20	0,20	0,20	0,20
	70	150	0,04	0,23	0,23	0,23	0,22	0,22

				Variable [d2] - WDVS 80 mm - 0,04 W/(mK)				
Variable	Dicke [mm]	Rohdichte [kg/m³]	Lambda [W/(mK)]	Variable [d1] - Dämmung WLF 0,040				
				120 mm	140 mm	160 mm	180 mm	200 mm
Perimeter-dämmung [d3]	40	150	0,04	0,11	0,11	0,11	0,10	0,10
	50	150	0,04	0,16	0,16	0,16	0,16	0,15
	60	150	0,04	0,20	0,20	0,20	0,19	0,19
	70	150	0,04	0,23	0,22	0,22	0,22	0,22

				Variable [d2] - WDVS 100 mm - 0,04 W/(mK)				
Variable	Dicke [mm]	Rohdichte [kg/m³]	Lambda [W/(mK)]	Variable [d1] - Dämmung WLF 0,040				
				120 mm	140 mm	160 mm	180 mm	200 mm
Perimeter-dämmung [d3]	40	150	0,04	0,11	0,11	0,10	0,10	0,10
	50	150	0,04	0,16	0,16	0,16	0,15	0,15
	60	150	0,04	0,20	0,20	0,19	0,19	0,19
	70	150	0,04	0,23	0,22	0,22	0,22	0,22

				Variable [d2] - WDVS 120 mm - 0,04 W/(mK)				
Variable	Dicke [mm]	Rohdichte [kg/m³]	Lambda [W/(mK)]	Variable [d1] - Dämmung WLF 0,040				
				120 mm	140 mm	160 mm	180 mm	200 mm
Perimeter-dämmung [d3]	40	150	0,04	0,11	0,11	0,10	0,10	0,10
	50	150	0,04	0,16	0,16	0,15	0,15	0,15
	60	150	0,04	0,20	0,19	0,19	0,19	0,19
	70	150	0,04	0,22	0,22	0,22	0,22	0,21

1.1 / Bodenplatte auf Erdreich
1.1-H-24 / Bild 24 - Holzbauart

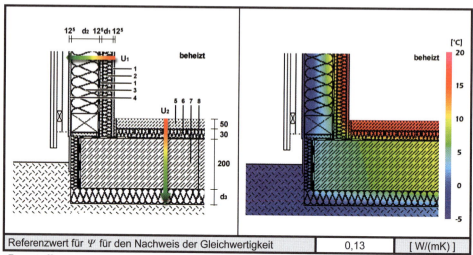

Referenzwert für Ψ für den Nachweis der Gleichwertigkeit		0,13	[W/(mK)]

Baustoffe:

Pos.	Bezeichnung	Dicke [mm]	Rohdichte [kg/m³]	Lambda [W/(mK)]
1	Gipsfaserplatte	25	1150	0,32
2	Dämmung WLF 0,040	Tabelle [d1]		
3	Dämmung WLF 0,040	Tabelle [d2]		
4	Gipsfaserplatte	12,5	1150	0,32
5	Estrich	50	2000	1,4
6	Estrichdämmung WLF 0,040	30	150	0,04
7	Stahlbeton	200	2400	2,1
8	Perimeterdämmung WLF 0,040	Tabelle [d3]		

U-Wert [U_1]:

Variable	Dicke [mm]	Rohdichte [kg/m³]	Lambda [W/(mK)]	U-Wert [U_1] [W/(m²K)]				
				Variable [d2] - Dämmung WLF 0,040				
				120 mm	140 mm	160 mm	180 mm	200 mm
Dämmung [d1]	40	30	0,04	0,23	0,21	0,19	0,17	0,16
	60	30	0,04	0,21	0,19	0,17	0,16	0,15

U-Wert [U_2]:

Variable	Dicke [mm]	Rohdichte [kg/m³]	Lambda [W/(mK)]	U-Wert [U_2] [W/(m²K)]
Perimeter-dämmung [d3]	40	150	0,04	0,48
	50	150	0,04	0,43
	60	150	0,04	0,39
	70	150	0,04	0,35

Wärmebrückenverlustkoeffizient: (Ψ-Wert, außenmaßbezogen)

Variable	Variable [d1] - Dämmung 40 mm - 0,04 W/(mK)							
	Dicke [mm]	Rohdichte [kg/m³]	Lambda [W/(mK)]	Variable [d2] - Dämmung WLF 0,040				
				120 mm	140 mm	160 mm	180 mm	200 mm
Perimeter-dämmung [d3]	40	150	0,04	0,15	0,14	0,14	0,14	0,14
	50	150	0,04	0,20	0,20	0,19	0,19	0,19
	60	150	0,04	0,24	0,24	0,23	0,23	0,23
	70	150	0,04	0,27	0,27	0,27	0,26	0,26

Variable	Variable [d1] - Dämmung 60 mm - 0,04 W/(mK)							
	Dicke [mm]	Rohdichte [kg/m³]	Lambda [W/(mK)]	Variable [d2] - Dämmung WLF 0,040				
				120 mm	140 mm	160 mm	180 mm	200 mm
Perimeter-dämmung [d3]	40	150	0,04	0,14	0,14	0,14	0,14	0,14
	50	150	0,04	0,20	0,20	0,19	0,19	0,19
	60	150	0,04	0,24	0,24	0,23	0,23	0,23
	70	150	0,04	0,27	0,26	0,26	0,26	0,26

1.1 / Bodenplatte auf Erdreich
1.1-H-24a / Bild 24a - Holzbauart

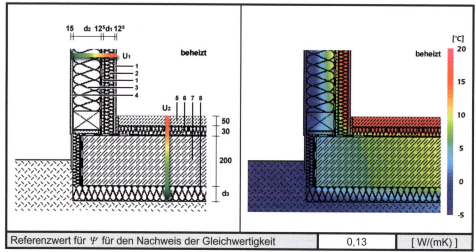

Referenzwert für Ψ für den Nachweis der Gleichwertigkeit	0,13	[W/(mK)]

Baustoffe:

Pos.	Bezeichnung	Dicke [mm]	Rohdichte [kg/m³]	Lambda [W/(mK)]
1	Gipsfaserplatte	25	1150	0,32
2	Dämmung WLF 0,040		Tabelle [d1]	
3	Dämmung WLF 0,040		Tabelle [d2]	
4	Powerpanel HD	15	1000	0,4
5	Estrich	50	2000	1,4
6	Estrichdämmung WLF 0,040	30	150	0,04
7	Stahlbeton	200	2400	2,1
8	Perimeterdämmung WLF 0,040		Tabelle [d3]	

U-Wert [U_1]:

Variable	Dicke [mm]	Rohdichte [kg/m³]	Lambda [W/(mK)]	U-Wert [U_1] [W/(m²K)]				
				Variable [d2] - Dämmung WLF 0,040				
				120 mm	140 mm	160 mm	180 mm	200 mm
Dämmung [d1]	40	30	0,04	0,23	0,21	0,19	0,17	0,16
	60	30	0,04	0,21	0,19	0,17	0,16	0,15

U-Wert [U_2]:

Variable	Dicke [mm]	Rohdichte [kg/m³]	Lambda [W/(mK)]	U-Wert [U_2] [W/(m²K)]
Perimeter-dämmung [d3]	40	150	0,04	0,48
	50	150	0,04	0,43
	60	150	0,04	0,39
	70	150	0,04	0,35

Wärmebrückenverlustkoeffizient: (Ψ-Wert, außenmaßbezogen)

Variable [d1] - Dämmung 40 mm - 0,04 W/(mK)								
Variable	Dicke [mm]	Rohdichte [kg/m³]	Lambda [W/(mK)]	Variable [d2] - Dämmung WLF 0,040				
				120 mm	140 mm	160 mm	180 mm	200 mm
Perimeter-dämmung [d3]	40	150	0,04	0,15	0,14	0,14	0,14	0,14
	50	150	0,04	0,20	0,20	0,19	0,19	0,19
	60	150	0,04	0,24	0,24	0,23	0,23	0,23
	70	150	0,04	0,27	0,27	0,27	0,26	0,26

Variable [d1] - Dämmung 60 mm - 0,04 W/(mK)								
Variable	Dicke [mm]	Rohdichte [kg/m³]	Lambda [W/(mK)]	Variable [d2] - Dämmung WLF 0,040				
				120 mm	140 mm	160 mm	180 mm	200 mm
Perimeter-dämmung [d3]	40	150	0,04	0,14	0,14	0,14	0,14	0,14
	50	150	0,04	0,20	0,20	0,19	0,19	0,19
	60	150	0,04	0,24	0,24	0,23	0,23	0,23
	70	150	0,04	0,27	0,26	0,26	0,26	0,26

1.1 / Bodenplatte auf Erdreich
1.1-H-F01 / Bild F01 - Holzbauart

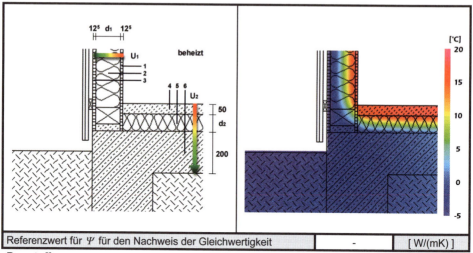

| Referenzwert für Ψ für den Nachweis der Gleichwertigkeit | | - | [W/(mK)] |

Baustoffe:

Pos.	Bezeichnung	Dicke [mm]	Rohdichte [kg/m³]	Lambda [W/(mK)]
1	Gipsfaserplatte	15	1150	0,32
2	Dämmung WLF 0,040	Tabelle [d1]		
3	Gipsfaserplatte	12,5	1150	0,32
4	Estrich	50	2000	1,4
5	Estrichdämmung WLF 0,040	Tabelle [d2]		
6	Stahlbeton	200	2400	2,1

U-Wert [U_1]:

Variable	Dicke [mm]	Rohdichte [kg/m³]	Lambda [W/(mK)]	U-Wert [U_1] [W/(m²K)]
Dämmung [d1]	120	150	0,04	0,31
	140	150	0,04	0,27
	160	150	0,04	0,23
	180	150	0,04	0,21
	200	150	0,04	0,19

U-Wert [U_2]:

Variable	Dicke [mm]	Rohdichte [kg/m³]	Lambda [W/(mK)]	U-Wert [U_2] [W/(m²K)]
Estrich- dämmung [d2]	60	150	0,04	0,54
	80	150	0,04	0,43
	100	150	0,04	0,35

Wärmebrückenverlustkoeffizient: (Ψ-Wert, außenmaßbezogen)

Variable	Dicke [mm]	Rohdichte [kg/m³]	Lambda [W/(mK)]	Variable [d1] - Dämmung WLF 0,040				
				120 mm	140 mm	160 mm	180 mm	200 mm
Estrich- dämmung [d2]	60	150	0,04	0,06	0,06	0,06	0,06	0,05
	80	150	0,04	0,13	0,13	0,13	0,13	0,13
	100	150	0,04	0,16	0,16	0,16	0,16	0,16

Bauteilkatalog zum Beiblatt 2 der DIN 4108

1.1 / Bodenplatte auf Erdreich
1.1-H-F01a / Bild F01a - Holzbauart

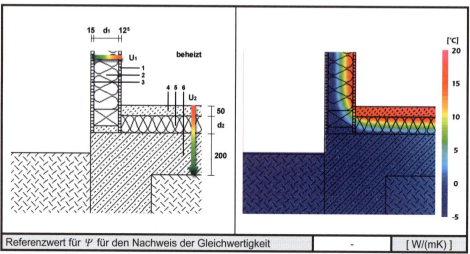

Referenzwert für Ψ für den Nachweis der Gleichwertigkeit		-	[W/(mK)]

Baustoffe:

Pos.	Bezeichnung	Dicke [mm]	Rohdichte [kg/m³]	Lambda [W/(mK)]
1	Gipsfaserplatte	15	1150	0,32
2	Dämmung WLF 0,040	Tabelle [d1]		
3	Powerpanel HD	15	1000	0,4
4	Estrich	50	2000	1,4
5	Estrichdämmung WLF 0,040	Tabelle [d2]		
6	Stahlbeton	200	2400	2,1

U-Wert [U_1]:

Variable	Dicke [mm]	Rohdichte [kg/m³]	Lambda [W/(mK)]	U-Wert [U_1] [W/(m²K)]
Dämmung [d1]	120	150	0,04	0,31
	140	150	0,04	0,27
	160	150	0,04	0,24
	180	150	0,04	0,21
	200	150	0,04	0,19

U-Wert [U_2]:

Variable	Dicke [mm]	Rohdichte [kg/m³]	Lambda [W/(mK)]	U-Wert [U_2] [W/(m²K)]
Estrich-dämmung [d2]	60	150	0,04	0,54
	80	150	0,04	0,43
	100	150	0,04	0,35

Wärmebrückenverlustkoeffizient: (Ψ-Wert, außenmaßbezogen)

Variable	Dicke [mm]	Rohdichte [kg/m³]	Lambda [W/(mK)]	Variable [d1] - Dämmung WLF 0,040				
				120 mm	140 mm	160 mm	180 mm	200 mm
Estrich-dämmung [d2]	60	150	0,04	0,06	0,06	0,06	0,06	0,05
	80	150	0,04	0,13	0,13	0,13	0,13	0,13
	100	150	0,04	0,16	0,16	0,16	0,16	0,16

1.1 / Bodenplatte auf Erdreich
1.1-H-F02 / Bild F02 - Holzbauart

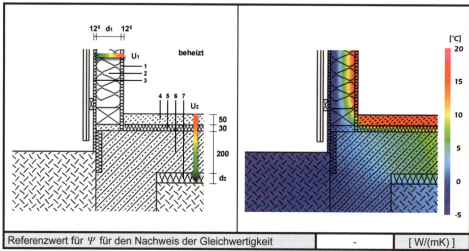

Referenzwert für Ψ für den Nachweis der Gleichwertigkeit		-	[W/(mK)]

Baustoffe:

Pos.	Bezeichnung	Dicke [mm]	Rohdichte [kg/m³]	Lambda [W/(mK)]
1	Gipsfaserplatte	12,5	1150	0,32
2	Dämmung WLF 0,040	Tabelle [d1]		
3	Gipsfaserplatte	12,5	1150	0,32
4	Estrich	50	2000	1,4
5	Estrichdämmung WLF 0,040	30	150	0,04
6	Stahlbeton	200	2400	2,1
7	Perimeterdämmung WLF 0,040	Tabelle [d2]		

U-Wert [U_1]:

Variable	Dicke [mm]	Rohdichte [kg/m³]	Lambda [W/(mK)]	U-Wert [U_1] [W/(m²K)]
Dämmung [d1]	120	150	0,04	0,31
	140	150	0,04	0,27
	160	150	0,04	0,24
	180	150	0,04	0,21
	200	150	0,04	0,19

U-Wert [U_2]:

Variable	Dicke [mm]	Rohdichte [kg/m³]	Lambda [W/(mK)]	U-Wert [U_2] [W/(m²K)]
Perimeterdämmung [d2]	40	150	0,04	0,48
	50	150	0,04	0,43
	60	150	0,04	0,39
	70	150	0,04	0,35

Wärmebrückenverlustkoeffizient: (Ψ-Wert, außenmaßbezogen)

Variable	Dicke [mm]	Rohdichte [kg/m³]	Lambda [W/(mK)]	Variable [d1] - Dämmung WLF 0,040				
				120 mm	140 mm	160 mm	180 mm	200 mm
Perimeterdämmung [d2]	40	150	0,04	0,24	0,24	0,23	0,23	0,22
	50	150	0,04	0,30	0,30	0,29	0,29	0,28
	60	150	0,04	0,35	0,35	0,34	0,34	0,33
	70	150	0,04	0,39	0,38	0,38	0,37	0,37

1.1 / Bodenplatte auf Erdreich
1.1-H-F02a / Bild F02a - Holzbauart

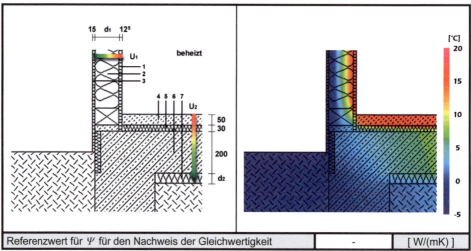

Referenzwert für Ψ für den Nachweis der Gleichwertigkeit		-	[W/(mK)]

Baustoffe:

Pos.	Bezeichnung	Dicke [mm]	Rohdichte [kg/m³]	Lambda [W/(mK)]
1	Gipsfaserplatte	12,5	1150	0,32
2	Dämmung WLF 0,040	Tabelle [d1]		
3	Powerpanel HD	15	1000	0,4
4	Estrich	50	2000	1,4
5	Estrichdämmung WLF 0,040	30	150	0,04
6	Stahlbeton	200	2400	2,1
7	Perimeterdämmung WLF 0,040	Tabelle [d2]		

U-Wert [U_1]:

Variable	Dicke [mm]	Rohdichte [kg/m³]	Lambda [W/(mK)]	U-Wert [U_1] [W/(m²K)]
Dämmung [d1]	120	150	0,04	0,31
	140	150	0,04	0,27
	160	150	0,04	0,24
	180	150	0,04	0,21
	200	150	0,04	0,19

U-Wert [U_2]:

Variable	Dicke [mm]	Rohdichte [kg/m³]	Lambda [W/(mK)]	U-Wert [U_2] [W/(m²K)]
Perimeter-dämmung [d2]	40	150	0,04	0,48
	50	150	0,04	0,43
	60	150	0,04	0,39
	70	150	0,04	0,35

Wärmebrückenverlustkoeffizient: (Ψ-Wert, außenmaßbezogen)

Variable	Dicke [mm]	Rohdichte [kg/m³]	Lambda [W/(mK)]	Variable [d1] - Dämmung WLF 0,040				
				120 mm	140 mm	160 mm	180 mm	200 mm
Perimeter-dämmung [d2]	40	150	0,04	0,24	0,24	0,23	0,23	0,22
	50	150	0,04	0,30	0,30	0,29	0,29	0,28
	60	150	0,04	0,35	0,35	0,34	0,34	0,33
	70	150	0,04	0,39	0,38	0,38	0,37	0,37

1.1 / Bodenplatte auf Erdreich
1.1-H-F03 / Bild F03 - Holzbauart

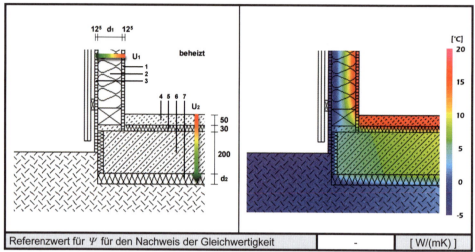

Referenzwert für Ψ für den Nachweis der Gleichwertigkeit		-	[W/(mK)]

Baustoffe:

Pos.	Bezeichnung	Dicke [mm]	Rohdichte [kg/m³]	Lambda [W/(mK)]
1	Gipsfaserplatte	12,5	1150	0,32
2	Dämmung WLF 0,040	Tabelle [d1]		
3	Gipsfaserplatte	12,5	1150	0,32
4	Estrich	50	2000	1,4
5	Estrichdämmung WLF 0,040	30	150	0,04
6	Stahlbeton	200	2400	2,1
7	Perimeterdämmung WLF 0,040	Tabelle [d2]		

Bauteilkatalog zum Beiblatt 2 der DIN 4108

U-Wert [U_1]:

Variable	Dicke [mm]	Rohdichte [kg/m³]	Lambda [W/(mK)]	U-Wert [U_1] [W/(m²K)]
Dämmung [d1]	120	150	0,04	0,31
	140	150	0,04	0,27
	160	150	0,04	0,24
	180	150	0,04	0,21
	200	150	0,04	0,19

U-Wert [U_2]:

Variable	Dicke [mm]	Rohdichte [kg/m³]	Lambda [W/(mK)]	U-Wert [U_2] [W/(m²K)]
Perimeter-dämmung [d2]	40	150	0,04	0,48
	50	150	0,04	0,43
	60	150	0,04	0,39
	70	150	0,04	0,35

Wärmebrückenverlustkoeffizient: (Ψ-Wert, außenmaßbezogen)

Variable	Dicke [mm]	Rohdichte [kg/m³]	Lambda [W/(mK)]	Variable [d1] - Dämmung WLF 0,040				
				120 mm	140 mm	160 mm	180 mm	200 mm
Perimeter-dämmung [d2]	40	150	0,04	0,17	0,17	0,16	0,16	0,16
	50	150	0,04	0,22	0,22	0,22	0,21	0,21
	60	150	0,04	0,26	0,26	0,26	0,25	0,25
	70	150	0,04	0,29	0,29	0,28	0,28	0,28

Bauteilkatalog zum Beiblatt 2 der DIN 4108

1.1 / Bodenplatte auf Erdreich
1.1-H-F03a / Bild F03a - Holzbauart

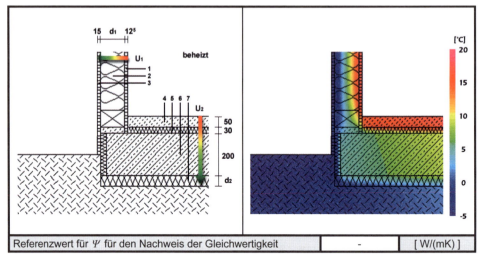

Referenzwert für Ψ für den Nachweis der Gleichwertigkeit		-	[W/(mK)]

Baustoffe:

Pos.	Bezeichnung	Dicke [mm]	Rohdichte [kg/m³]	Lambda [W/(mK)]
1	Gipsfaserplatte	12,5	1150	0,32
2	Dämmung WLF 0,040	Tabelle [d1]		
3	Powerpanel HD	15	1000	0,4
4	Estrich	50	2000	1,4
5	Estrichdämmung WLF 0,040	30	150	0,04
6	Stahlbeton	200	2400	2,1
7	Perimeterdämmung WLF 0,040	Tabelle [d2]		

U-Wert [U_1]:

Variable	Dicke [mm]	Rohdichte [kg/m³]	Lambda [W/(mK)]	U-Wert [U_1] [W/(m²K)]
Dämmung [d1]	120	150	0,04	0,31
	140	150	0,04	0,27
	160	150	0,04	0,24
	180	150	0,04	0,21
	200	150	0,04	0,19

U-Wert [U_2]:

Variable	Dicke [mm]	Rohdichte [kg/m³]	Lambda [W/(mK)]	U-Wert [U_2] [W/(m²K)]
Perimeter-dämmung [d2]	40	150	0,04	0,48
	50	150	0,04	0,43
	60	150	0,04	0,39
	70	150	0,04	0,35

Wärmebrückenverlustkoeffizient: (Ψ-Wert, außenmaßbezogen)

Variable	Dicke [mm]	Rohdichte [kg/m³]	Lambda [W/(mK)]	Variable [d1] - Dämmung WLF 0,040				
				120 mm	140 mm	160 mm	180 mm	200 mm
Perimeter-dämmung [d2]	40	150	0,04	0,17	0,17	0,16	0,16	0,16
	50	150	0,04	0,22	0,22	0,22	0,21	0,21
	60	150	0,04	0,26	0,26	0,26	0,25	0,25
	70	150	0,04	0,29	0,29	0,28	0,28	0,28

2 / Kellerdecke
2-M-25 / Bild 25 - monolithisches Mauerwerk

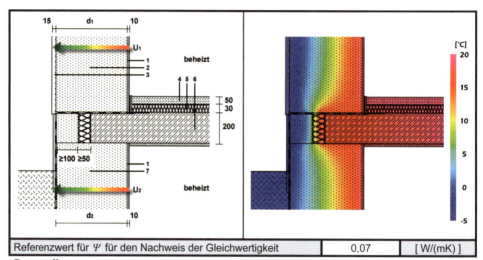

| Referenzwert für Ψ für den Nachweis der Gleichwertigkeit | 0,07 | [W/(mK)] |

Baustoffe:

Pos.	Bezeichnung	Dicke [mm]	Rohdichte [kg/m³]	Lambda [W/(mK)]
1	Innenputz	10	1800	0,35
2	Mauerwerk		Tabelle [d1]	
3	Außenputz	15	1300	0,2
4	Estrich	50	2000	1,4
5	Estrichdämmung WLF 0,040	30	150	0,04
6	Stahlbeton	200	2400	2,1
7	Mauerwerk		Tabelle [d2]	

Bauteilkatalog zum Beiblatt 2 der DIN 4108

U-Wert [U_1]:

Variable	Dicke [mm]	Rohdichte [kg/m³]	Lambda [W/(mK)]	U-Wert [U_1] [W/(m²K)]
Mauerwerk [d1]	240	350	0,09	0,34
	300	350	0,09	0,28
	365	350	0,09	0,23
	240	400	0,10	0,37
	300	400	0,10	0,31
	365	400	0,10	0,25
	240	450	0,12	0,44
	300	450	0,12	0,36
	365	450	0,12	0,30
	240	500	0,14	0,50
	300	500	0,14	0,41
	365	500	0,14	0,35
	240	550	0,16	0,56
	300	550	0,16	0,47
	365	550	0,16	0,39

U-Wert [U_2]:

Variable	Dicke [mm]	Rohdichte [kg/m³]	Lambda [W/(mK)]	U-Wert [U_2] [W/(m²K)]
Mauerwerk [d2]	300	500	0,14	0,43
	365	500	0,14	0,36

Wärmebrückenverlustkoeffizient: (Ψ-Wert, außenmaßbezogen)

Variable	Dicke [mm]	Rohdichte [kg/m³]	Lambda [W/(mK)]	Variable [d2] - Mauerwerk 0,14 W/(mK)	
				300 mm	365 mm
Mauerwerk [d1]	240	350	0,09	0,16	0,19
	300	350	0,09	0,18	0,20
	365	350	0,09	0,19	0,17
	240	400	0,10	0,15	0,17
	300	400	0,10	0,17	0,18
	365	400	0,10	0,19	0,17
	240	450	0,12	0,14	0,14
	300	450	0,12	0,16	0,16
	365	450	0,12	0,18	0,16
	240	500	0,14	0,13	0,13
	300	500	0,14	0,15	0,14
	365	500	0,14	0,18	0,16
	240	550	0,16	0,12	0,11
	300	550	0,16	0,15	0,12
	365	550	0,16	0,17	0,15

2 / Kellerdecke
2-M-25a / Bild 25a - monolithisches Mauerwerk

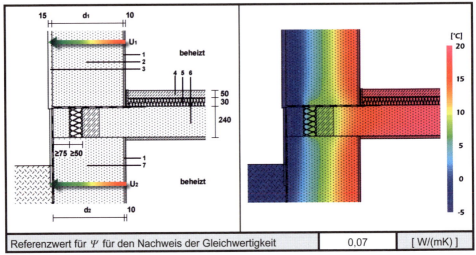

| Referenzwert für Ψ für den Nachweis der Gleichwertigkeit | 0,07 | [W/(mK)] |

Baustoffe:

Pos.	Bezeichnung	Dicke [mm]	Rohdichte [kg/m³]	Lambda [W/(mK)]
1	Innenputz	10	1800	0,35
2	Mauerwerk		Tabelle [d1]	
3	Außenputz	15	1300	0,2
4	Estrich	50	2000	1,4
5	Estrichdämmung WLF 0,040	30	150	0,04
6	Porenbeton	240	600	0,16
7	Mauerwerk		Tabelle [d2]	

Bauteilkatalog zum Beiblatt 2 der DIN 4108

U-Wert [U_1]:

Variable	Dicke [mm]	Rohdichte [kg/m³]	Lambda [W/(mK)]	U-Wert [U_1] [W/(m²K)]
Mauerwerk [d1]	240	350	0,09	0,34
	300	350	0,09	0,28
	365	350	0,09	0,23
	240	400	0,10	0,37
	300	400	0,10	0,31
	365	400	0,10	0,25
	240	450	0,12	0,44
	300	450	0,12	0,36
	365	450	0,12	0,30
	240	500	0,14	0,50
	300	500	0,14	0,41
	365	500	0,14	0,35
	240	550	0,16	0,56
	300	550	0,16	0,47
	365	550	0,16	0,39

U-Wert [U_2]:

Variable	Dicke [mm]	Rohdichte [kg/m³]	Lambda [W/(mK)]	U-Wert [U_2] [W/(m²K)]
Mauerwerk [d2]	300	500	0,14	0,43
	365	500	0,14	0,36

Wärmebrückenverlustkoeffizient: (Ψ-Wert, außenmaßbezogen)

Variable	Dicke [mm]	Rohdichte [kg/m³]	Lambda [W/(mK)]	Variable [d2] - Mauerwerk 0,14 W/(mK)	
				300 mm	365 mm
Mauerwerk [d1]	240	350	0,09	0,10	0,10
	300	350	0,09	0,12	0,11
	365	350	0,09	0,13	0,13
	240	400	0,10	0,09	0,09
	300	400	0,10	0,11	0,11
	365	400	0,10	0,12	0,12
	240	450	0,12	0,08	0,07
	300	450	0,12	0,09	0,09
	365	450	0,12	0,11	0,10
	240	500	0,14	0,07	0,06
	300	500	0,14	0,08	0,08
	365	500	0,14	0,10	0,09
	240	550	0,16	0,05	0,04
	300	550	0,16	0,07	0,07
	365	550	0,16	0,09	0,08

2 / Kellerdecke
2-M-26 / Bild 26 - monolithisches Mauerwerk

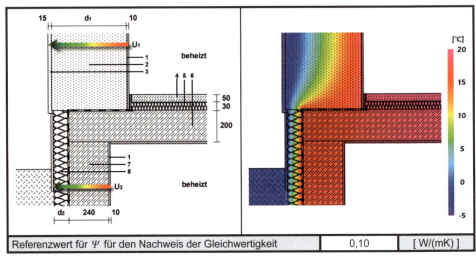

Referenzwert für Ψ für den Nachweis der Gleichwertigkeit	0,10	[W/(mK)]

Baustoffe:

Pos.	Bezeichnung	Dicke [mm]	Rohdichte [kg/m³]	Lambda [W/(mK)]
1	Innenputz	10	1800	0,35
2	Mauerwerk		Tabelle [d1]	
3	Außenputz	15	1300	0,2
4	Estrich	50	2000	1,4
5	Estrichdämmung WLF 0,040	30	150	0,04
6	Stahlbetondecke	200	2400	2,1
7	Stahlbetonwand	240	2400	2,1
8	Perimeterdämmung WLF 0,040		Tabelle [d2]	

Bauteilkatalog zum Beiblatt 2 der DIN 4108

U-Wert [U_1]:

Variable	Dicke [mm]	Rohdichte [kg/m³]	Lambda [W/(mK)]	U-Wert [U_1] [W/(m²K)]
Mauerwerk [d_1]	240	350	0,09	0,34
	300	350	0,09	0,28
	365	350	0,09	0,23
	240	400	0,10	0,37
	300	400	0,10	0,31
	365	400	0,10	0,25
	240	450	0,12	0,44
	300	450	0,12	0,36
	365	450	0,12	0,30
	240	500	0,14	0,50
	300	500	0,14	0,41
	365	500	0,14	0,35
	240	550	0,16	0,56
	300	550	0,16	0,47
	365	550	0,16	0,39

U-Wert [U_2]:

Variable	Dicke [mm]	Rohdichte [kg/m³]	Lambda [W/(mK)]	U-Wert [U_2] [W/(m²K)]
Perimeter-dämmung [d_2]	60	150	0,04	0,55
	80	150	0,04	0,43
	100	150	0,04	0,36

Wärmebrückenverlustkoeffizient: (Ψ-Wert, außenmaßbezogen)

Variable	Dicke [mm]	Rohdichte [kg/m³]	Lambda [W/(mK)]	Variable [d_2] - Perimeterdämmung WLF 0,040		
				60 mm	80 mm	100 mm
Mauerwerk [d_1]	240	350	0,09	0,19	0,15	0,12
	300	350	0,09	0,21	0,17	0,14
	365	350	0,09	0,23	0,19	0,16
	240	400	0,10	0,19	0,15	0,12
	300	400	0,10	0,21	0,17	0,14
	365	400	0,10	0,23	0,19	016
	240	450	0,12	0,18	0,14	0,10
	300	450	0,12	0,20	0,17	0,13
	365	450	0,12	0,23	0,19	0,15
	240	500	0,14	0,17	0,13	0,10
	300	500	0,14	0,20	0,16	0,13
	365	500	0,14	0,22	0,18	0,15
	240	550	0,16	0,16	0,12	0,09
	300	550	0,16	0,20	0,15	0,12
	365	550	0,16	0,22	0,18	0,15

2 / Kellerdecke
2-M-26a / Bild 26a - monolithisches Mauerwerk

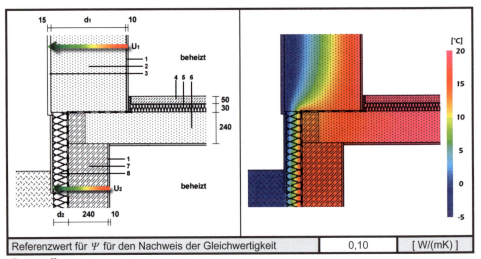

Referenzwert für Ψ für den Nachweis der Gleichwertigkeit		0,10	[W/(mK)]

Baustoffe:

Pos.	Bezeichnung	Dicke [mm]	Rohdichte [kg/m³]	Lambda [W/(mK)]
1	Innenputz	10	1800	0,35
2	Mauerwerk		Tabelle [d1]	
3	Außenputz	15	1300	0,2
4	Estrich	50	2000	1,4
5	Estrichdämmung WLF 0,040	30	150	0,04
6	Porenbetondecke	240	600	0,16
7	Stahlbetonwand	240	2400	2,1
8	Perimeterdämmung WLF 0,040		Tabelle [d2]	

U-Wert [U_1]:

Variable	Dicke [mm]	Rohdichte [kg/m³]	Lambda [W/(mK)]	U-Wert [U_1] [W/(m²K)]
Mauerwerk [d_1]	240	350	0,09	0,34
	300	350	0,09	0,28
	365	350	0,09	0,23
	240	400	0,10	0,37
	300	400	0,10	0,31
	365	400	0,10	0,25
	240	450	0,12	0,44
	300	450	0,12	0,36
	365	450	0,12	0,30
	240	500	0,14	0,50
	300	500	0,14	0,41
	365	500	0,14	0,35
	240	550	0,16	0,56
	300	550	0,16	0,47
	365	550	0,16	0,39

U-Wert [U_2]:

Variable	Dicke [mm]	Rohdichte [kg/m³]	Lambda [W/(mK)]	U-Wert [U_2] [W/(m²K)]
Perimeter-dämmung [d_2]	60	150	0,04	0,55
	80	150	0,04	0,43
	100	150	0,04	0,36

Wärmebrückenverlustkoeffizient: (Ψ-Wert, außenmaßbezogen)

Variable	Dicke [mm]	Rohdichte [kg/m³]	Lambda [W/(mK)]	Variable [d_2] - Perimeterdämmung WLF 0,040		
				60 mm	80 mm	100 mm
Mauerwerk [d_1]	240	350	0,09	0,16	0,13	0,11
	300	350	0,09	0,18	0,15	0,13
	365	350	0,09	0,20	0,17	0,14
	240	400	0,10	0,16	0,13	0,10
	300	400	0,10	0,18	0,15	0,12
	365	400	0,10	0,20	0,16	0,14
	240	450	0,12	0,14	0,11	0,09
	300	450	0,12	0,17	0,14	0,11
	365	450	0,12	0,19	0,16	0,13
	240	500	0,14	0,13	0,10	0,08
	300	500	0,14	0,16	0,13	0,10
	365	500	0,14	0,18	0,15	0,12
	240	550	0,16	0,12	0,09	0,06
	300	550	0,16	0,15	0,12	0,09
	365	550	0,16	0,17	0,14	0,11

2 / Kellerdecke
2-M-27 / Bild 27 - monolithisches Mauerwerk

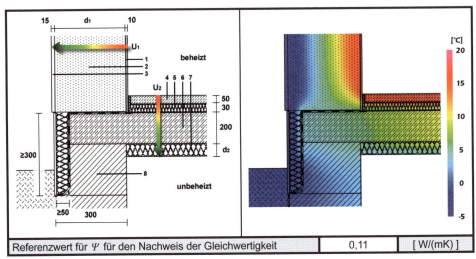

Referenzwert für Ψ für den Nachweis der Gleichwertigkeit	0,11	[W/(mK)]

Baustoffe:

Pos.	Bezeichnung	Dicke [mm]	Rohdichte [kg/m³]	Lambda [W/(mK)]
1	Innenputz	10	1800	0,35
2	Mauerwerk	Tabelle [d1]		
3	Außenputz	15	1300	0,2
4	Estrich	50	2000	1,4
5	Estrichdämmung WLF 0,040	30	150	0,04
6	Stahlbeton	200	2400	2,1
7	Dämmung WLF 0,040	Tabelle [d2]		
8	Kalksandstein	300	1800	0,99

U-Wert [U_1]:

Variable	Dicke [mm]	Rohdichte [kg/m³]	Lambda [W/(mK)]	U-Wert [U_1] [W/(m²K)]
Mauerwerk [d1]	240	350	0,09	0,34
	300	350	0,09	0,28
	365	350	0,09	0,23
	240	400	0,10	0,37
	300	400	0,10	0,31
	365	400	0,10	0,25
	240	450	0,12	0,44
	300	450	0,12	0,36
	365	450	0,12	0,30
	240	500	0,14	0,50
	300	500	0,14	0,41
	365	500	0,14	0,35
	240	550	0,16	0,56
	300	550	0,16	0,47
	365	550	0,16	0,39

U-Wert [U_2]:

Variable	Dicke [mm]	Rohdichte [kg/m³]	Lambda [W/(mK)]	U-Wert [U_2] [W/(m²K)]
Dämmung [d2]	40	150	0,04	0,49
	50	150	0,04	0,43
	60	150	0,04	0,39
	70	150	0,04	0,36

Wärmebrückenverlustkoeffizient: (Ψ-Wert, außenmaßbezogen)

Variable	Dicke [mm]	Rohdichte [kg/m³]	Lambda [W/(mK)]	Variable [d2] - Dämmung WLF 0,040			
				40 mm	50 mm	60 mm	70 mm
Mauerwerk [d1]	240	350	0,09	-0,02	0,01	0,02	0,04
	300	350	0,09	-0,02	0,00	0,02	0,04
	365	350	0,09	-0,03	0,00	0,01	0,03
	240	400	0,10	-0,02	0,00	0,01	0,03
	300	400	0,10	-0,03	-0,01	0,01	0,03
	365	400	0,10	-0,04	-0,01	0,00	0,02
	240	450	0,12	-0,04	-0,02	0,00	0,01
	300	450	0,12	-0,04	-0,02	0,00	0,01
	365	450	0,12	-0,05	-0,02	0,00	0,01
	240	500	0,14	-0,06	-0,03	-0,02	-0,01
	300	500	0,14	-0,06	-0,03	-0,01	0,00
	365	500	0,14	-0,06	-0,03	-0,01	0,00
	240	550	0,16	-0,07	-0,05	-0,04	-0,03
	300	550	0,16	-0,07	-0,04	-0,03	-0,02
	365	550	0,16	-0,06	-0,04	-0,03	-0,02

2 / Kellerdecke
2-M-28 / Bild 28 - monolithisches Mauerwerk

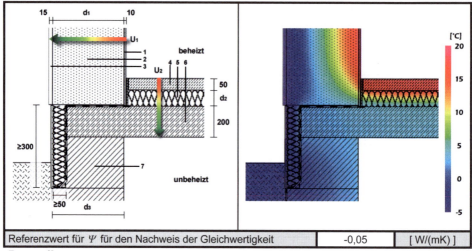

Referenzwert für Ψ für den Nachweis der Gleichwertigkeit	-0,05	[W/(mK)]

Baustoffe:

Pos.	Bezeichnung	Dicke [mm]	Rohdichte [kg/m³]	Lambda [W/(mK)]
1	Innenputz	10	1800	0,35
2	Mauerwerk		Tabelle [d1]	
3	Außenputz	15	1300	0,2
4	Estrich	50	2000	1,4
5	Estrichdämmung WLF 0,040		Tabelle [d2]	
6	Stahlbeton	200	2400	2,1
7	Mauerwerk		Tabelle [d3]	

U-Wert [U_1]:

Variable	Dicke [mm]	Rohdichte [kg/m³]	Lambda [W/(mK)]	U-Wert [U_1] [W/(m²K)]
Mauerwerk [d1]	240	350	0,09	0,34
	300	350	0,09	0,28
	365	350	0,09	0,23
	240	400	0,10	0,37
	300	400	0,10	0,31
	365	400	0,10	0,25
	240	450	0,12	0,44
	300	450	0,12	0,36
	365	450	0,12	0,30
	240	500	0,14	0,50
	300	500	0,14	0,41
	365	500	0,14	0,35
	240	550	0,16	0,56
	300	550	0,16	0,47
	365	550	0,16	0,39

U-Wert [U2]:

Variable	Dicke [mm]	Rohdichte [kg/m³]	Lambda [W/(mK)]	U-Wert [U2] [W/(m²K)]
Estrichdämmung [d2]	60	150	0,04	0,56
	80	150	0,04	0,43
	100	150	0,04	0,36

Wärmebrückenverlustkoeffizient: (Ψ-Wert, außenmaßbezogen)

		Variable [d3] - Kalksandstein 300 mm				
Variable	Dicke [mm]	Rohdichte [kg/m³]	Lambda [W/(mK)]	Variable [d2] - Estrichdämmung WLF 0,040		
				60 mm	80 mm	100 mm
Mauerwerk [d1]	240	350	0,09	-0,06	-0,05	-0,05
	300	350	0,09	-0,07	-0,06	-0,05
	365	350	0,09	-0,09	-0,07	-0,06
	240	400	0,10	-0,06	-0,05	-0,05
	300	400	0,10	-0,07	-0,06	-0,06
	365	400	0,10	-0,09	-0,07	-0,06
	240	450	0,12	-0,06	-0,06	-0,05
	300	450	0,12	-0,07	-0,06	-0,06
	365	450	0,12	-0,09	-0,07	-0,06
	240	500	0,14	-0,06	-0,06	-0,06
	300	500	0,14	-0,07	-0,06	-0,06
	365	500	0,14	-0,09	-0,07	-0,06
	240	550	0,16	-0,06	-0,06	-0,06
	300	550	0,16	-0,07	-0,06	-0,06
	365	550	0,16	-0,09	-0,07	-0,06

		Variable [d3] - Stahlbeton 240 mm				
Variable	Dicke [mm]	Rohdichte [kg/m³]	Lambda [W/(mK)]	Variable [d2] - Estrichdämmung WLF 0,040		
				60 mm	80 mm	100 mm
Mauerwerk [d1]	240	350	0,09	-0,06	-0,05	-0,05
	300	350	0,09	-0,07	-0,06	-0,06
	365	350	0,09	-0,09	-0,07	-0,06
	240	400	0,10	-0,06	-0,05	-0,05
	300	400	0,10	-0,07	-0,06	-0,06
	365	400	0,10	-0,09	-0,07	-0,06
	240	450	0,12	-0,06	-0,06	-0,05
	300	450	0,12	-0,07	-0,06	-0,06
	365	450	0,12	-0,09	-0,07	-0,06
	240	500	0,14	-0,06	-0,06	-0,06
	300	500	0,14	-0,07	-0,06	-0,06
	365	500	0,14	-0,09	-0,07	-0,06
	240	550	0,16	-0,06	-0,06	-0,06
	300	550	0,16	-0,07	-0,06	-0,06
	365	550	0,16	-0,09	-0,07	-0,06

2 / Kellerdecke
2-M-28a / Bild 28a - monolithisches Mauerwerk

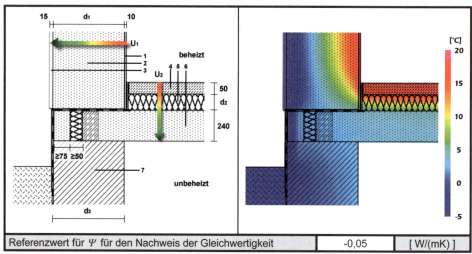

Referenzwert für Ψ für den Nachweis der Gleichwertigkeit	-0,05	[W/(mK)]

Baustoffe:

Pos.	Bezeichnung	Dicke [mm]	Rohdichte [kg/m³]	Lambda [W/(mK)]
1	Innenputz	10	1800	0,35
2	Mauerwerk		Tabelle [d1]	
3	Außenputz	15	1300	0,2
4	Estrich	50	2000	1,4
5	Estrichdämmung WLF 0,040		Tabelle [d2]	
6	Porenbeton	240	600	0,16
7	Mauerwerk		Tabelle [d3]	

U-Wert [U_1]:

Variable	Dicke [mm]	Rohdichte [kg/m³]	Lambda [W/(mK)]	U-Wert [U_1] [W/(m²K)]
Mauerwerk [d1]	240	350	0,09	0,34
	300	350	0,09	0,28
	365	350	0,09	0,23
	240	400	0,10	0,37
	300	400	0,10	0,31
	365	400	0,10	0,25
	240	450	0,12	0,44
	300	450	0,12	0,36
	365	450	0,12	0,30
	240	500	0,14	0,50
	300	500	0,14	0,41
	365	500	0,14	0,35
	240	550	0,16	0,56
	300	550	0,16	0,47
	365	550	0,16	0,39

U-Wert [U_2]:

Variable	Dicke [mm]	Rohdichte [kg/m³]	Lambda [W/(mK)]	U-Wert [U_2] [W/(m²K)]
Estrich-dämmung [d2]	30	150	0,04	0,41
	50	150	0,04	0,34
	70	150	0,04	0,29

Wärmebrückenverlustkoeffizient: (Ψ-Wert, außenmaßbezogen)

				Variable [d3] - Kalksandstein 300 mm		
Variable	Dicke [mm]	Rohdichte [kg/m³]	Lambda [W/(mK)]	Variable [d2] - Estrichdämmung WLF 0,040		
				30 mm	50 mm	70 mm
Mauerwerk [d1]	240	350	0,09	-0,01	-0,01	-0,02
	300	350	0,09	-0,03	-0,03	-0,03
	365	350	0,09	-0,05	-0,05	-0,04
	240	400	0,10	-0,01	-0,01	-0,02
	300	400	0,10	-0,03	-0,03	-0,03
	365	400	0,10	-0,05	-0,05	-0,04
	240	450	0,12	-0,01	-0,01	-0,02
	300	450	0,12	-0,03	-0,03	-0,03
	365	450	0,12	-0,05	-0,05	-0,04
	240	500	0,14	-0,01	-0,01	-0,02
	300	500	0,14	-0,03	-0,03	-0,03
	365	500	0,14	-0,05	-0,05	-0,04
	240	550	0,16	-0,01	-0,01	-0,02
	300	550	0,16	-0,03	-0,03	-0,03
	365	550	0,16	-0,05	-0,05	-0,05

				Variable [d3] - Stahlbeton 240 mm		
Variable	Dicke [mm]	Rohdichte [kg/m³]	Lambda [W/(mK)]	Variable [d2] - Estrichdämmung WLF 0,040		
				30 mm	50 mm	70 mm
Mauerwerk [d1]	240	350	0,09	-0,02	-0,02	-0,02
	300	350	0,09	-0,04	-0,04	0,03
	365	350	0,09	-0,06	-0,05	-0,05
	240	400	0,10	-0,02	-0,02	-0,03
	300	400	0,10	-0,04	-0,04	-0,04
	365	400	0,10	-0,06	-0,05	-0,05
	240	450	0,12	-0,02	-0,02	-0,03
	300	450	0,12	-0,04	-0,04	-0,04
	365	450	0,12	-0,06	-0,05	-0,05
	240	500	0,14	-0,02	-0,03	-0,03
	300	500	0,14	-0,04	-0,04	-0,04
	365	500	0,14	-0,06	-0,05	-0,05
	240	550	0,16	-0,02	-0,03	-0,03
	300	550	0,16	-0,04	-0,04	-0,04
	365	550	0,16	-0,06	-0,05	-0,05

2 / Kellerdecke
2-A-29 / Bild 29 - außengedämmtes Mauerwerk

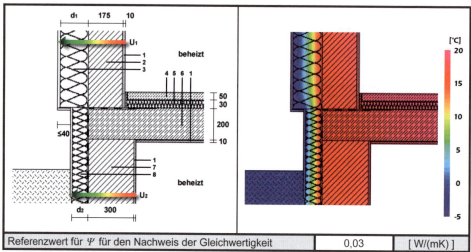

Referenzwert für Ψ für den Nachweis der Gleichwertigkeit	0,03	[W/(mK)]

Baustoffe:

Pos.	Bezeichnung	Dicke [mm]	Rohdichte [kg/m³]	Lambda [W/(mK)]
1	Innenputz	10	1800	0,35
2	Kalksandstein	175	1800	0,99
3	Wärmedämmverbundsystem	Tabelle [d1]		
4	Estrich	50	2000	1,4
5	Estrichdämmung WLF 0,040	30	150	0,04
6	Stahlbeton	200	2400	2,1
7	Kalksandstein	300	1800	0,99
8	Perimeterdämmung WLF 0,045	Tabelle [d2]		

U-Wert [U_1]:

Variable	Dicke [mm]	Rohdichte [kg/m³]	Lambda [W/(mK)]	U-Wert [U_1] [W/(m²K)]
WDVS [d_1]	100	150	0,04	0,35
	120	150	0,04	0,30
	140	150	0,04	0,26
	160	150	0,04	0,23
	100	150	0,045	0,38
	120	150	0,045	0,33
	140	150	0,045	0,29
	160	150	0,045	0,25

U-Wert [U_2]:

Variable	Dicke [mm]	Rohdichte [kg/m³]	Lambda [W/(mK)]	U-Wert [U_2] [W/(m²K)]
Perimeter-dämmung [d_2]	60	150	0,045	0,54
	80	150	0,045	0,44
	100	150	0,045	0,37
	120	150	0,045	0,32
	140	150	0,045	0,28

Wärmebrückenverlustkoeffizient: (Ψ-Wert, außenmaßbezogen)

Variable	Dicke [mm]	Rohdichte [kg/m³]	Lambda [W/(mK)]	Variable [d_2] - Perimeterdämmung WLF 0,045				
				60 mm	80 mm	100 mm	120 mm	140 mm
WDVS [d_1]	100	150	0,04	0,17	0,14	---	---	---
	120	150	0,04	---	0,15	0,12	---	---
	140	150	0,04	---	---	0,13	0,11	---
	160	150	0,04	---	---	---	0,11	0,10
	100	150	0,045	0,17	0,14	---	---	---
	120	150	0,045	---	0,14	0,11	---	---
	140	150	0,045	---	---	0,12	0,10	---
	160	150	0,045	---	---	---	0,11	0,09

2 / Kellerdecke
2-A-30 / Bild 30 - außengedämmtes Mauerwerk

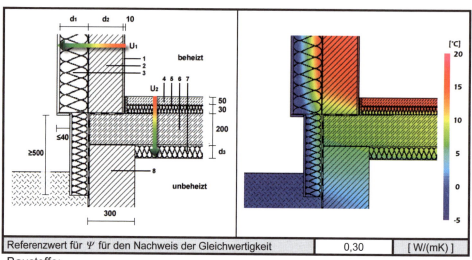

Referenzwert für Ψ für den Nachweis der Gleichwertigkeit	0,30	[W/(mK)]

Baustoffe:

Pos.	Bezeichnung	Dicke [mm]	Rohdichte [kg/m³]	Lambda [W/(mK)]
1	Innenputz	10	1800	0,35
2	Mauerwerk		Tabelle [d2]	
3	Wärmedämmverbundsystem		Tabelle [d1]	
4	Estrich	50	2000	1,4
5	Estrichdämmung WLF 0,040	30	150	0,04
6	Stahlbeton	200	2400	2,1
7	Dämmung WLF 0,040		Tabelle [d3]	
8	Kalksandstein	300	1800	0,99

U-Wert [U_1]:

				U-Wert [U_1] [W/(m²K)]	
	Dicke	Rohdichte	Lambda	Variable [d2] - 175 mm	
Variable	[mm]	[kg/m³]	[W/(mK)]	KS ohne Kimmstein	KS mit ISO Kimmstein
WDVS [d1]	100	150	0,04	0,35	0,35
	120	150	0,04	0,30	0,30
	140	150	0,04	0,26	0,26
	160	150	0,04	0,23	0,23
	100	150	0,045	0,38	0,38
	120	150	0,045	0,33	0,33
	140	150	0,045	0,29	0,29
	160	150	0,045	0,25	0,25

U-Wert [U_2]:

Variable	Dicke [mm]	Rohdichte [kg/m³]	Lambda [W/(mK)]	U-Wert [U_2] [W/(m²K)]
Dämmung [d3]	40	150	0,04	0,48
	50	150	0,04	0,43
	60	150	0,04	0,39
	70	150	0,04	0,35

Wärmebrückenverlustkoeffizient: (Ψ-Wert, außenmaßbezogen)

				Variable [d2] - Kalksandstein **ohne** Kimmstein 175 mm - 0,99 W/(mK)			
Variable	Dicke [mm]	Rohdichte [kg/m³]	Lambda [W/(mK)]	Variable [d3] - Dämmung WLF 0,040			
				40 mm	50 mm	60 mm	70 mm
WDVS [d1]	100	150	0,04	0,11	0,12	0,13	0,14
	120	150	0,04	0,11	0,12	0,14	0,15
	140	150	0,04	0,11	0,12	0,14	0,15
	160	150	0,04	0,11	0,12	0,14	0,15
	100	150	0,045	0,09	0,11	0,12	0,13
	120	150	0,045	0,10	0,11	0,12	0,14
	140	150	0,045	0,10	0,11	0,13	0,14
	160	150	0,045	0,09	0,11	0,12	0,14

				Variable [d2] - Kalksandstein **mit ISO** Kimmstein 175 mm - 0,99 W/(mK)			
Variable	Dicke [mm]	Rohdichte [kg/m³]	Lambda [W/(mK)]	Variable [d3] - Dämmung WLF 0,040			
				40 mm	50 mm	60 mm	70 mm
WDVS [d1]	100	150	0,04	0,04	0,06	0,07	0,08
	120	150	0,04	0,05	0,06	0,08	0,09
	140	150	0,04	0,05	0,06	0,08	0,09
	160	150	0,04	0,05	0,06	0,08	0,10
	100	150	0,045	0,03	0,05	0,06	0,07
	120	150	0,045	0,04	0,05	0,07	0,08
	140	150	0,045	0,04	0,06	0,07	0,09
	160	150	0,045	0,04	0,06	0,08	0,09

Bauteilkatalog zum Beiblatt 2 der DIN 4108

2 / Kellerdecke
2-A-31 / Bild 31 - außengedämmtes Mauerwerk

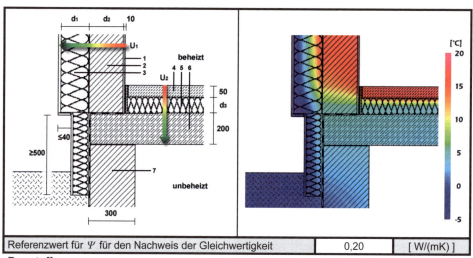

Referenzwert für Ψ für den Nachweis der Gleichwertigkeit	0,20	[W/(mK)]

Baustoffe:

Pos.	Bezeichnung	Dicke [mm]	Rohdichte [kg/m³]	Lambda [W/(mK)]
1	Innenputz	10	1800	0,35
2	Mauerwerk		Tabelle [d2]	
3	Wärmedämmverbundsystem		Tabelle [d1]	
4	Estrich	50	2000	1,4
5	Estrichdämmung WLF 0,040		Tabelle [d3]	
6	Stahlbeton	200	2400	2,1
7	Kalksandstein	300	1800	0,99

U-Wert [U_1]:

				U-Wert [U_1] [W/(m²K)]	
	Dicke	Rohdichte	Lambda	Variable [d2] - 175 mm	
Variable	[mm]	[kg/m³]	[W/(mK)]	KS ohne Kimmstein	KS mit ISO Kimmstein
WDVS [d_1]	100	150	0,04	0,35	0,35
	120	150	0,04	0,30	0,30
	140	150	0,04	0,26	0,26
	160	150	0,04	0,23	0,23
	100	150	0,045	0,38	0,38
	120	150	0,045	0,33	0,33
	140	150	0,045	0,29	0,29
	160	150	0,045	0,25	0,25

U-Wert [U_2]:

Variable	Dicke [mm]	Rohdichte [kg/m³]	Lambda [W/(mK)]	U-Wert [U_2] [W/(m²K)]
Dämmung [d3]	60	150	0,04	0,54
	80	150	0,04	0,43
	100	150	0,04	0,35

Wärmebrückenverlustkoeffizient: (Ψ-Wert, außenmaßbezogen)

				Variable [d2] - Kalksandstein **ohne** Kimmstein 175 mm - 0,99 W/(mK)		
Variable	Dicke [mm]	Rohdichte [kg/m³]	Lambda [W/(mK)]	Variable [d3] - Estrichdämmung WLF 0,040		
				60 mm	80 mm	100 mm
WDVS [d1]	100	150	0,04	0,14	0,14	0,14
	120	150	0,04	0,13	0,14	0,15
	140	150	0,04	0,13	0,14	0,15
	160	150	0,04	0,13	0,14	0,15
	100	150	0,045	0,14	0,14	0,14
	120	150	0,045	0,13	0,13	0,14
	140	150	0,045	0,13	0,13	0,14
	160	150	0,045	0,12	0,13	0,14

				Variable [d2] - Kalksandstein **mit ISO** Kimmstein 175 mm - 0,99 W/(mK)		
Variable	Dicke [mm]	Rohdichte [kg/m³]	Lambda [W/(mK)]	Variable [d3] - Estrichdämmung WLF 0,040		
				60 mm	80 mm	100 mm
WDVS [d1]	100	150	0,04	0,05	0,06	0,06
	120	150	0,04	0,04	0,05	0,06
	140	150	0,04	0,04	0,05	0,06
	160	150	0,04	0,03	0,04	0,06
	100	150	0,045	0,04	0,05	0,06
	120	150	0,045	0,04	0,05	0,06
	140	150	0,045	0,03	0,05	0,06
	160	150	0,045	0,03	0,04	0,06

2 / Kellerdecke
2-K-32 / Bild 32 - kerngedämmtes Mauerwerk

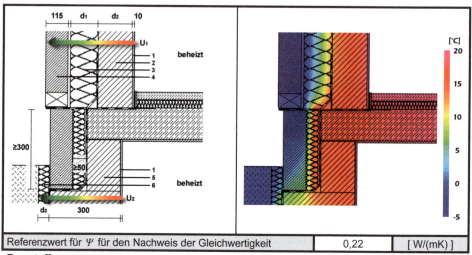

Referenzwert für Ψ für den Nachweis der Gleichwertigkeit	0,22	[W/(mK)]

Baustoffe:

Pos.	Bezeichnung	Dicke [mm]	Rohdichte [kg/m³]	Lambda [W/(mK)]
1	Innenputz	10	1800	0,35
2	Mauerwerk		Tabelle [d2]	
3	Kerndämmung		Tabelle [d1]	
4	Verblendmauerwerk	115	2000	0,96
5	Kalksandstein	300	1800	0,99
6	Perimeterdämmung WLF 0,045		Tabelle [d3]	

U-Wert [U_1]:

				U-Wert [U_1] [W/(m²K)]			
		Dicke [mm]	Rohdichte [kg/m³]	Lambda [W/(mK)]	Variable [d2] - 175 mm		
Variable					Kalksand-stein 0,99 W/(mK)	Mauer-werk 0,10 W/(mK)	Mauer-werk 0,12 W/(mK)	Mauer-werk 0,14 W/(mK)
Kerndäm-mung [d1]		100	150	0,04	0,33	0,22	0,23	0,25
		120	150	0,04	0,29	0,20	0,21	0,22
		140	150	0,04	0,25	0,18	0,19	0,20

U-Wert [U_2]:

Variable	Dicke [mm]	Rohdichte [kg/m³]	Lambda [W/(mK)]	U-Wert [U_2] [W/(m²K)]
Perimeterdämmung [d3]	60	150	0,045	0,54
	80	150	0,045	0,44
	100	150	0,045	0,37

Wärmebrückenverlustkoeffizient: (Ψ-Wert, außenmaßbezogen)

				Variable [d2] - Kalksandstein 175 mm - 0,99 W/(mK)		
Variable	Dicke [mm]	Rohdichte [kg/m³]	Lambda [W/(mK)]	Variable [d3] - Estrichdämmung WLF 0,045		
				60 mm	80 mm	100 mm
Kerndämmung [d1]	100	150	0,04	0,35	0,36	0,37
	120	150	0,04	0,36	0,37	0,38
	140	150	0,04	0,37	0,38	0,39

				Variable [d2] - Mauerwerk 175 mm - 0,10 W/(mK)		
Variable	Dicke [mm]	Rohdichte [kg/m³]	Lambda [W/(mK)]	Variable [d3] - Estrichdämmung WLF 0,045		
				60 mm	80 mm	100 mm
Kerndämmung [d1]	100	150	0,04	0,36	0,37	0,38
	120	150	0,04	0,37	0,37	0,38
	140	150	0,04	0,37	0,38	0,38

				Variable [d2] - Mauerwerk 175 mm - 0,12 W/(mK)		
Variable	Dicke [mm]	Rohdichte [kg/m³]	Lambda [W/(mK)]	Variable [d3] - Estrichdämmung WLF 0,045		
				60 mm	80 mm	100 mm
Kerndämmung [d1]	100	150	0,04	0,36	0,37	0,38
	120	150	0,04	0,36	0,37	0,38
	140	150	0,04	0,36	0,38	0,38

				Variable [d2] - Mauerwerk 175 mm - 0,14 W/(mK)		
Variable	Dicke [mm]	Rohdichte [kg/m³]	Lambda [W/(mK)]	Variable [d3] - Estrichdämmung WLF 0,045		
				60 mm	80 mm	100 mm
Kerndämmung [d1]	100	150	0,04	0,35	0,36	0,37
	120	150	0,04	0,36	0,37	0,38
	140	150	0,04	0,36	0,38	0,38

2 / Kellerdecke
2-K-33 / Bild 33 - kerngedämmtes Mauerwerk

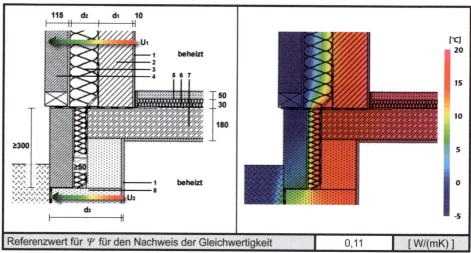

Referenzwert für Ψ für den Nachweis der Gleichwertigkeit	0,11	[W/(mK)]

Baustoffe:

Pos.	Bezeichnung	Dicke [mm]	Rohdichte [kg/m³]	Lambda [W/(mK)]
1	Innenputz	10	1800	0,35
2	Mauerwerk		Tabelle [d1]	
3	Kerndämmung		Tabelle [d2]	
4	Verblendmauerwerk	115	2000	0,96
5	Estrich	50	2000	1,4
6	Estrichdämmung WLF 0,040	30	150	0,04
7	Stahlbeton	180	2400	2,1
8	Mauerwerk		Tabelle [d3]	

U-Wert [U_1]:

				U-Wert [U_1] [W/(m²K)]			
	Dicke [mm]	Rohdichte [kg/m³]	Lambda [W/(mK)]	Variable [d1] - 175 mm			
Variable				Kalksandstein 0,99 W/(mK)	Mauerwerk 0,10 W/(mK)	Mauerwerk 0,12 W/(mK)	Mauerwerk 0,14 W/(mK)
Kerndämmung [d2]	100	150	0,04	0,33	0,22	0,23	0,25
	120	150	0,04	0,29	0,20	0,21	0,22
	140	150	0,04	0,25	0,18	0,19	0,20

U-Wert [U_2]:

Variable	Dicke [mm]	Rohdichte [kg/m³]	Lambda [W/(mK)]	U-Wert [U_2] [W/(m²K)]
Mauerwerk [d3]	365	450	0,12	0,30
	365	500	0,14	0,35
	365	550	0,16	0,40

Wärmebrückenverlustkoeffizient: (Ψ-Wert, außenmaßbezogen)

				Variable [d1] - Kalksandstein 175 mm - 0,99 W/(mK)		
Variable	Dicke [mm]	Rohdichte [kg/m³]	Lambda [W/(mK)]	Variable [d3] - Mauerwerk 365 mm		
				0,12 W/(mK)	0,14 W/(mK)	0,16 W/(mK)
Kerndämmung [d2]	100	150	0,04	0,11	0,12	0,12
	120	150	0,04	0,10	0,11	0,12
	140	150	0,04	0,10	0,11	0,11

				Variable [d1] - Mauerwerk 175 mm - 0,10 W/(mK)		
Variable	Dicke [mm]	Rohdichte [kg/m³]	Lambda [W/(mK)]	Variable [d3] - Mauerwerk 365 mm		
				0,12 W/(mK)	0,14 W/(mK)	0,16 W/(mK)
Kerndämmung [d2]	100	150	0,04	0,14	0,15	0,15
	120	150	0,04	0,13	0,13	0,14
	140	150	0,04	0,12	0,13	0,13

				Variable [d1] - Mauerwerk 175 mm - 0,12 W/(mK)		
Variable	Dicke [mm]	Rohdichte [kg/m³]	Lambda [W/(mK)]	Variable [d3] - Mauerwerk 365 mm		
				0,12 W/(mK)	0,14 W/(mK)	0,16 W/(mK)
Kerndämmung [d2]	100	150	0,04	0,13	0,14	0,15
	120	150	0,04	0,12	0,13	0,13
	140	150	0,04	0,12	0,12	0,13

				Variable [d1] - Mauerwerk 175 mm - 0,14 W/(mK)		
Variable	Dicke [mm]	Rohdichte [kg/m³]	Lambda [W/(mK)]	Variable [d3] - Mauerwerk 365 mm		
				0,12 W/(mK)	0,14 W/(mK)	0,16 W/(mK)
Kerndämmung [d2]	100	150	0,04	0,13	0,14	0,14
	120	150	0,04	0,12	0,13	0,13
	140	150	0,04	0,11	0,12	0,12

2 / Kellerdecke
2-K-33a / Bild 33a - kerngedämmtes Mauerwerk

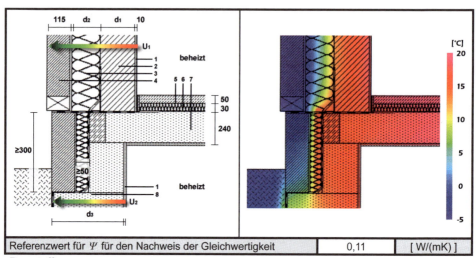

Referenzwert für Ψ für den Nachweis der Gleichwertigkeit	0,11	[W/(mK)]

Baustoffe:

Pos.	Bezeichnung	Dicke [mm]	Rohdichte [kg/m³]	Lambda [W/(mK)]
1	Innenputz	10	1800	0,35
2	Mauerwerk		Tabelle [d1]	
3	Kerndämmung		Tabelle [d2]	
4	Verblendmauerwerk	115	2000	0,96
5	Estrich	50	2000	1,4
6	Estrichdämmung WLF 0,040	30	150	0,04
7	Porenbeton	240	600	0,16
8	Mauerwerk		Tabelle [d3]	

U-Wert [U_1]:

Variable	Dicke [mm]	Rohdichte [kg/m³]	Lambda [W/(mK)]	U-Wert [U_1] [W/(m²K)] Variable [d1] - 175 mm			
				Kalksandstein 0,99 W/(mK)	Mauerwerk 0,10 W/(mK)	Mauerwerk 0,12 W/(mK)	Mauerwerk 0,14 W/(mK)
Kerndämmung [d2]	100	150	0,04	0,33	0,22	0,23	0,25
	120	150	0,04	0,29	0,20	0,21	0,22
	140	150	0,04	0,25	0,18	0,19	0,20

U-Wert [U_2]:

Variable	Dicke [mm]	Rohdichte [kg/m³]	Lambda [W/(mK)]	U-Wert [U_2] [W/(m²K)]
Mauerwerk [d3]	365	450	0,12	0,30
	365	500	0,14	0,35
	365	550	0,16	0,40

Wärmebrückenverlustkoeffizient: (Ψ-Wert, außenmaßbezogen)

				Variable [d1] - Kalksandstein 175 mm - 0,99 W/(mK)		
Variable	Dicke [mm]	Rohdichte [kg/m³]	Lambda [W/(mK)]	Variable [d3] - Mauerwerk 365 mm		
				0,12 W/(mK)	0,14 W/(mK)	0,16 W/(mK)
Kerndämmung [d2]	100	150	0,04	0,09	0,09	0,10
	120	150	0,04	0,09	0,10	0,10
	140	150	0,04	0,09	0,10	0,10

				Variable [d1] - Mauerwerk 175 mm - 0,10 W/(mK)		
Variable	Dicke [mm]	Rohdichte [kg/m³]	Lambda [W/(mK)]	Variable [d3] - Mauerwerk 365 mm		
				0,12 W/(mK)	0,14 W/(mK)	0,16 W/(mK)
Kerndämmung [d2]	100	150	0,04	0,11	0,11	0,12
	120	150	0,04	0,11	0,11	0,12
	140	150	0,04	0,11	0,11	0,12

				Variable [d1] - Mauerwerk 175 mm - 0,12 W/(mK)		
Variable	Dicke [mm]	Rohdichte [kg/m³]	Lambda [W/(mK)]	Variable [d3] - Mauerwerk 365 mm		
				0,12 W/(mK)	0,14 W/(mK)	0,16 W/(mK)
Kerndämmung [d2]	100	150	0,04	0,10	0,11	0,12
	120	150	0,04	0,10	0,11	0,12
	140	150	0,04	0,10	0,11	0,12

				Variable [d1] - Mauerwerk 175 mm - 0,14 W/(mK)		
Variable	Dicke [mm]	Rohdichte [kg/m³]	Lambda [W/(mK)]	Variable [d3] - Mauerwerk 365 mm		
				0,12 W/(mK)	0,14 W/(mK)	0,16 W/(mK)
Kerndämmung [d2]	100	150	0,04	0,10	0,11	0,12
	120	150	0,04	0,10	0,11	0,11
	140	150	0,04	0,10	0,11	0,11

2 / Kellerdecke
2-K-34 / Bild 34 - kerngedämmtes Mauerwerk

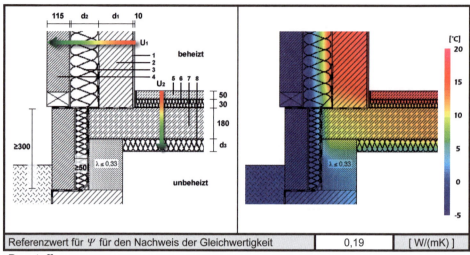

Referenzwert für Ψ für den Nachweis der Gleichwertigkeit	0,19	[W/(mK)]

Baustoffe:

Pos.	Bezeichnung	Dicke [mm]	Rohdichte [kg/m³]	Lambda [W/(mK)]
1	Innenputz	10	1800	0,35
2	Mauerwerk		Tabelle [d1]	
3	Kerndämmung		Tabelle [d2]	
4	Verblendmauerwerk	115	2000	0,96
5	Estrich	50	2000	1,4
6	Estrichdämmung WLF 0,040	30	150	0,04
7	Stahlbeton	180	2400	2,1
8	Dämmung WLF 0,040		Tabelle [d3]	

U-Wert [U_1]:

				U-Wert [U_1] - [W/(m²K)]				
	Dicke	Rohdichte	Lambda	Variable [d1] - 175 mm				
Variable	[mm]	[kg/m³]	[W/(mK)]	KS ohne Kimmstein	KS mit ISO Kimmstein	Mauerwerk 0,10 W/(mK)	Mauerwerk 0,12 W/(mK)	Mauerwerk 0,14 W/(mK)
Kerndämmung [d2]	100	150	0,04	0,33	0,33	0,22	0,23	0,25
	120	150	0,04	0,29	0,29	0,20	0,21	0,22
	140	150	0,04	0,25	0,25	0,18	0,19	0,20

U-Wert [U_2]:

Variable	Dicke [mm]	Rohdichte [kg/m³]	Lambda [W/(mK)]	U-Wert [U_2] [W/(m²K)]
Dämmung [d3]	40	150	0,04	0,51
	50	150	0,04	0,46
	60	150	0,04	0,41
	70	150	0,04	0,38

Wärmebrückenverlustkoeffizient: (Ψ-Wert, außenmaßbezogen)

Variable	\multicolumn{7}{c}{Variable [d1] - Kalksandstein **ohne** Kimmstein 175 mm - 0,99 W/(mK)}						
	Dicke [mm]	Rohdichte [kg/m³]	Lambda [W/(mK)]	Variable [d3] - Dämmung WLF 0,040			
				40 mm	50 mm	60 mm	70 mm
Kerndäm-mung [d2]	100	150	0,04	-0,02	-0,01	0,01	0,02
	120	150	0,04	-0,02	-0,01	0,01	0,02
	140	150	0,04	-0,02	-0,01	0,01	0,02

Variable	\multicolumn{7}{c}{Variable [d1] - Kalksandstein **mit ISO** Kimmstein 175 mm - 0,99 W/(mK)}						
	Dicke [mm]	Rohdichte [kg/m³]	Lambda [W/(mK)]	Variable [d3] - Dämmung WLF 0,040			
				40 mm	50 mm	60 mm	70 mm
Kerndäm-mung [d2]	100	150	0,04	-0,07	-0,06	-0,06	-0,04
	120	150	0,04	-0,07	-0,06	-0,05	-0,04
	140	150	0,04	-0,07	-0,06	-0,05	-0,04

Variable	\multicolumn{7}{c}{Variable [d1] - Mauerwerk 175 mm - 0,10 W/(mK)}						
	Dicke [mm]	Rohdichte [kg/m³]	Lambda [W/(mK)]	Variable [d3] - Dämmung WLF 0,040			
				40 mm	50 mm	60 mm	70 mm
Kerndäm-mung [d2]	100	150	0,04	-0,06	-0,04	-0,02	0,00
	120	150	0,04	-0,06	-0,04	-0,02	-0,01
	140	150	0,04	-0,07	-0,05	-0,03	-0,01

Variable	\multicolumn{7}{c}{Variable [d1] - Mauerwerk 175 mm - 0,12 W/(mK)}						
	Dicke [mm]	Rohdichte [kg/m³]	Lambda [W/(mK)]	Variable [d3] - Dämmung WLF 0,040			
				40 mm	50 mm	60 mm	70 mm
Kerndäm-mung [d2]	100	150	0,04	-0,06	-0,04	-0,02	0,00
	120	150	0,04	-0,06	-0,04	-0,02	0,00
	140	150	0,04	-0,07	-0,05	-0,03	-0,01

Variable	\multicolumn{7}{c}{Variable [d1] - Mauerwerk 175 mm - 0,14 W/(mK)}						
	Dicke [mm]	Rohdichte [kg/m³]	Lambda [W/(mK)]	Variable [d3] - Dämmung WLF 0,040			
				40 mm	50 mm	60 mm	70 mm
Kerndäm-mung [d2]	100	150	0,04	-0,05	-0,04	-0,02	0,00
	120	150	0,04	-0,06	-0,04	-0,02	0,00
	140	150	0,04	-0,06	-0,05	-0,03	-0,01

2 / Kellerdecke
2-K-35 / Bild 35 - kerngedämmtes Mauerwerk

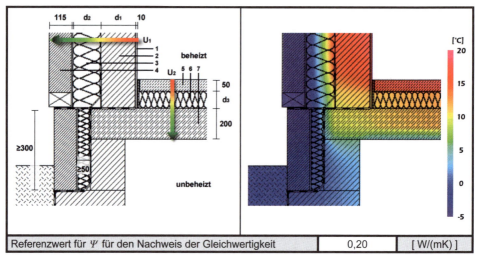

Referenzwert für Ψ für den Nachweis der Gleichwertigkeit	0,20	[W/(mK)]

Baustoffe:

Pos.	Bezeichnung	Dicke [mm]	Rohdichte [kg/m³]	Lambda [W/(mK)]
1	Innenputz	10	1800	0,35
2	Mauerwerk		Tabelle [d1]	
3	Kerndämmung		Tabelle [d2]	
4	Verblendmauerwerk	115	2000	0,96
5	Estrich	50	2000	1,4
6	Estrichdämmung WLF 0,040		Tabelle [d3]	
7	Stahlbeton	200	2400	2,1

U-Wert [U_1]:

				U-Wert [U_1] [W/(m²K)]				
	Dicke [mm]	Rohdichte [kg/m³]	Lambda [W/(mK)]	Variable [d1] - 175 mm				
Variable				KS ohne Kimmstein	KS mit ISO Kimmstein	Mauerwerk 0,10 W/(mK)	Mauerwerk 0,12 W/(mK)	Mauerwerk 0,14 W/(mK)
Kerndämmung [d2]	100	150	0,04	0,33	0,33	0,22	0,23	0,25
	120	150	0,04	0,29	0,29	0,20	0,21	0,22
	140	150	0,04	0,25	0,25	0,18	0,19	0,20

U-Wert [U_2]:

Variable	Dicke [mm]	Rohdichte [kg/m³]	Lambda [W/(mK)]	U-Wert [U_2] [W/(m²K)]
Estrichdämmung [d3]	60	150	0,04	0,54
	80	150	0,04	0,43
	100	150	0,04	0,35

Wärmebrückenverlustkoeffizient: (Ψ-Wert, außenmaßbezogen)

	Variable [d1] - Kalksandstein **ohne** Kimmstein 175 mm - 0,99 W/(mK)					
	Dicke	Rohdichte	Lambda	Variable [d3] - Dämmung WLF 0,040		
Variable	[mm]	[kg/m³]	[W/(mK)]	60 mm	80 mm	100 mm
Kerndämmung [d2]	100	150	0,04	0,10	0,11	0,12
	120	150	0,04	0,11	0,12	0,13
	140	150	0,04	0,11	0,12	0,13

	Variable [d1] - Kalksandstein **mit ISO** Kimmstein 175 mm - 0,99 W/(mK)					
	Dicke	Rohdichte	Lambda	Variable [d3] - Dämmung WLF 0,040		
Variable	[mm]	[kg/m³]	[W/(mK)]	60 mm	80 mm	100 mm
Kerndämmung [d2]	100	150	0,04	0,00	0,02	0,04
	120	150	0,04	0,00	0,02	0,04
	140	150	0,04	0,00	0,02	0,04

	Variable [d1] - Mauerwerk 175 mm - 0,10 W/(mK)					
	Dicke	Rohdichte	Lambda	Variable [d3] - Dämmung WLF 0,040		
Variable	[mm]	[kg/m³]	[W/(mK)]	60 mm	80 mm	100 mm
Kerndämmung [d2]	100	150	0,04	-0,10	-0,09	-0,07
	120	150	0,04	-0,11	-0,09	-0,07
	140	150	0,04	-0,11	-0,09	-0,07

	Variable [d1] - Mauerwerk 175 mm - 0,12 W/(mK)					
	Dicke	Rohdichte	Lambda	Variable [d3] - Dämmung WLF 0,040		
Variable	[mm]	[kg/m³]	[W/(mK)]	60 mm	80 mm	100 mm
Kerndämmung [d2]	100	150	0,04	-0,09	-0,07	-0,06
	120	150	0,04	-0,10	-0,08	-0,06
	140	150	0,04	-0,10	-0,08	-0,06

	Variable [d1] - Mauerwerk 175 mm - 0,14 W/(mK)					
	Dicke	Rohdichte	Lambda	Variable [d3] - Dämmung WLF 0,040		
Variable	[mm]	[kg/m³]	[W/(mK)]	60 mm	80 mm	100 mm
Kerndämmung [d2]	100	150	0,04	-0,09	-0,07	-0,06
	120	150	0,04	-0,09	-0,07	-0,06
	140	150	0,04	-0,10	-0,08	-0,06

2 / Kellerdecke
2-K-35a / Bild 35a - kerngedämmtes Mauerwerk

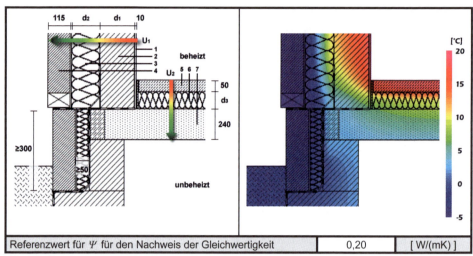

Referenzwert für Ψ für den Nachweis der Gleichwertigkeit	0,20	[W/(mK)]

Baustoffe:

Pos.	Bezeichnung	Dicke [mm]	Rohdichte [kg/m³]	Lambda [W/(mK)]
1	Innenputz	10	1800	0,35
2	Mauerwerk		Tabelle [d1]	
3	Kerndämmung		Tabelle [d2]	
4	Verblendmauerwerk	115	2000	0,96
5	Estrich	50	2000	1,4
6	Estrichdämmung WLF 0,040		Tabelle [d3]	
7	Porenbeton	240	600	0,16

U-Wert [U_1]:

				U-Wert [U_1] [W/(m²K)]				
	Dicke [mm]	Rohdichte [kg/m³]	Lambda [W/(mK)]	Variable [d1] - 175 mm				
Variable				KS ohne Kimmstein	KS mit ISO Kimmstein	Mauerwerk 0,10 W/(mK)	Mauerwerk 0,12 W/(mK)	Mauerwerk 0,14 W/(mK)
Kerndämmung [d2]	100	150	0,04	0,33	0,33	0,22	0,23	0,25
	120	150	0,04	0,29	0,29	0,20	0,21	0,22
	140	150	0,04	0,25	0,25	0,18	0,19	0,20

U-Wert [U_2]:

Variable	Dicke [mm]	Rohdichte [kg/m³]	Lambda [W/(mK)]	U-Wert [U_2] [W/(m²K)]
Estrichdämmung [d3]	30	150	0,04	0,40
	50	150	0,04	0,33
	70	150	0,04	0,29

Wärmebrückenverlustkoeffizient: (Ψ-Wert, außenmaßbezogen)

	Variable [d1] - Kalksandstein **ohne** Kimmstein 175 mm - 0,99 W/(mK)					
Variable	Dicke [mm]	Rohdichte [kg/m³]	Lambda [W/(mK)]	Variable [d3] - Dämmung WLF 0,040		
				30 mm	50 mm	70 mm
Kerndämmung [d2]	100	150	0,04	0,06	0,07	0,08
	120	150	0,04	0,06	0,07	0,08
	140	150	0,04	0,05	0,07	0,07

	Variable [d1] - Kalksandstein **mit ISO** Kimmstein 175 mm - 0,99 W/(mK)					
Variable	Dicke [mm]	Rohdichte [kg/m³]	Lambda [W/(mK)]	Variable [d3] - Dämmung WLF 0,040		
				30 mm	50 mm	70 mm
Kerndämmung [d2]	100	150	0,04	0,01	0,02	0,03
	120	150	0,04	0,01	0,02	0,03
	140	150	0,04	0,00	0,02	0,03

	Variable [d1] - Mauerwerk 175 mm - 0,10 W/(mK)					
Variable	Dicke [mm]	Rohdichte [kg/m³]	Lambda [W/(mK)]	Variable [d3] - Dämmung WLF 0,040		
				30 mm	50 mm	70 mm
Kerndämmung [d2]	100	150	0,04	-0,06	-0,05	-0,04
	120	150	0,04	-0,06	-0,05	-0,04
	140	150	0,04	-0,06	-0,05	-0,05

	Variable [d1] - Mauerwerk 175 mm - 0,12 W/(mK)					
Variable	Dicke [mm]	Rohdichte [kg/m³]	Lambda [W/(mK)]	Variable [d3] - Dämmung WLF 0,040		
				30 mm	50 mm	70 mm
Kerndämmung [d2]	100	150	0,04	-0,05	-0,04	-0,04
	120	150	0,04	-0,05	-0,04	-0,04
	140	150	0,04	-0,05	-0,04	-0,04

	Variable [d1] - Mauerwerk 175 mm - 0,14 W/(mK)					
Variable	Dicke [mm]	Rohdichte [kg/m³]	Lambda [W/(mK)]	Variable [d3] - Dämmung WLF 0,040		
				30 mm	50 mm	70 mm
Kerndämmung [d2]	100	150	0,04	-0,05	-0,04	-0,03
	120	150	0,04	-0,05	-0,04	-0,03
	140	150	0,04	-0,05	-0,04	-0,04

2 / Kellerdecke
2-H-36 / Bild 36 - Holzbauart

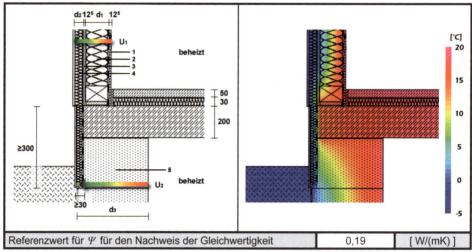

Referenzwert für Ψ für den Nachweis der Gleichwertigkeit		0,19	[W/(mK)]

Baustoffe:

Pos.	Bezeichnung	Dicke [mm]	Rohdichte [kg/m³]	Lambda [W/(mK)]
1	Gipsfaserplatte	12,5	1150	0,32
2	Dämmung WLF 0,040	Tabelle [d1]		
3	Gipsfaserplatte	12,5	1150	0,32
4	WDVS WLF 0,040	Tabelle [d2]		
5	Mauerwerk	Tabelle [d3]		

U-Wert [U_1]:

Variable	Dicke [mm]	Rohdichte [kg/m³]	Lambda [W/(mK)]	U-Wert [U_1] [W/(m²K)]			
				Variable [d1] - Dämmung WLF 0,040				
				120 mm	140 mm	160 mm	180 mm	200 mm
WDVS [d2]	40	30	0,04	0,24	0,21	0,19	0,17	0,16
	60	30	0,04	0,21	0,19	0,17	0,16	0,15
	80	30	0,04	0,19	0,17	0,16	0,15	0,14
	100	30	0,04	0,17	0,16	0,15	0,14	0,13
	120	30	0,04	0,16	0,15	0,14	0,13	0,12

U-Wert [U_2]:

Variable	Dicke [mm]	Rohdichte [kg/m³]	Lambda [W/(mK)]	U-Wert [U_2] [W/(m²K)]
Mauerwerk [d3]	300	500	0,14	0,43
	365	500	0,14	0,35

Wärmebrückenverlustkoeffizient: (Ψ-Wert, außenmaßbezogen)

Variable [d3] - Mauerwerk 300 mm - 0,14 W/(mK)								
Variable	Dicke [mm]	Rohdichte [kg/m³]	Lambda [W/(mK)]	Variable [d1] - Dämmung WLF 0,040				
				120 mm	140 mm	160 mm	180 mm	200 mm
WDVS [d2]	40	30	0,04	0,20	0,20	0,20	0,21	0,21
	60	30	0,04	0,19	0,20	0,20	0,20	0,21
	80	30	0,04	0,19	0,20	0,20	0,20	0,20
	100	30	0,04	0,19	0,19	0,19	0,20	0,20
	120	30	0,04	0,19	0,19	0,19	0,19	0,20

Variable [d3] - Mauerwerk 365 mm - 0,14 W/(mK)								
Variable	Dicke [mm]	Rohdichte [kg/m³]	Lambda [W/(mK)]	Variable [d1] - Dämmung WLF 0,040				
				120 mm	140 mm	160 mm	180 mm	200 mm
WDVS [d2]	40	30	0,04	0,20	0,21	0,21	0,21	0,22
	60	30	0,04	0,20	0,20	0,21	0,21	0,21
	80	30	0,04	0,20	0,20	0,20	0,21	0,21
	100	30	0,04	0,20	0,20	0,20	0,20	0,20
	120	30	0,04	0,19	0,20	0,20	0,20	0,20

2 / Kellerdecke
2-H-36a / Bild 36a - Holzbauart

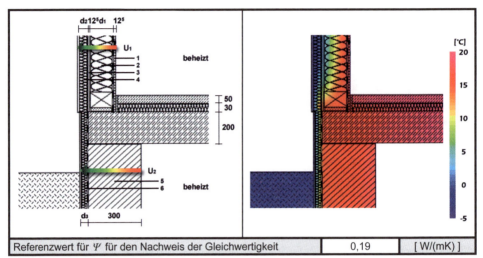

Referenzwert für Ψ für den Nachweis der Gleichwertigkeit	0,19	[W/(mK)]

Baustoffe:

Pos.	Bezeichnung	Dicke [mm]	Rohdichte [kg/m³]	Lambda [W/(mK)]
1	Gipsfaserplatte	12,5	1150	0,32
2	Dämmung WLF 0,040	Tabelle [d1]		
3	Gipsfaserplatte	12,5	1150	0,32
4	WDVS WLF 0,040	Tabelle [d2]		
5	Kalksandstein	300	1800	0,99
6	Perimeterdämmung WLF 0,040	Tabelle [d3]		

U-Wert [U_1]:

				U-Wert [U_1] [W/(m²K)]				
Variable	Dicke [mm]	Rohdichte [kg/m³]	Lambda [W/(mK)]	Variable [d1] - Dämmung WLF 0,040				
				120 mm	140 mm	160 mm	180 mm	200 mm
WDVS [d2]	40	30	0,04	0,24	0,21	0,19	0,17	0,16
	60	30	0,04	0,21	0,19	0,17	0,16	0,15
	80	30	0,04	0,19	0,17	0,16	0,15	0,14
	100	30	0,04	0,17	0,16	0,15	0,14	0,13
	120	30	0,04	0,16	0,15	0,14	0,13	0,12

U-Wert [U_2]:

Variable	Dicke [mm]	Rohdichte [kg/m³]	Lambda [W/(mK)]	U-Wert [U_2] [W/(m²K)]
Perimeter- dämmung [d3]	60	150	0,04	0,50
	80	150	0,04	0,40
	100	150	0,04	0,33

Wärmebrückenverlustkoeffizient: (Ψ-Wert, außenmaßbezogen)

Variable [d3] - Perimeterdämmung 60 mm - 0,04 W/(mK)								
Variable	Dicke [mm]	Rohdichte [kg/m³]	Lambda [W/(mK)]	Variable [d1] - Dämmung WLF 0,040				
				120 mm	140 mm	160 mm	180 mm	200 mm
WDVS [d2]	40	30	0,04	0,20	0,21	0,21	0,21	0,22
	60	30	0,04	0,20	0,20	0,21	0,21	0,21
	80	30	0,04	0,20	0,20	0,20	0,20	0,21
	100	30	0,04	0,19	0,19	0,20	0,20	0,20
	120	30	0,04	0,19	0,19	0,19	0,20	0,20

Variable [d3] - Perimeterdämmung 80 mm - 0,04 W/(mK)								
Variable	Dicke [mm]	Rohdichte [kg/m³]	Lambda [W/(mK)]	Variable [d1] - Dämmung WLF 0,040				
				120 mm	140 mm	160 mm	180 mm	200 mm
WDVS [d2]	40	30	0,04	0,18	0,19	0,19	0,19	0,20
	60	30	0,04	0,18	0,18	0,19	0,19	0,19
	80	30	0,04	0,17	0,18	0,18	0,18	0,19
	100	30	0,04	0,17	0,17	0,17	0,18	0,18
	120	30	0,04	0,17	0,17	0,17	0,17	0,17

Variable [d3] - Perimeterdämmung 100 mm - 0,04 W/(mK)								
Variable	Dicke [mm]	Rohdichte [kg/m³]	Lambda [W/(mK)]	Variable [d1] - Dämmung WLF 0,040				
				120 mm	140 mm	160 mm	180 mm	200 mm
WDVS [d2]	40	30	0,04	0,17	0,17	0,17	0,18	0,18
	60	30	0,04	0,16	0,17	0,17	0,17	0,18
	80	30	0,04	0,16	0,16	0,16	0,17	0,17
	100	30	0,04	0,15	0,15	0,16	0,16	0,16
	120	30	0,04	0,15	0,15	0,15	0,15	0,16

2 / Kellerdecke
2-H-37 / Bild 37 - Holzbauart

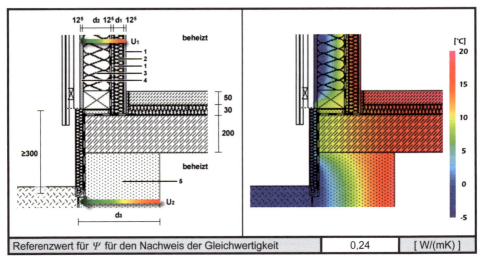

Referenzwert für Ψ für den Nachweis der Gleichwertigkeit		0,24	[W/(mK)]

Baustoffe:

Pos.	Bezeichnung	Dicke [mm]	Rohdichte [kg/m³]	Lambda [W/(mK)]
1	Gipsfaserplatte	25	1150	0,32
2	Dämmung WLF 0,040	Tabelle [d1]		
3	Dämmung WLF 0,040	Tabelle [d2]		
4	Gipsfaserplatte	12,5	1150	0,32
5	Mauerwerk	Tabelle [d3]		

U-Wert [U₁]:

Variable	Dicke [mm]	Rohdichte [kg/m³]	Lambda [W/(mK)]	U-Wert [U₁] [W/(m²K)]			
				Variable [d2] - Dämmung WLF 0,040				
				120 mm	140 mm	160 mm	180 mm	200 mm
Dämmung [d1]	40	30	0,04	0,23	0,21	0,19	0,17	0,16
	60	30	0,04	0,21	0,19	0,17	0,16	0,15

U-Wert [U₂]:

Variable	Dicke [mm]	Rohdichte [kg/m³]	Lambda [W/(mK)]	U-Wert [U₂] [W/(m²K)]
Mauerwerk [d3]	300	500	0,14	0,43
	365	500	0,14	0,35

Wärmebrückenverlustkoeffizient: (Ψ-Wert, außenmaßbezogen)

Variable	Dicke [mm]	Rohdichte [kg/m³]	Lambda [W/(mK)]	Variable [d3] - Mauerwerk 300 mm - 0,14 W/(mK)				
				Variable [d2] - Dämmung WLF 0,040				
				120 mm	140 mm	160 mm	180 mm	200 mm
Dämmung [d1]	40	30	0,04	0,33	0,34	0,34	0,34	0,34
	60	30	0,04	0,34	0,34	0,35	0,35	0,35

Variable	Dicke [mm]	Rohdichte [kg/m³]	Lambda [W/(mK)]	Variable [d3] - Mauerwerk 365 mm - 0,14 W/(mK)				
				Variable [d2] - Dämmung WLF 0,040				
				120 mm	140 mm	160 mm	180 mm	200 mm
Dämmung [d1]	40	30	0,04	0,33	0,33	0,33	0,34	0,34
	60	30	0,04	0,33	0,34	0,34	0,34	0,35

2 / Kellerdecke
2-H-37a / Bild 37a - Holzbauart

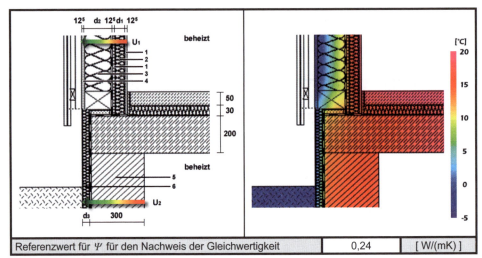

| Referenzwert für Ψ für den Nachweis der Gleichwertigkeit | 0,24 | [W/(mK)] |

Baustoffe:

Pos.	Bezeichnung	Dicke [mm]	Rohdichte [kg/m³]	Lambda [W/(mK)]
1	Gipsfaserplatte	25	1150	0,32
2	Dämmung WLF 0,040	Tabelle [d1]		
3	Dämmung WLF 0,040	Tabelle [d2]		
4	Gipsfaserplatte	12,5	1150	0,32
5	Kalksandstein	300	1800	0,99
6	Perimeterdämmung WLF 0,040	Tabelle [d3]		

U-Wert [U_1]:

				U-Wert [U_1] [W/(m²K)]				
Variable	Dicke [mm]	Rohdichte [kg/m³]	Lambda [W/(mK)]	Variable [d2] - Dämmung WLF 0,040				
				120 mm	140 mm	160 mm	180 mm	200 mm
Dämmung [d1]	40	150	0,04	0,23	0,21	0,19	0,17	0,16
	60	150	0,04	0,21	0,19	0,17	0,16	0,15

U-Wert [U_2]:

Variable	Dicke [mm]	Rohdichte [kg/m³]	Lambda [W/(mK)]	U-Wert [U_2] [W/(m²K)]
Perimeter- dämmung [d3]	60	150	0,04	0,50
	80	150	0,04	0,40
	100	150	0,04	0,33

Wärmebrückenverlustkoeffizient: (Ψ-Wert, außenmaßbezogen)

				Variable [d3] - Perimeterdämmung 60 mm - 0,04 W/(mK)				
Variable	Dicke [mm]	Rohdichte [kg/m³]	Lambda [W/(mK)]	Variable [d2] - Dämmung WLF 0,040				
				120 mm	140 mm	160 mm	180 mm	200 mm
Dämmung [d1]	40	150	0,04	0,31	0,31	0,32	0,32	0,32
	60	150	0,04	0,31	0,32	0,32	0,33	0,33

				Variable [d3] - Perimeterdämmung 80 mm - 0,04 W/(mK)				
Variable	Dicke [mm]	Rohdichte [kg/m³]	Lambda [W/(mK)]	Variable [d2] - Dämmung WLF 0,040				
				120 mm	140 mm	160 mm	180 mm	200 mm
Dämmung [d1]	40	150	0,04	0,34	0,34	0,34	0,34	0,35
	60	150	0,04	0,34	0,35	0,35	0,35	0,36

				Variable [d3] - Perimeterdämmung 100 mm - 0,04 W/(mK)				
Variable	Dicke [mm]	Rohdichte [kg/m³]	Lambda [W/(mK)]	Variable [d2] - Dämmung WLF 0,040				
				120 mm	140 mm	160 mm	180 mm	200 mm
Dämmung [d1]	40	150	0,04	0,34	0,34	0,34	0,35	0,35
	60	150	0,04	0,34	0,35	0,35	0,36	0,36

2 / Kellerdecke
2-H-37b / Bild 37b - Holzbauart

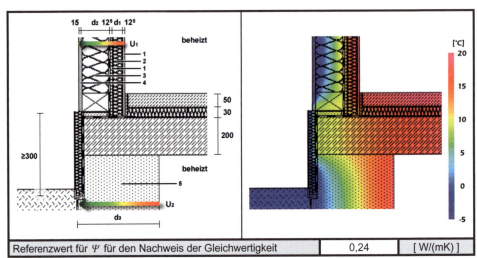

| Referenzwert für Ψ für den Nachweis der Gleichwertigkeit | 0,24 | [W/(mK)] |

Baustoffe:

Pos.	Bezeichnung	Dicke [mm]	Rohdichte [kg/m³]	Lambda [W/(mK)]
1	Gipsfaserplatte	25	1150	0,32
2	Dämmung WLF 0,040	Tabelle [d1]		
3	Dämmung WLF 0,040	Tabelle [d2]		
4	Powerpanel HD	15	1000	0,4
5	Mauerwerk	Tabelle [d3]		

Bauteilkatalog zum Beiblatt 2 der DIN 4108

U-Wert [U_1]:

Variable	Dicke [mm]	Rohdichte [kg/m³]	Lambda [W/(mK)]	\multicolumn{5}{	c	}{U-Wert [U_1] [W/(m²K)]}
				\multicolumn{5}{	c	}{Variable [d2] - Dämmung WLF 0,040}
				120 mm	140 mm	160 mm	180 mm	200 mm
Dämmung [d1]	40	30	0,04	0,23	0,21	0,19	0,17	0,16
	60	30	0,04	0,21	0,19	0,17	0,16	0,15

U-Wert [U_2]:

Variable	Dicke [mm]	Rohdichte [kg/m³]	Lambda [W/(mK)]	U-Wert [U_2] [W/(m²K)]
Mauerwerk [d3]	300	500	0,14	0,43
	365	500	0,14	0,35

Wärmebrückenverlustkoeffizient: (Ψ-Wert, außenmaßbezogen)

	\multicolumn{8}{	c	}{Variable [d3] - Mauerwerk 300 mm - 0,14 W/(mK)}
Variable	Dicke [mm]	Rohdichte [kg/m³]	Lambda [W/(mK)]	\multicolumn{5}{	c	}{Variable [d2] - Dämmung WLF 0,040}
				120 mm	140 mm	160 mm	180 mm	200 mm
Dämmung [d1]	40	30	0,04	0,33	0,34	0,34	0,34	0,34
	60	30	0,04	0,34	0,34	0,35	0,35	0,35

	\multicolumn{8}{	c	}{Variable [d3] - Mauerwerk 365 mm - 0,14 W/(mK)}
Variable	Dicke [mm]	Rohdichte [kg/m³]	Lambda [W/(mK)]	\multicolumn{5}{	c	}{Variable [d2] - Dämmung WLF 0,040}
				120 mm	140 mm	160 mm	180 mm	200 mm
Dämmung [d1]	40	30	0,04	0,33	0,33	0,33	0,34	0,34
	60	30	0,04	0,33	0,34	0,34	0,34	0,35

Bauteilkatalog zum Beiblatt 2 der DIN 4108

2 / Kellerdecke
2-H-37c / Bild 37c - Holzbauart

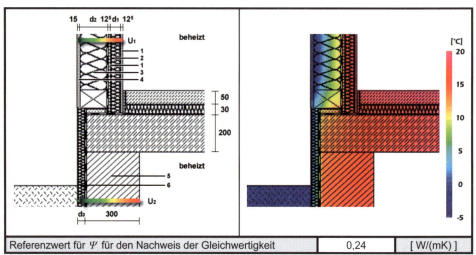

Referenzwert für Ψ für den Nachweis der Gleichwertigkeit		0,24	[W/(mK)]

Baustoffe:

Pos.	Bezeichnung	Dicke [mm]	Rohdichte [kg/m³]	Lambda [W/(mK)]
1	Gipsfaserplatte	25	1150	0,32
2	Dämmung WLF 0,040	Tabelle [d1]		
3	Dämmung WLF 0,040	Tabelle [d2]		
4	Powerpanel HD	15	1000	0,4
5	Kalksandstein	300	1800	0,99
6	Perimeterdämmung WLF 0,040	Tabelle [d3]		

U-Wert [U_1]:

Variable	Dicke [mm]	Rohdichte [kg/m³]	Lambda [W/(mK)]	Variable [d2] - Dämmung WLF 0,040 U-Wert [U_1] [W/(m²K)]				
				120 mm	140 mm	160 mm	180 mm	200 mm
Dämmung [d1]	40	30	0,04	0,23	0,21	0,19	0,17	0,16
	60	30	0,04	0,21	0,19	0,17	0,16	0,15

U-Wert [U_2]:

Variable	Dicke [mm]	Rohdichte [kg/m³]	Lambda [W/(mK)]	U-Wert [U_2] [W/(m²K)]
Perimeterdämmung [d3]	60	150	0,04	0,50
	80	150	0,04	0,40
	100	150	0,04	0,33

Wärmebrückenverlustkoeffizient: (Ψ-Wert, außenmaßbezogen)

Variable	Dicke [mm]	Rohdichte [kg/m³]	Lambda [W/(mK)]	Variable [d3] - Perimeterdämmung 60 mm - 0,04 W/(mK) Variable [d2] - Dämmung WLF 0,040				
				120 mm	140 mm	160 mm	180 mm	200 mm
Dämmung [d1]	40	150	0,04	0,31	0,31	0,32	0,32	0,32
	60	150	0,04	0,31	0,32	0,32	0,33	0,33

Variable	Dicke [mm]	Rohdichte [kg/m³]	Lambda [W/(mK)]	Variable [d3] - Perimeterdämmung 80 mm - 0,04 W/(mK) Variable [d2] - Dämmung WLF 0,040				
				120 mm	140 mm	160 mm	180 mm	200 mm
Dämmung [d1]	40	150	0,04	0,34	0,34	0,34	0,34	0,35
	60	150	0,04	0,34	0,35	0,35	0,35	0,36

Variable	Dicke [mm]	Rohdichte [kg/m³]	Lambda [W/(mK)]	Variable [d3] - Perimeterdämmung 100 mm - 0,04 W/(mK) Variable [d2] - Dämmung WLF 0,040				
				120 mm	140 mm	160 mm	180 mm	200 mm
Dämmung [d1]	40	150	0,04	0,34	0,34	0,34	0,35	0,35
	60	150	0,04	0,34	0,35	0,35	0,36	0,36

2 / Kellerdecke
2-H-38 / Bild 38 - Holzbauart

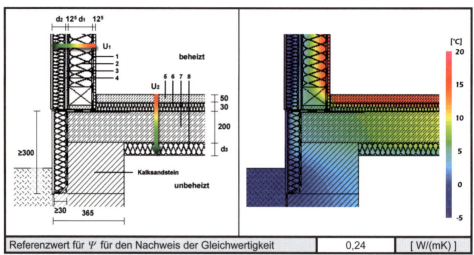

Referenzwert für Ψ' für den Nachweis der Gleichwertigkeit	0,24	[W/(mK)]

Baustoffe:

Pos.	Bezeichnung	Dicke [mm]	Rohdichte [kg/m³]	Lambda [W/(mK)]
1	Gipsfaserplatte	12,5	1150	0,32
2	Dämmung WLF 0,040	Tabelle [d1]		
3	Gipsfaserplatte	12,5	1150	0,32
4	WDVS WLF 0,040	Tabelle [d2]		
5	Estrich	50	2000	1,4
6	Estrichdämmung	30	150	0,04
7	Stahlbeton	200	2400	2,1
8	Perimeterdämmung WLF 0,040	Tabelle [d3]		

U-Wert [U_1]:

				U-Wert [U_1] [W/(m²K)]				
	Dicke	Rohdichte	Lambda	Variable [d1] - Dämmung WLF 0,040				
Variable	[mm]	[kg/m³]	[W/(mK)]	120 mm	140 mm	160 mm	180 mm	200 mm
WDVS [d2]	40	30	0,04	0,24	0,21	0,19	0,17	0,16
	60	30	0,04	0,21	0,19	0,17	0,16	0,15
	80	30	0,04	0,19	0,17	0,16	0,15	0,14
	100	30	0,04	0,17	0,16	0,15	0,14	0,13
	120	30	0,04	0,16	0,15	0,14	0,13	0,12

U-Wert [U_2]:

Variable	Dicke [mm]	Rohdichte [kg/m³]	Lambda [W/(mK)]	U-Wert [U_2] [W/(m²K)]
Perimeter-dämmung [d3]	40	150	0,04	0,48
	50	150	0,04	0,43
	60	150	0,04	0,39
	70	150	0,04	0,35

Wärmebrückenverlustkoeffizient: (Ψ-Wert, außenmaßbezogen)

				Variable [d2] - WDVS 40 mm - 0,04 W/(mK)				
	Dicke	Rohdichte	Lambda	Variable [d1] - Dämmung WLF 0,040				
Variable	[mm]	[kg/m³]	[W/(mK)]	120 mm	140 mm	160 mm	180 mm	200 mm
Perimeter-dämmung [d3]	40	150	0,04	0,05	0,05	0,05	0,05	0,04
	50	150	0,04	0,07	0,07	0,07	0,07	0,07
	60	150	0,04	0,09	0,09	0,09	0,09	0,09
	70	150	0,04	0,10	0,10	0,10	0,10	0,10

				Variable [d2] - WDVS 60 mm - 0,04 W/(mK)				
	Dicke	Rohdichte	Lambda	Variable [d1] - Dämmung WLF 0,040				
Variable	[mm]	[kg/m³]	[W/(mK)]	120 mm	140 mm	160 mm	180 mm	200 mm
Perimeter-dämmung [d3]	40	150	0,04	0,05	0,05	0,05	0,04	0,04
	50	150	0,04	0,07	0,07	0,07	0,06	0,06
	60	150	0,04	0,09	0,09	0,09	0,09	0,08
	70	150	0,04	0,10	0,10	0,10	0,10	0,10

				Variable [d2] - WDVS 80 mm - 0,04 W/(mK)				
	Dicke	Rohdichte	Lambda	Variable [d1] - Dämmung WLF 0,040				
Variable	[mm]	[kg/m³]	[W/(mK)]	120 mm	140 mm	160 mm	180 mm	200 mm
Perimeter-dämmung [d3]	40	150	0,04	0,05	0,05	0,04	0,04	0,04
	50	150	0,04	0,07	0,07	0,07	0,06	0,06
	60	150	0,04	0,09	0,09	0,09	0,08	0,08
	70	150	0,04	0,11	0,10	0,10	0,10	0,10

				Variable [d2] - WDVS 100 mm - 0,04 W/(mK)				
	Dicke	Rohdichte	Lambda	Variable [d1] - Dämmung WLF 0,040				
Variable	[mm]	[kg/m³]	[W/(mK)]	120 mm	140 mm	160 mm	180 mm	200 mm
Perimeter-dämmung [d3]	40	150	0,04	0,05	0,05	0,04	0,04	0,04
	50	150	0,04	0,07	0,07	0,06	0,06	0,06
	60	150	0,04	0,09	0,09	0,09	0,08	0,08
	70	150	0,04	0,11	0,11	0,10	0,10	0,10

				Variable [d2] - WDVS 120 mm - 0,04 W/(mK)				
	Dicke	Rohdichte	Lambda	Variable [d1] - Dämmung WLF 0,040				
Variable	[mm]	[kg/m³]	[W/(mK)]	120 mm	140 mm	160 mm	180 mm	200 mm
Perimeter-dämmung [d3]	40	150	0,04	0,05	0,05	0,04	0,04	0,03
	50	150	0,04	0,07	0,07	0,06	0,06	0,05
	60	150	0,04	0,10	0,09	0,09	0,08	0,08
	70	150	0,04	0,11	0,11	0,10	0,10	0,10

2 / Kellerdecke
2-H-39 / Bild 39 - Holzbauart

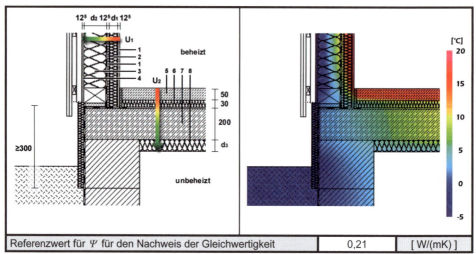

Referenzwert für Ψ für den Nachweis der Gleichwertigkeit	0,21	[W/(mK)]

Baustoffe:

Pos.	Bezeichnung	Dicke [mm]	Rohdichte [kg/m³]	Lambda [W/(mK)]
1	Gipsfaserplatte	25	1150	0,32
2	Dämmung WLF 0,040	Tabelle [d1]		
3	Dämmung WLF 0,040	Tabelle [d2]		
4	Gipsfaserplatte	12,5	1150	0,32
5	Estrich	50	2000	1,4
6	Estrichdämmung	30	150	0,04
7	Stahlbeton	200	2400	2,1
8	Perimeterdämmung WLF 0,040	Tabelle [d3]		

U-Wert [U_1]:

Variable	Dicke [mm]	Rohdichte [kg/m³]	Lambda [W/(mK)]	U-Wert [U_1] [W/(m²K)]				
				Variable [d2] - Dämmung WLF 0,040				
				120 mm	140 mm	160 mm	180 mm	200 mm
Dämmung [d1]	40	30	0,04	0,23	0,21	0,19	0,17	0,16
	60	30	0,04	0,21	0,19	0,17	0,16	0,15

U-Wert [U_2]:

Variable	Dicke [mm]	Rohdichte [kg/m³]	Lambda [W/(mK)]	U-Wert [U_2] [W/(m²K)]
Perimeter-dämmung [d3]	40	150	0,04	0,48
	50	150	0,04	0,43
	60	150	0,04	0,39
	70	150	0,04	0,35

Wärmebrückenverlustkoeffizient: (Ψ-Wert, außenmaßbezogen)

Variable	Dicke [mm]	Rohdichte [kg/m³]	Lambda [W/(mK)]	Variable [d1] - Dämmung 40 mm - 0,04 W/(mK)				
				Variable [d2] - Dämmung WLF 0,040				
				120 mm	140 mm	160 mm	180 mm	200 mm
Perimeter-dämmung [d3]	40	150	0,04	0,05	0,05	0,05	0,05	0,04
	50	150	0,04	0,07	0,07	0,07	0,07	0,07
	60	150	0,04	0,09	0,09	0,09	0,09	0,09
	70	150	0,04	0,11	0,11	0,11	0,11	0,11

Variable	Dicke [mm]	Rohdichte [kg/m³]	Lambda [W/(mK)]	Variable [d1] - Dämmung 60 mm - 0,04 W/(mK)				
				Variable [d2] - Dämmung WLF 0,040				
				120 mm	140 mm	160 mm	180 mm	200 mm
Perimeter-dämmung [d3]	40	150	0,04	0,05	0,05	0,05	0,04	0,04
	50	150	0,04	0,07	0,07	0,07	0,07	0,07
	60	150	0,04	0,09	0,09	0,09	0,09	0,09
	70	150	0,04	0,11	0,11	0,11	0,11	0,11

2 / Kellerdecke
2-H-39a / Bild 39a - Holzbauart

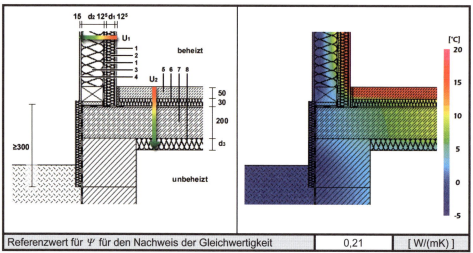

Referenzwert für Ψ für den Nachweis der Gleichwertigkeit	0,21	[W/(mK)]

Baustoffe:

Pos.	Bezeichnung	Dicke [mm]	Rohdichte [kg/m³]	Lambda [W/(mK)]
1	Gipsfaserplatte	25	1150	0,32
2	Dämmung WLF 0,040	Tabelle [d1]		
3	Dämmung WLF 0,040	Tabelle [d2]		
4	Powerpanel HD	15	1000	0,4
5	Estrich	50	2000	1,4
6	Estrichdämmung	30	150	0,04
7	Stahlbeton	200	2400	2,1
8	Perimeterdämmung WLF 0,040	Tabelle [d3]		

U-Wert [U_1]:

Variable	Dicke [mm]	Rohdichte [kg/m³]	Lambda [W/(mK)]	\multicolumn{5}{c	}{U-Wert [U_1] [W/(m²K)]}
				\multicolumn{5}{c	}{Variable [d2] - Dämmung WLF 0,040}
				120 mm	140 mm	160 mm	180 mm	200 mm
Dämmung [d1]	40	30	0,04	0,23	0,21	0,19	0,17	0,16
	60	30	0,04	0,21	0,19	0,17	0,16	0,15

U-Wert [U_2]:

Variable	Dicke [mm]	Rohdichte [kg/m³]	Lambda [W/(mK)]	U-Wert [U_2] [W/(m²K)]
Perimeter-dämmung [d3]	40	150	0,04	0,48
	50	150	0,04	0,43
	60	150	0,04	0,39
	70	150	0,04	0,35

Wärmebrückenverlustkoeffizient: (Ψ-Wert, außenmaßbezogen)

	\multicolumn{8}{c	}{Variable [d1] - Dämmung 40 mm - 0,04 W/(mK)}
Variable	Dicke [mm]	Rohdichte [kg/m³]	Lambda [W/(mK)]	\multicolumn{5}{c	}{Variable [d2] - Dämmung WLF 0,040}
				120 mm	140 mm	160 mm	180 mm	200 mm
Perimeter-dämmung [d3]	40	150	0,04	0,05	0,05	0,05	0,05	0,04
	50	150	0,04	0,07	0,07	0,07	0,07	0,07
	60	150	0,04	0,09	0,09	0,09	0,09	0,09
	70	150	0,04	0,11	0,11	0,11	0,11	0,11

	\multicolumn{8}{c	}{Variable [d1] - Dämmung 60 mm - 0,04 W/(mK)}
Variable	Dicke [mm]	Rohdichte [kg/m³]	Lambda [W/(mK)]	\multicolumn{5}{c	}{Variable [d2] - Dämmung WLF 0,040}
				120 mm	140 mm	160 mm	180 mm	200 mm
Perimeter-dämmung [d3]	40	150	0,04	0,05	0,05	0,05	0,04	0,04
	50	150	0,04	0,07	0,07	0,07	0,07	0,07
	60	150	0,04	0,09	0,09	0,09	0,09	0,09
	70	150	0,04	0,11	0,11	0,11	0,11	0,11

2 / Kellerdecke
2-H-M06a / Bild M06a - Holzbauart

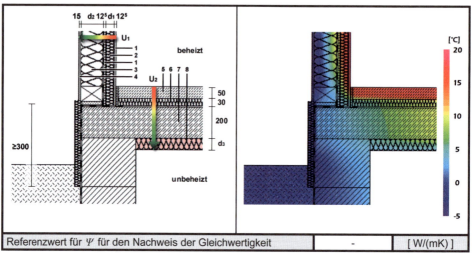

Referenzwert für Ψ für den Nachweis der Gleichwertigkeit		-	[W/(mK)]

Baustoffe:

Pos.	Bezeichnung	Dicke [mm]	Rohdichte [kg/m³]	Lambda [W/(mK)]
1	Gipsfaserplatte	25	1150	0,32
2	Dämmung WLF 0,040	Tabelle [d1]		
3	Dämmung WLF 0,040	Tabelle [d2]		
4	Powerpanel HD	15	1000	0,4
5	Estrich	50	2000	1,4
6	Estrichdämmung	30	150	0,04
7	Stahlbeton	200	2400	2,1
8	Dämmplatte WLF 0,045	Tabelle [d3]		

U-Wert [U_1]:

Variable	Dicke [mm]	Rohdichte [kg/m³]	Lambda [W/(mK)]	\multicolumn{5}{c}{U-Wert [U_1] [W/(m²K)]}				
				\multicolumn{5}{c}{Variable [d2] - Dämmung WLF 0,040}				
				120 mm	140 mm	160 mm	180 mm	200 mm
Dämmung [d1]	40	30	0,04	0,23	0,21	0,19	0,17	0,16
	60	30	0,04	0,21	0,19	0,17	0,16	0,15

U-Wert [U_2]:

Variable	Dicke [mm]	Rohdichte [kg/m³]	Lambda [W/(mK)]	U-Wert [U_2] [W/(m²K)]
Dämmplatte [d3]	60	150	0,045	0,41
	80	150	0,045	0,35
	100	150	0,045	0,30
	120	150	0,045	0,27

Wärmebrückenverlustkoeffizient: (Ψ-Wert, außenmaßbezogen)

Variable	Dicke [mm]	Rohdichte [kg/m³]	Lambda [W/(mK)]	\multicolumn{5}{c}{Variable [d1] - Dämmung 40 mm - 0,04 W/(mK)}				
				\multicolumn{5}{c}{Variable [d2] - Dämmung WLF 0,040}				
				120 mm	140 mm	160 mm	180 mm	200 mm
Dämmplatte [d3]	60	150	0,045	0,12	0,12	0,12	0,12	0,12
	80	150	0,045	0,14	0,14	0,14	0,14	0,14
	100	150	0,045	0,17	0,17	0,17	0,17	0,17
	120	150	0,045	0,19	0,19	0,19	0,19	0,19

Variable	Dicke [mm]	Rohdichte [kg/m³]	Lambda [W/(mK)]	\multicolumn{5}{c}{Variable [d1] - Dämmung 60 mm - 0,04 W/(mK)}				
				\multicolumn{5}{c}{Variable [d2] - Dämmung WLF 0,040}				
				120 mm	140 mm	160 mm	180 mm	200 mm
Dämmplatte [d3]	60	150	0,045	0,12	0,12	0,11	0,11	0,11
	80	150	0,045	0,15	0,14	0,14	0,13	0,13
	100	150	0,045	0,17	0,16	0,16	0,16	0,15
	120	150	0,045	0,19	0,19	0,18	0,18	0,18

2 / Kellerdecke
2-H-F04a / Bild F04a - Holzbauart

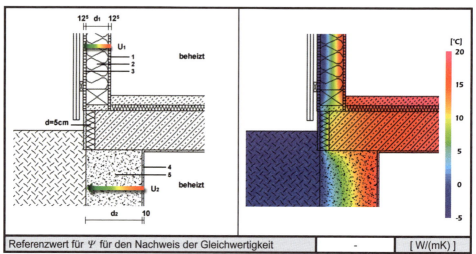

Referenzwert für Ψ für den Nachweis der Gleichwertigkeit		-	[W/(mK)]

Baustoffe:

Pos.	Bezeichnung	Dicke [mm]	Rohdichte [kg/m³]	Lambda [W/(mK)]
1	Gipsfaserplatte	12,5	1150	0,32
2	Dämmung WLF 0,040	Tabelle [d1]		
3	Gipsfaserplatte	12,5	1150	0,32
4	Innenputz	10	1800	0.35
5	Mauerwerk	Tabelle [d2]		

Bauteilkatalog zum Beiblatt 2 der DIN 4108

U-Wert [U_1]:

Variable	Dicke [mm]	Rohdichte [kg/m³]	Lambda [W/(mK)]	U-Wert [U_1] [W/(m²K)]
Dämmung [d1]	120	150	0,04	0,31
	140	150	0,04	0,27
	160	150	0,04	0,24
	180	150	0,04	0,21
	200	150	0,04	0,19

U-Wert [U_2]:

Variable	Dicke [mm]	Rohdichte [kg/m³]	Lambda [W/(mK)]	U-Wert [U_2] [W/(m²K)]
Mauerwerk [d2]	300	500	0,14	0,42
	365	500	0,14	0,35

Wärmebrückenverlustkoeffizient: (Ψ-Wert, außenmaßbezogen)

Variable	Dicke [mm]	Rohdichte [kg/m³]	Lambda [W/(mK)]	Variable [d1] - Dämmung WLF 0,040				
				120 mm	140 mm	160 mm	180 mm	200 mm
Mauerwerk [d2]	300	500	0,14	0,35	0,35	0,35	0,36	0,36
	365	500	0,14	0,35	0,35	0,35	0,35	0,35

2 / Kellerdecke
2-H-F04b / Bild F04b - Holzbauart

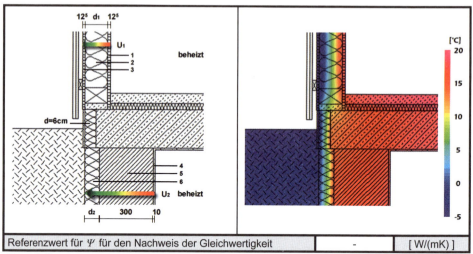

Referenzwert für Ψ für den Nachweis der Gleichwertigkeit		-	[W/(mK)]

Baustoffe:

Pos.	Bezeichnung	Dicke [mm]	Rohdichte [kg/m³]	Lambda [W/(mK)]
1	Gipsfaserplatte	12,5	1150	0,32
2	Dämmung WLF 0,040	Tabelle [d1]		
3	Gipsfaserplatte	12,5	1150	0,32
4	Innenputz	10	1800	0.35
5	Kalksandstein	300	1800	0,99
6	Perimeterdämmung WLF 0,040	Tabelle [d2]		

U-Wert [U_1]:

Variable	Dicke [mm]	Rohdichte [kg/m³]	Lambda [W/(mK)]	U-Wert [U_1] [W/(m²K)]
Dämmung [d1]	120	150	0,04	0,31
	140	150	0,04	0,27
	160	150	0,04	0,24
	180	150	0,04	0,21
	200	150	0,04	0,19

U-Wert [U_2]:

Variable	Dicke [mm]	Rohdichte [kg/m³]	Lambda [W/(mK)]	U-Wert [U_2] [W/(m²K)]
Perimeter-dämmung [d2]	60	150	0,04	0,49
	80	150	0,04	0,39
	100	150	0,04	0,33

Wärmebrückenverlustkoeffizient: (Ψ-Wert, außenmaßbezogen)

Variable	Dicke [mm]	Rohdichte [kg/m³]	Lambda [W/(mK)]	Variable [d1] - Dämmung WLF 0,040				
				120 mm	140 mm	160 mm	180 mm	200 mm
Perimeter-dämmung [d2]	60	150	0,04	0,30	0,30	0,30	0,30	0,31
	80	150	0,04	0,30	0,30	0,30	0,31	0,31
	100	150	0,04	0,30	0,30	0,31	0,31	0,31

2 / Kellerdecke
2-H-F04c / Bild F04c - Holzbauart

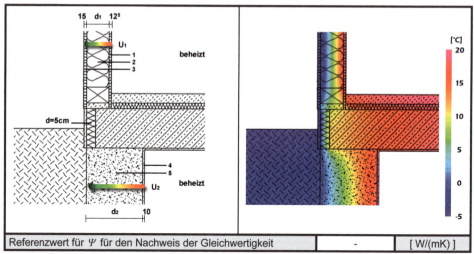

| Referenzwert für Ψ für den Nachweis der Gleichwertigkeit | | - | [W/(mK)] |

Baustoffe:

Pos.	Bezeichnung	Dicke [mm]	Rohdichte [kg/m³]	Lambda [W/(mK)]
1	Gipsfaserplatte	12,5	1150	0,32
2	Dämmung WLF 0,040	Tabelle [d1]		
3	Powerpanel HD	15	1000	0,4
4	Innenputz	10	1800	0.35
5	Mauerwerk	Tabelle [d2]		

U-Wert [U_1]:

Variable	Dicke [mm]	Rohdichte [kg/m³]	Lambda [W/(mK)]	U-Wert [U_1] [W/(m²K)]
Dämmung [d1]	120	150	0,04	0,31
	140	150	0,04	0,27
	160	150	0,04	0,24
	180	150	0,04	0,21
	200	150	0,04	0,19

U-Wert [U_2]:

Variable	Dicke [mm]	Rohdichte [kg/m³]	Lambda [W/(mK)]	U-Wert [U_2] [W/(m²K)]
Mauerwerk [d2]	300	500	0,14	0,42
	365	500	0,14	0,35

Wärmebrückenverlustkoeffizient: (Ψ-Wert, außenmaßbezogen)

Variable	Dicke [mm]	Rohdichte [kg/m³]	Lambda [W/(mK)]	Variable [d1] - Dämmung WLF 0,040				
				120 mm	140 mm	160 mm	180 mm	200 mm
Mauerwerk [d2]	300	500	0,14	0,35	0,35	0,35	0,36	0,36
	365	500	0,14	0,35	0,35	0,35	0,35	0,35

Bauteilkatalog zum Beiblatt 2 der DIN 4108

2 / Kellerdecke
2-H-F04d / Bild F04d - Holzbauart

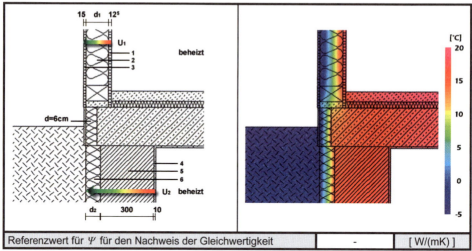

Referenzwert für Ψ für den Nachweis der Gleichwertigkeit	-	[W/(mK)]

Baustoffe:

Pos.	Bezeichnung	Dicke [mm]	Rohdichte [kg/m³]	Lambda [W/(mK)]
1	Gipsfaserplatte	12,5	1150	0,32
2	Dämmung WLF 0,040	Tabelle [d1]		
3	Powerpanel HD	15	1000	0,4
4	Innenputz	10	1800	0.35
5	Kalksandstein	300	1800	0,99
6	Perimeterdämmung WLF 0,040	Tabelle [d2]		

U-Wert [U_1]:

Variable	Dicke [mm]	Rohdichte [kg/m³]	Lambda [W/(mK)]	U-Wert [U_1] [W/(m²K)]
Dämmung [d1]	120	150	0,04	0,31
	140	150	0,04	0,27
	160	150	0,04	0,24
	180	150	0,04	0,21
	200	150	0,04	0,19

U-Wert [U_2]:

Variable	Dicke [mm]	Rohdichte [kg/m³]	Lambda [W/(mK)]	U-Wert [U_2] [W/(m²K)]
Perimeter-dämmung [d2]	60	150	0,04	0,49
	80	150	0,04	0,39
	100	150	0,04	0,33

Wärmebrückenverlustkoeffizient: (Ψ-Wert, außenmaßbezogen)

Variable	Dicke [mm]	Rohdichte [kg/m³]	Lambda [W/(mK)]	Variable [d1] - Dämmung WLF 0,040				
				120 mm	140 mm	160 mm	180 mm	200 mm
Perimeter-dämmung [d2]	60	150	0,04	0,30	0,30	0,30	0,30	0,31
	80	150	0,04	0,30	0,30	0,30	0,31	0,31
	100	150	0,04	0,30	0,30	0,31	0,31	0,31

2 / Kellerdecke
2-H-F05 / Bild F05 - Holzbauart

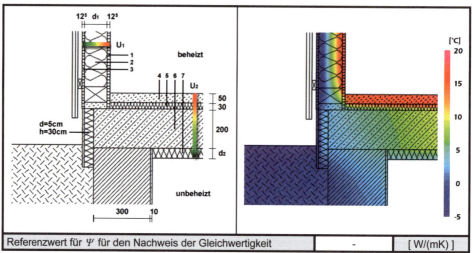

| Referenzwert für Ψ für den Nachweis der Gleichwertigkeit | - | [W/(mK)] |

Baustoffe:

Pos.	Bezeichnung	Dicke [mm]	Rohdichte [kg/m³]	Lambda [W/(mK)]
1	Gipsfaserplatte	12,5	1150	0,32
2	Dämmung WLF 0,040	Tabelle [d1]		
3	Gipsfaserplatte	12,5	1150	0,32
4	Estrich	50	2000	1,4
5	Estrichdämmung WLF 0,040	30	150	0,04
6	Stahlbeton	200	2400	2,1
7	Perimeterdämmung WLF 0,040	Tabelle [d2]		

Bauteilkatalog zum Beiblatt 2 der DIN 4108

U-Wert [U_1]:

Variable	Dicke [mm]	Rohdichte [kg/m³]	Lambda [W/(mK)]	U-Wert [U_1] [W/(m²K)]
Dämmung [d1]	120	150	0,04	0,31
	140	150	0,04	0,27
	160	150	0,04	0,24
	180	150	0,04	0,21
	200	150	0,04	0,19

U-Wert [U_2]:

Variable	Dicke [mm]	Rohdichte [kg/m³]	Lambda [W/(mK)]	U-Wert [U_2] [W/(m²K)]
Perimeter-dämmung [d2]	40	150	0,04	0,48
	50	150	0,04	0,43
	60	150	0,04	0,39
	70	150	0,04	0,35

Wärmebrückenverlustkoeffizient: (Ψ-Wert, außenmaßbezogen)

Variable	Dicke [mm]	Rohdichte [kg/m³]	Lambda [W/(mK)]	Variable [d1] - Dämmung WLF 0,040				
				120 mm	140 mm	160 mm	180 mm	200 mm
Perimeter-dämmung [d2]	40	150	0,04	0,07	0,08	0,08	0,08	0,08
	50	150	0,04	0,09	0,10	0,10	0,10	0,10
	60	150	0,04	0,11	0,11	0,12	0,12	0,12
	70	150	0,04	0,13	0,13	0,13	0,13	0,14

2 / Kellerdecke
2-H-F05a / Bild F05a - Holzbauart

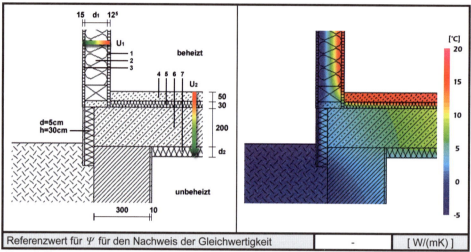

Referenzwert für Ψ für den Nachweis der Gleichwertigkeit	-	[W/(mK)]

Baustoffe:

Pos.	Bezeichnung	Dicke [mm]	Rohdichte [kg/m³]	Lambda [W/(mK)]
1	Gipsfaserplatte	12,5	1150	0,32
2	Dämmung WLF 0,040	Tabelle [d1]		
3	Powerpanel HD	15	1000	0,4
4	Estrich	50	2000	1,4
5	Estrichdämmung WLF 0,040	30	150	0,04
6	Stahlbeton	200	2400	2,1
7	Perimeterdämmung WLF 0,040	Tabelle [d2]		

U-Wert [U_1]:

Variable	Dicke [mm]	Rohdichte [kg/m³]	Lambda [W/(mK)]	U-Wert [U_1] [W/(m²K)]
Dämmung [d1]	120	150	0,04	0,31
	140	150	0,04	0,27
	160	150	0,04	0,24
	180	150	0,04	0,21
	200	150	0,04	0,19

U-Wert [U_2]:

Variable	Dicke [mm]	Rohdichte [kg/m³]	Lambda [W/(mK)]	U-Wert [U_2] [W/(m²K)]
Perimeter-dämmung [d2]	40	150	0,04	0,48
	50	150	0,04	0,43
	60	150	0,04	0,39
	70	150	0,04	0,35

Wärmebrückenverlustkoeffizient: (Ψ-Wert, außenmaßbezogen)

Variable	Dicke [mm]	Rohdichte [kg/m³]	Lambda [W/(mK)]	Variable [d1] - Dämmung WLF 0,040				
				120 mm	140 mm	160 mm	180 mm	200 mm
Perimeter-dämmung [d2]	40	150	0,04	0,07	0,08	0,08	0,08	0,08
	50	150	0,04	0,09	0,10	0,10	0,10	0,10
	60	150	0,04	0,11	0,11	0,12	0,12	0,12
	70	150	0,04	0,13	0,13	0,13	0,13	0,14

2 / Kellerdecke
2-H-F06 / Bild F06 - Holzbauart

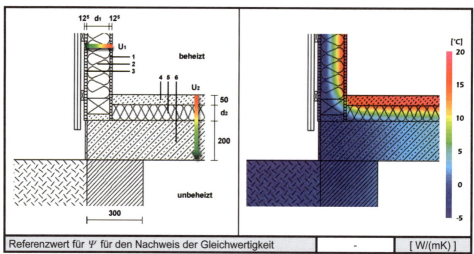

Referenzwert für Ψ für den Nachweis der Gleichwertigkeit		-	[W/(mK)]

Baustoffe:

Pos.	Bezeichnung	Dicke [mm]	Rohdichte [kg/m³]	Lambda [W/(mK)]
1	Gipsfaserplatte	12,5	1150	0,32
2	Dämmung WLF 0,040	Tabelle [d1]		
3	Gipsfaserplatte	12,5	1150	0,32
4	Estrich	50	2000	1,4
5	Estrichdämmung	Tabelle [d2]		
6	Stahlbeton	200	2400	2,1

U-Wert [U_1]:

Variable	Dicke [mm]	Rohdichte [kg/m³]	Lambda [W/(mK)]	U-Wert [U_1] [W/(m²K)]
Dämmung [d1]	120	150	0,04	0,31
	140	150	0,04	0,27
	160	150	0,04	0,24
	180	150	0,04	0,21
	200	150	0,04	0,19

U-Wert [U_2]:

Variable	Dicke [mm]	Rohdichte [kg/m³]	Lambda [W/(mK)]	U-Wert [U_2] [W/(m²K)]
Estrich-dämmung [d2]	60	150	0,04	0,54
	80	150	0,04	0,43
	100	150	0,04	0,35

Wärmebrückenverlustkoeffizient: (Ψ-Wert, außenmaßbezogen)

Variable	Dicke [mm]	Rohdichte [kg/m³]	Lambda [W/(mK)]	Variable [d1] - Dämmung WLF 0,040				
				120 mm	140 mm	160 mm	180 mm	200 mm
Estrich-dämmung [d2]	60	150	0,04	0,00	-0,01	-0,01	-0,01	-0,01
	80	150	0,04	-0,02	-0,02	-0,02	-0,02	-0,02
	100	150	0,04	-0,04	-0,04	-0,04	-0,04	-0,03

Bauteilkatalog zum Beiblatt 2 der DIN 4108

2 / Kellerdecke
2-H-F06a / Bild F06a - Holzbauart

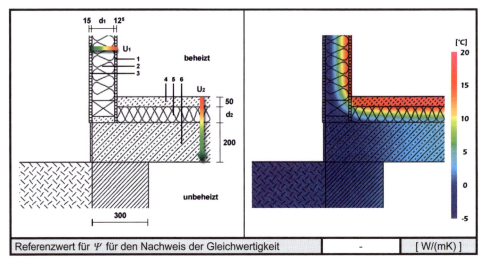

Referenzwert für Ψ für den Nachweis der Gleichwertigkeit		-	[W/(mK)]

Baustoffe:

Pos.	Bezeichnung	Dicke [mm]	Rohdichte [kg/m³]	Lambda [W/(mK)]
1	Gipsfaserplatte	12,5	1150	0,32
2	Dämmung WLF 0,040	Tabelle [d1]		
3	Powerpanel HD	15	1000	0,4
4	Estrich	50	2000	1,4
5	Estrichdämmung	Tabelle [d2]		
6	Stahlbeton	200	2400	2,1

U-Wert [U_1]:

Variable	Dicke [mm]	Rohdichte [kg/m³]	Lambda [W/(mK)]	U-Wert [U_1] [W/(m²K)]
Dämmung [d1]	120	150	0,04	0,31
	140	150	0,04	0,27
	160	150	0,04	0,24
	180	150	0,04	0,21
	200	150	0,04	0,19

U-Wert [U_2]:

Variable	Dicke [mm]	Rohdichte [kg/m³]	Lambda [W/(mK)]	U-Wert [U_2] [W/(m²K)]
Estrich-dämmung [d2]	60	150	0,04	0,54
	80	150	0,04	0,43
	100	150	0,04	0,35

Wärmebrückenverlustkoeffizient: (Ψ-Wert, außenmaßbezogen)

Variable	Dicke [mm]	Rohdichte [kg/m³]	Lambda [W/(mK)]	Variable [d1] - Dämmung WLF 0,040				
				120 mm	140 mm	160 mm	180 mm	200 mm
Estrich-dämmung [d2]	60	150	0,04	0,00	-0,01	-0,01	-0,01	-0,01
	80	150	0,04	-0,02	-0,02	-0,02	-0,02	-0,02
	100	150	0,04	-0,04	-0,04	-0,04	-0,04	-0,03

3 / Fensterbrüstung
3-M-42 / Bild 42 - monolithisches Mauerwerk

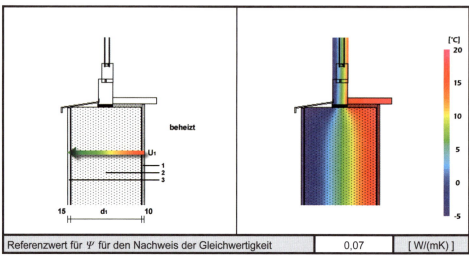

| Referenzwert für Ψ für den Nachweis der Gleichwertigkeit | 0,07 | [W/(mK)] |

Baustoffe:

Pos.	Bezeichnung	Dicke [mm]	Rohdichte [kg/m³]	Lambda [W/(mK)]
1	Innenputz	10	1800	0,35
2	Mauerwerk		Tabelle [d1]	
3	Außenputz	15	1300	0,2

Bemerkungen:

Lage des Fensters im mittleren Drittel der Wand zulässig. Der Ψ-Wert ist für mittigen Einbau angegeben. Die Fuge zwischen Blendrahmen und Baukörper ist mit Dämmstoff (≥ 10 mm) auszufüllen.

U-Wert [U_1]:

Variable	Dicke [mm]	Rohdichte [kg/m³]	Lambda [W/(mK)]	U-Wert [U_1] [W/(m²K)]
Mauerwerk [d1]	240	350	0,09	0,34
	300	350	0,09	0,28
	365	350	0,09	0,23
	240	400	0,10	0,37
	300	400	0,10	0,31
	365	400	0,10	0,25
	240	450	0,12	0,44
	300	450	0,12	0,36
	365	450	0,12	0,30
	240	500	0,14	0,50
	300	500	0,14	0,41
	365	500	0,14	0,35
	240	550	0,16	0,56
	300	550	0,16	0,47
	365	550	0,16	0,39

Wärmebrückenverlustkoeffizient: (Ψ-Wert, außenmaßbezogen)

Variable	Dicke [mm]	Rohdichte [kg/m³]	Lambda [W/(mK)]	Wärmebrückenverlustkoeffizient
Mauerwerk [d1]	240	350	0,09	0,03
	300	350	0,09	0,03
	365	350	0,09	0,04
	240	400	0,10	0,03
	300	400	0,10	0,04
	365	400	0,10	0,04
	240	450	0,12	0,03
	300	450	0,12	0,04
	365	450	0,12	0,05
	240	500	0,14	0,04
	300	500	0,14	0,04
	365	500	0,14	0,05
	240	550	0,16	0,04
	300	550	0,16	0,04
	365	550	0,16	0,06

3 / Fensterbrüstung
3-A-43 / Bild 43 - außengedämmtes Mauerwerk

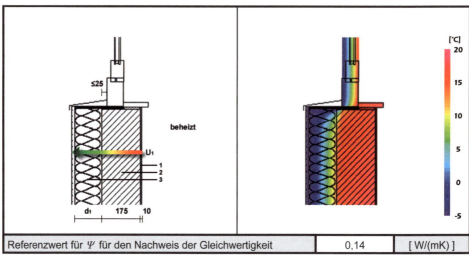

Referenzwert für Ψ für den Nachweis der Gleichwertigkeit	0,14	[W/(mK)]

Baustoffe:

Pos.	Bezeichnung	Dicke [mm]	Rohdichte [kg/m³]	Lambda [W/(mK)]
1	Innenputz	10	1800	0,35
2	Kalksandstein	175	1800	0,99
3	Wärmedämmverbundsystem	Tabelle [d1]		

Bemerkungen:

Die Fuge zwischen Blendrahmen und Baukörper ist mit Dämmstoff (≥ 10 mm) auszufüllen.

U-Wert [*U*₁]:

Variable	Dicke [mm]	Rohdichte [kg/m³]	Lambda [W/(mK)]	*U*-Wert [*U*₁] [W/(m²K)]
WDVS [d₁]	100	150	0,04	0,35
	120	150	0,04	0,30
	140	150	0,04	0,26
	160	150	0,04	0,23
	100	150	0,045	0,38
	120	150	0,045	0,33
	140	150	0,045	0,29
	160	150	0,045	0,25

Wärmebrückenverlustkoeffizient: (Ψ-Wert, außenmaßbezogen)

Variable	Dicke [mm]	Rohdichte [kg/m³]	Lambda [W/(mK)]	Wärmebrückenverlustkoeffizient
WDVS [d₁]	100	150	0,04	0,09
	120	150	0,04	0,10
	140	150	0,04	0,10
	160	150	0,04	0,11
	100	150	0,045	0,09
	120	150	0,045	0,10
	140	150	0,045	0,11
	160	150	0,045	0,11

3 / Fensterbrüstung
3-K-44 / Bild 44 - kerngedämmtes Mauerwerk

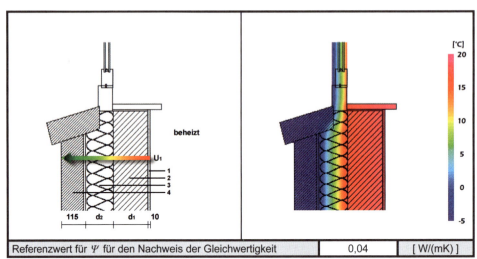

Referenzwert für Ψ für den Nachweis der Gleichwertigkeit	0,04	[W/(mK)]

Baustoffe:

Pos.	Bezeichnung	Dicke [mm]	Rohdichte [kg/m³]	Lambda [W/(mK)]
1	Innenputz	10	1800	0,35
2	Mauerwerk		Tabelle [d1]	
3	Kerndämmung		Tabelle [d2]	
4	Verblendmauerwerk	115	2000	0,96

U-Wert [U_1]:

				U-Wert [U_1] [W/(m²K)]			
Variable	Dicke [mm]	Rohdichte [kg/m³]	Lambda [W/(mK)]	Variable [d_1] - 175 mm			
				Kalksand-stein	Mauer-werk 0,10 W/(mK)	Mauer-werk 0,12 W/(mK)	Mauer-werk 0,14 W/(mK)
Kerndäm-mung [d2]	100	150	0,04	0,33	0,22	0,23	0,25
	120	150	0,04	0,29	0,20	0,21	0,22
	140	150	0,04	0,25	0,18	0,19	0,20

Wärmebrückenverlustkoeffizient: (Ψ-Wert, außenmaßbezogen)

Variable	Dicke [mm]	Rohdichte [kg/m³]	Lambda [W/(mK)]	Variable [d_1] - Kalksandstein 175 mm - 0,99 W/(mK)
Kerndäm-mung [d2]	100	150	0,04	0,02
	120	150	0,04	0,03
	140	150	0,04	0,03

Variable	Dicke [mm]	Rohdichte [kg/m³]	Lambda [W/(mK)]	Variable [d_1] - Mauerwerk 175 mm - 0,10 W/(mK)
Kerndäm-mung [d2]	100	150	0,04	0,02
	120	150	0,04	0,02
	140	150	0,04	0,02

Variable	Dicke [mm]	Rohdichte [kg/m³]	Lambda [W/(mK)]	Variable [d_1] - Mauerwerk 175 mm - 0,12 W/(mK)
Kerndäm-mung [d2]	100	150	0,04	0,02
	120	150	0,04	0,02
	140	150	0,04	0,02

Variable	Dicke [mm]	Rohdichte [kg/m³]	Lambda [W/(mK)]	Variable [d_1] - Mauerwerk 175 mm - 0,14 W/(mK)
Kerndäm-mung [d2]	100	150	0,04	0,02
	120	150	0,04	0,02
	140	150	0,04	0,02

3 / Fensterbrüstung
3-K-45 / Bild 45 - kerngedämmtes Mauerwerk

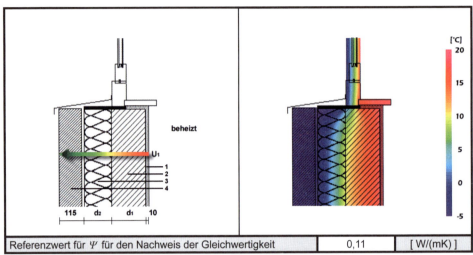

Referenzwert für Ψ für den Nachweis der Gleichwertigkeit	0,11	[W/(mK)]

Baustoffe:

Pos.	Bezeichnung	Dicke [mm]	Rohdichte [kg/m³]	Lambda [W/(mK)]
1	Innenputz	10	1800	0,35
2	Mauerwerk		Tabelle [d1]	
3	Kerndämmung		Tabelle [d2]	
4	Verblendmauerwerk	115	2000	0,96

Bemerkungen:

Die Fuge zwischen Blendrahmen und Baukörper ist mit Dämmstoff (≥ 10 mm) auszufüllen.

U-Wert [U_1]:

				U-Wert [U_1] [W/(m²K)]			
	Dicke [mm]	Rohdichte [kg/m³]	Lambda [W/(mK)]	Variable [d_1] - 175 mm			
Variable				Kalksandstein	Mauerwerk 0,10 W/(mK)	Mauerwerk 0,12 W/(mK)	Mauerwerk 0,14 W/(mK)
Kerndämmung [d_2]	100	150	0,04	0,33	0,22	0,23	0,25
	120	150	0,04	0,29	0,20	0,21	0,22
	140	150	0,04	0,25	0,18	0,19	0,20

Wärmebrückenverlustkoeffizient: (Ψ-Wert, außenmaßbezogen)

Variable	Dicke [mm]	Rohdichte [kg/m³]	Lambda [W/(mK)]	Variable [d_1] - Kalksandstein 175 mm - 0,99 W/(mK)
Kerndämmung [d_2]	100	150	0,04	0,10
	120	150	0,04	0,10
	140	150	0,04	0,10

Variable	Dicke [mm]	Rohdichte [kg/m³]	Lambda [W/(mK)]	Variable [d_1] - Mauerwerk 175 mm - 0,10 W/(mK)
Kerndämmung [d_2]	100	150	0,04	0,03
	120	150	0,04	0,04
	140	150	0,04	0,04

Variable	Dicke [mm]	Rohdichte [kg/m³]	Lambda [W/(mK)]	Variable [d_1] - Mauerwerk 175 mm - 0,12 W/(mK)
Kerndämmung [d_2]	100	150	0,04	0,04
	120	150	0,04	0,04
	140	150	0,04	0,04

Variable	Dicke [mm]	Rohdichte [kg/m³]	Lambda [W/(mK)]	Variable [d_1] - Mauerwerk 175 mm - 0,14 W/(mK)
Kerndämmung [d_2]	100	150	0,04	0,04
	120	150	0,04	0,04
	140	150	0,04	0,05

3 / Fensterbrüstung
3-K-46 / Bild 46 - kerngedämmtes Mauerwerk

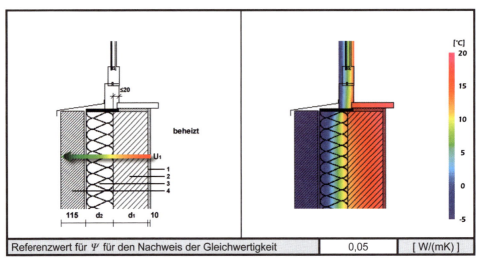

Referenzwert für Ψ für den Nachweis der Gleichwertigkeit	0,05	[W/(mK)]

Baustoffe:

Pos.	Bezeichnung	Dicke [mm]	Rohdichte [kg/m³]	Lambda [W/(mK)]
1	Innenputz	10	1800	0,35
2	Mauerwerk		Tabelle [d1]	
3	Kerndämmung		Tabelle [d2]	
4	Verblendmauerwerk	115	2000	0,96

Bemerkungen:

Die Fuge zwischen Blendrahmen und Baukörper ist mit Dämmstoff (≥ 10 mm) auszufüllen.

U-Wert [U_1]:

Variable	Dicke [mm]	Rohdichte [kg/m³]	Lambda [W/(mK)]	U-Wert [U_1] [W/(m²K)] Variable [d_1] - 175 mm			
				Kalksand-stein	Mauer-werk 0,10 W/(mK)	Mauer-werk 0,12 W/(mK)	Mauer-werk 0,14 W/(mK)
Kerndäm-mung [d_2]	100	150	0,04	0,33	0,22	0,23	0,25
	120	150	0,04	0,29	0,20	0,21	0,22
	140	150	0,04	0,25	0,18	0,19	0,20

Wärmebrückenverlustkoeffizient: (Ψ-Wert, außenmaßbezogen)

Variable	Dicke [mm]	Rohdichte [kg/m³]	Lambda [W/(mK)]	Variable [d_1] - Kalksandstein 175 mm - 0,99 W/(mK)
Kerndäm-mung [d_2]	100	150	0,04	0,02
	120	150	0,04	0,03
	140	150	0,04	0,03

Variable	Dicke [mm]	Rohdichte [kg/m³]	Lambda [W/(mK)]	Variable [d_1] - Mauerwerk 175 mm - 0,10 W/(mK)
Kerndäm-mung [d_2]	100	150	0,04	0,02
	120	150	0,04	0,02
	140	150	0,04	0,02

Variable	Dicke [mm]	Rohdichte [kg/m³]	Lambda [W/(mK)]	Variable [d_1] - Mauerwerk 175 mm - 0,12 W/(mK)
Kerndäm-mung [d_2]	100	150	0,04	0,02
	120	150	0,04	0,02
	140	150	0,04	0,02

Variable	Dicke [mm]	Rohdichte [kg/m³]	Lambda [W/(mK)]	Variable [d_1] - Mauerwerk 175 mm - 0,14 W/(mK)
Kerndäm-mung [d_2]	100	150	0,04	0,02
	120	150	0,04	0,02
	140	150	0,04	0,02

3 / Fensterbrüstung
3-H-47 / Bild 47 - Holzbauart

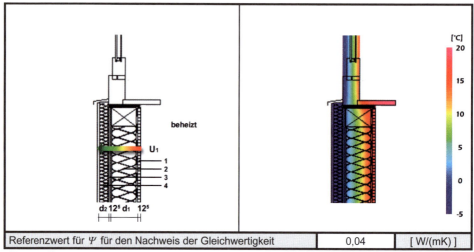

Referenzwert für Ψ für den Nachweis der Gleichwertigkeit	0,04	[W/(mK)]

Baustoffe:

Pos.	Bezeichnung	Dicke [mm]	Rohdichte [kg/m³]	Lambda [W/(mK)]
1	Gipsfaserplatte	12,5	1150	0,32
2	Dämmung WLG 040	Tabelle [d1]		
3	Gipsfaserplatte	12,5	1150	0,32
4	WDVS WLG 040	Tabelle [d2]		

U-Wert [U_1]:

				U-Wert [U_1] [W/(m²K)]				
Variable	Dicke [mm]	Rohdichte [kg/m³]	Lambda [W/(mK)]	Variable [d1] - Dämmung WLF 0,040				
				120 mm	140 mm	160 mm	180 mm	200 mm
WDVS [d2]	40	30	0,04	0,24	0,21	0,19	0,17	0,16
	60	30	0,04	0,21	0,19	0,17	0,16	0,15
	80	30	0,04	0,19	0,17	0,16	0,15	0,14
	100	30	0,04	0,17	0,16	0,15	0,14	0,13
	120	30	0,04	0,16	0,15	0,14	0,13	0,12

Wärmebrückenverlustkoeffizient: (Ψ-Wert, außenmaßbezogen)

Variable	Dicke [mm]	Rohdichte [kg/m³]	Lambda [W/(mK)]	Variable [d1] - Dämmung WLF 0,040				
				120 mm	140 mm	160 mm	180 mm	200 mm
WDVS [d2]	40	30	0,04	-0,01	-0,01	-0,01	0,00	0,00
	60	30	0,04	-0,01	-0,01	-0,01	0,00	0,00
	80	30	0,04	-0,01	-0,01	0,00	0,00	0,00
	100	30	0,04	0,00	0,00	0,00	0,00	0,00
	120	30	0,04	0,00	0,00	0,00	0,00	0,00

3 / Fensterbrüstung
3-H-F08 / Bild F08 - Holzbauart

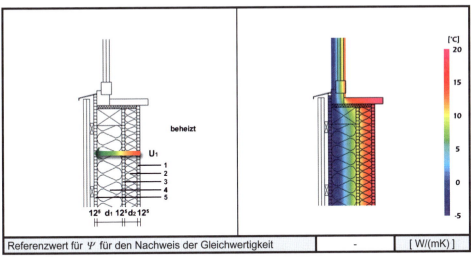

Referenzwert für Ψ für den Nachweis der Gleichwertigkeit	-	[W/(mK)]

Baustoffe:

Pos.	Bezeichnung	Dicke [mm]	Rohdichte [kg/m³]	Lambda [W/(mK)]
1	Gipsfaserplatte	12,5	1150	0,32
2	Dämmung WLG 040	Tabelle [d1]		
3	Gipsfaserplatte	12,5	1150	0,32
4	Dämmung WLG 040	Tabelle [d2]		
5	Gipsfaserplatte	12,5	1150	0,32

U-Wert [U_1]:

				U-Wert [U_1] [W/(m²K)]				
Variable	Dicke [mm]	Rohdichte [kg/m³]	Lambda [W/(mK)]	Variable [d1] - Dämmung WLF 0,040				
				120 mm	140 mm	160 mm	180 mm	200 mm
Dämmung [d2]	40	30	0,04	0,23	0,21	0,19	0,17	0,16
	60	30	0,04	0,21	0,19	0,17	0,16	0,15

Wärmebrückenverlustkoeffizient: (Ψ-Wert, außenmaßbezogen)

Variable	Dicke [mm]	Rohdichte [kg/m³]	Lambda [W/(mK)]	Variable [d1] - Dämmung WLF 0,040				
				120 mm	140 mm	160 mm	180 mm	200 mm
Dämmung [d2]	40	30	0,04	0,02	0,03	0,03	0,03	0,04
	60	30	0,04	0,03	0,03	0,03	0,03	0,04

3 / Fensterbrüstung
3-H-F08a / Bild F08a - Holzbauart

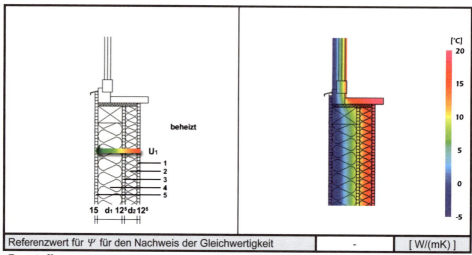

Referenzwert für Ψ für den Nachweis der Gleichwertigkeit	-	[W/(mK)]

Baustoffe:

Pos.	Bezeichnung	Dicke [mm]	Rohdichte [kg/m³]	Lambda [W/(mK)]
1	Gipsfaserplatte	12,5	1150	0,32
2	Dämmung WLG 040	Tabelle [d1]		
3	Gipsfaserplatte	12,5	1150	0,32
4	Dämmung WLG 040	Tabelle [d2]		
5	Powerpanel HD	15	1000	0,4

U-Wert [U_1]:

				U-Wert [U_1] [W/(m²K)]				
Variable	Dicke [mm]	Rohdichte [kg/m³]	Lambda [W/(mK)]	Variable [d1] - Dämmung WLF 0,040				
				120 mm	140 mm	160 mm	180 mm	200 mm
Dämmung [d2]	40	30	0,04	0,23	0,21	0,19	0,17	0,16
	60	30	0,04	0,21	0,19	0,17	0,16	0,15

Wärmebrückenverlustkoeffizient: (Ψ-Wert, außenmaßbezogen)

Variable	Dicke [mm]	Rohdichte [kg/m³]	Lambda [W/(mK)]	Variable [d1] - Dämmung WLF 0,040				
				120 mm	140 mm	160 mm	180 mm	200 mm
Dämmung [d2]	40	30	0,04	0,02	0,03	0,03	0,03	0,04
	60	30	0,04	0,03	0,03	0,03	0,03	0,04

3 / Fensterbrüstung
3-H-F09 / Bild F09 - Holzbauart

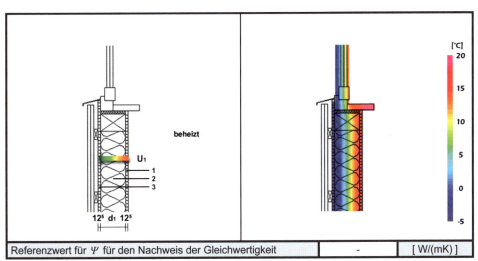

Referenzwert für Ψ für den Nachweis der Gleichwertigkeit		-	[W/(mK)]

Baustoffe:

Pos.	Bezeichnung	Dicke [mm]	Rohdichte [kg/m³]	Lambda [W/(mK)]
1	Gipsfaserplatte	12,5	1150	0,32
2	Dämmung WLG 040	Tabelle [d1]		
3	Gipsfaserplatte	12,5	1150	0,32

U-Wert [U_1]:

Variable	Dicke [mm]	Rohdichte [kg/m³]	Lambda [W/(mK)]	U-Wert [U_1] [W/(m²K)]
Dämmung [d1]	120	150	0,04	0,31
	140	150	0,04	0,27
	160	150	0,04	0,24
	180	150	0,04	0,21
	200	150	0,04	0,19

Wärmebrückenverlustkoeffizient: (Ψ-Wert, außenmaßbezogen)

Variable	Dicke [mm]	Rohdichte [kg/m³]	Lambda [W/(mK)]	Wärmebrückenverlustkoeffizient
Dämmung [d1]	120	150	0,04	0,04
	140	150	0,04	0,04
	160	150	0,04	0,04
	180	150	0,04	0,04
	200	150	0,04	0,04

4 / Fensterlaibung
4-M-48 / Bild 48 - monolithisches Mauerwerk

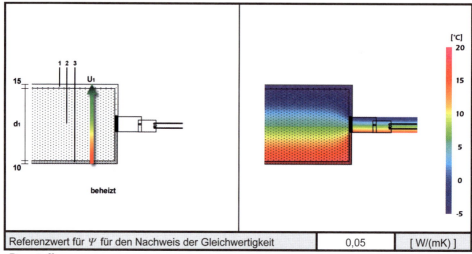

Referenzwert für Ψ für den Nachweis der Gleichwertigkeit	0,05	[W/(mK)]

Baustoffe:

Pos.	Bezeichnung	Dicke [mm]	Rohdichte [kg/m³]	Lambda [W/(mK)]
1	Innenputz	10	1800	0,35
2	Mauerwerk	Tabelle [d1]		
3	Außenputz	15	1300	0,2

Bemerkungen:

Lage des Fensters im mittleren Drittel der Wand zulässig. Der Ψ-Wert ist für mittigen Einbau angegeben. Die Fuge zwischen Blendrahmen und Baukörper ist mit Dämmstoff ($\geq$ 10 mm) auszufüllen.

U-Wert [U_1]:

Variable	Dicke [mm]	Rohdichte [kg/m³]	Lambda [W/(mK)]	U-Wert [U_1] [W/(m²K)]
Mauerwerk [d1]	240	350	0,09	0,34
	300	350	0,09	0,28
	365	350	0,09	0,23
	240	400	0,10	0,37
	300	400	0,10	0,31
	365	400	0,10	0,25
	240	450	0,12	0,44
	300	450	0,12	0,36
	365	450	0,12	0,30
	240	500	0,14	0,50
	300	500	0,14	0,41
	365	500	0,14	0,35
	240	550	0,16	0,56
	300	550	0,16	0,47
	365	550	0,16	0,39

Wärmebrückenverlustkoeffizient: (Ψ-Wert, außenmaßbezogen)

Variable	Dicke [mm]	Rohdichte [kg/m³]	Lambda [W/(mK)]	Wärmebrückenverlustkoeffizient
Mauerwerk [d1]	240	350	0,09	0,02
	300	350	0,09	0,02
	365	350	0,09	0,03
	240	400	0,10	0,02
	300	400	0,10	0,03
	365	400	0,10	0,03
	240	450	0,12	0,02
	300	450	0,12	0,03
	365	450	0,12	0,03
	240	500	0,14	0,03
	300	500	0,14	0,03
	365	500	0,14	0,04
	240	550	0,16	0,03
	300	550	0,16	0,04
	365	550	0,16	0,04

4 / Fensterlaibung
4-A-49 / Bild 49 - außengedämmtes Mauerwerk

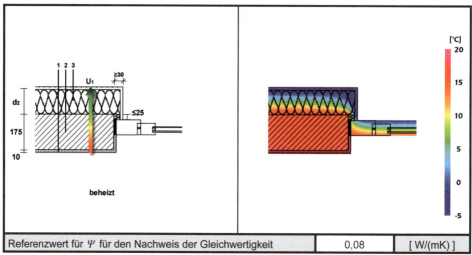

Referenzwert für Ψ für den Nachweis der Gleichwertigkeit	0,08	[W/(mK)]

Baustoffe:

Pos.	Bezeichnung	Dicke [mm]	Rohdichte [kg/m³]	Lambda [W/(mK)]
1	Innenputz	10	1800	0,35
2	Kalksandstein	175	1800	0,99
3	Wärmedämmverbundsystem	Tabelle [d1]		

Bemerkungen:

Die Fuge zwischen Blendrahmen und Baukörper ist mit Dämmstoff (≥ 10 mm) auszufüllen.

Bauteilkatalog zum Beiblatt 2 der DIN 4108

U-Wert [U_1]:

Variable	Dicke [mm]	Rohdichte [kg/m³]	Lambda [W/(mK)]	U-Wert [U_1] [W/(m²K)]
WDVS [d₁]	100	150	0,04	0,35
	120	150	0,04	0,30
	140	150	0,04	0,26
	160	150	0,04	0,23
	100	150	0,045	0,38
	120	150	0,045	0,33
	140	150	0,045	0,29
	160	150	0,045	0,25

Wärmebrückenverlustkoeffizient: (Ψ-Wert, außenmaßbezogen)

Variable	Dicke [mm]	Rohdichte [kg/m³]	Lambda [W/(mK)]	Wärmebrückenverlustkoeffizient
WDVS [d₁]	100	150	0,04	0,05
	120	150	0,04	0,06
	140	150	0,04	0,06
	160	150	0,04	0,06
	100	150	0,045	0,06
	120	150	0,045	0,06
	140	150	0,045	0,07
	160	150	0,045	0,07

4 / Fensterlaibung
4-K-50 / Bild 50 - kerngedämmtes Mauerwerk

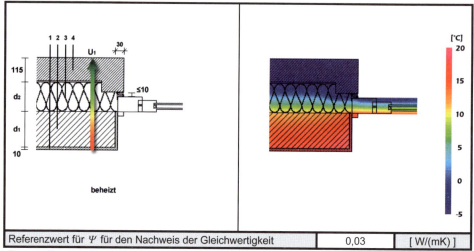

| Referenzwert für Ψ für den Nachweis der Gleichwertigkeit | 0,03 | [W/(mK)] |

Baustoffe:

Pos.	Bezeichnung	Dicke [mm]	Rohdichte [kg/m³]	Lambda [W/(mK)]
1	Innenputz	10	1800	0,35
2	Mauerwerk		Tabelle [d1]	
3	Kerndämmung		Tabelle [d2]	
4	Verblendmauerwerk	115	2000	0,96

U-Wert [U_1]:

Variable	Dicke [mm]	Rohdichte [kg/m³]	Lambda [W/(mK)]	U-Wert [U_1] [W/(m²K)]			
				Variable [d_1] - 175 mm			
				Kalksand-stein	Mauer-werk 0,10 W/(mK)	Mauer-werk 0,12 W/(mK)	Mauer-werk 0,14 W/(mK)
Kerndäm-mung [d_2]	100	150	0,04	0,33	0,22	0,23	0,25
	120	150	0,04	0,29	0,20	0,21	0,22
	140	150	0,04	0,25	0,18	0,19	0,20

Wärmebrückenverlustkoeffizient: (Ψ-Wert, außenmaßbezogen)

Variable	Dicke [mm]	Rohdichte [kg/m³]	Lambda [W/(mK)]	Variable [d_1] - Kalksandstein 175 mm - 0,99 W/(mK)
Kerndäm-mung [d_2]	100	150	0,04	0,02
	120	150	0,04	0,02
	140	150	0,04	0,03

Variable	Dicke [mm]	Rohdichte [kg/m³]	Lambda [W/(mK)]	Variable [d_1] - Mauerwerk 175 mm - 0,10 W/(mK)
Kerndäm-mung [d_2]	100	150	0,04	0,02
	120	150	0,04	0,02
	140	150	0,04	0,02

Variable	Dicke [mm]	Rohdichte [kg/m³]	Lambda [W/(mK)]	Variable [d_1] - Mauerwerk 175 mm - 0,12 W/(mK)
Kerndäm-mung [d_2]	100	150	0,04	0,02
	120	150	0,04	0,02
	140	150	0,04	0,02

Variable	Dicke [mm]	Rohdichte [kg/m³]	Lambda [W/(mK)]	Variable [d_1] - Mauerwerk 175 mm - 0,14 W/(mK)
Kerndäm-mung [d_2]	100	150	0,04	0,02
	120	150	0,04	0,02
	140	150	0,04	0,02

4 / Fensterlaibung
4-K-51 / Bild 51 - kerngedämmtes Mauerwerk

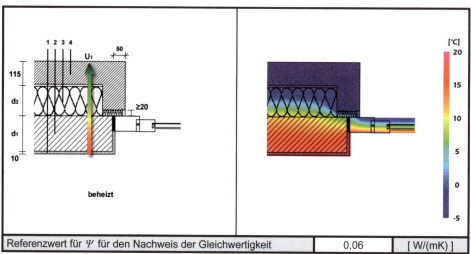

| Referenzwert für Ψ für den Nachweis der Gleichwertigkeit | 0,06 | [W/(mK)] |

Baustoffe:

Pos.	Bezeichnung	Dicke [mm]	Rohdichte [kg/m³]	Lambda [W/(mK)]
1	Innenputz	10	1800	0,35
2	Mauerwerk		Tabelle [d1]	
3	Kerndämmung		Tabelle [d2]	
4	Verblendmauerwerk	115	2000	0,96

Bemerkungen:

| Die Fuge zwischen Blendrahmen und Baukörper ist mit Dämmstoff (≥ 10 mm) auszufüllen. |

U-Wert [U_1]:

				U-Wert [U_1] [W/(m²K)]			
Variable	Dicke [mm]	Rohdichte [kg/m³]	Lambda [W/(mK)]	Variable [d1] - 175 mm			
				Kalksand-stein	Mauer-werk 0,10 W/(mK)	Mauer-werk 0,12 W/(mK)	Mauer-werk 0,14 W/(mK)
Kerndäm-mung [d2]	100	150	0,04	0,33	0,22	0,23	0,25
	120	150	0,04	0,29	0,20	0,21	0,22
	140	150	0,04	0,25	0,18	0,19	0,20

Wärmebrückenverlustkoeffizient: (Ψ-Wert, außenmaßbezogen)

Variable	Dicke [mm]	Rohdichte [kg/m³]	Lambda [W/(mK)]	Variable [d1] - Kalksandstein 175 mm - 0,99 W/(mK)
Kerndäm-mung [d2]	100	150	0,04	0,06
	120	150	0,04	0,06
	140	150	0,04	0,07

Variable	Dicke [mm]	Rohdichte [kg/m³]	Lambda [W/(mK)]	Variable [d1] - Mauerwerk 175 mm - 0,10 W/(mK)
Kerndäm-mung [d2]	100	150	0,04	0,01
	120	150	0,04	0,02
	140	150	0,04	0,02

Variable	Dicke [mm]	Rohdichte [kg/m³]	Lambda [W/(mK)]	Variable [d1] - Mauerwerk 175 mm - 0,12 W/(mK)
Kerndäm-mung [d2]	100	150	0,04	0,01
	120	150	0,04	0,02
	140	150	0,04	0,02

Variable	Dicke [mm]	Rohdichte [kg/m³]	Lambda [W/(mK)]	Variable [d1] - Mauerwerk 175 mm - 0,14 W/(mK)
Kerndäm-mung [d2]	100	150	0,04	0,02
	120	150	0,04	0,02
	140	150	0,04	0,03

4 / Fensterlaibung
4-K-52 / Bild 52 - kerngedämmtes Mauerwerk

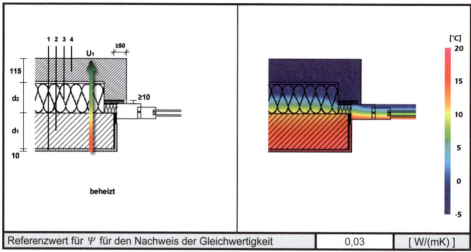

| Referenzwert für Ψ für den Nachweis der Gleichwertigkeit | 0,03 | [W/(mK)] |

Baustoffe:

Pos.	Bezeichnung	Dicke [mm]	Rohdichte [kg/m³]	Lambda [W/(mK)]
1	Innenputz	10	1800	0,35
2	Mauerwerk		Tabelle [d1]	
3	Kerndämmung		Tabelle [d2]	
4	Verblendmauerwerk	115	2000	0,96

Bemerkungen:

| Die Fuge zwischen Blendrahmen und Baukörper ist mit Dämmstoff (≥ 10 mm) auszufüllen. |

Bauteilkatalog zum Beiblatt 2 der DIN 4108

U-Wert [U_1]:

Variable	Dicke [mm]	Rohdichte [kg/m³]	Lambda [W/(mK)]	U-Wert [U_1] [W/(m²K)]			
				Variable [d1] - 175 mm			
				Kalksandstein	Mauerwerk 0,10 W/(mK)	Mauerwerk 0,12 W/(mK)	Mauerwerk 0,14 W/(mK)
Kerndämmung [d2]	100	150	0,04	0,33	0,22	0,23	0,25
	120	150	0,04	0,29	0,20	0,21	0,22
	140	150	0,04	0,25	0,18	0,19	0,20

Wärmebrückenverlustkoeffizient: (Ψ-Wert, außenmaßbezogen)

Variable	Dicke [mm]	Rohdichte [kg/m³]	Lambda [W/(mK)]	Variable [d1] - Kalksandstein 175 mm - 0,99 W/(mK)
Kerndämmung [d2]	100	150	0,04	0,02
	120	150	0,04	0,02
	140	150	0,04	0,03

Variable	Dicke [mm]	Rohdichte [kg/m³]	Lambda [W/(mK)]	Variable [d1] - Mauerwerk 175 mm - 0,10 W/(mK)
Kerndämmung [d2]	100	150	0,04	0,01
	120	150	0,04	0,01
	140	150	0,04	0,02

Variable	Dicke [mm]	Rohdichte [kg/m³]	Lambda [W/(mK)]	Variable [d1] - Mauerwerk 175 mm - 0,12 W/(mK)
Kerndämmung [d2]	100	150	0,04	0,01
	120	150	0,04	0,01
	140	150	0,04	0,02

Variable	Dicke [mm]	Rohdichte [kg/m³]	Lambda [W/(mK)]	Variable [d1] - Mauerwerk 175 mm - 0,14 W/(mK)
Kerndämmung [d2]	100	150	0,04	0,01
	120	150	0,04	0,01
	140	150	0,04	0,02

4 / Fensterlaibung
4-H-53 / Bild 53 - Holzbauart

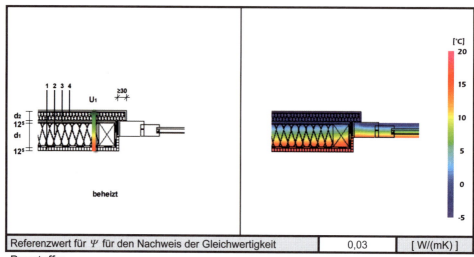

Referenzwert für Ψ für den Nachweis der Gleichwertigkeit	0,03	[W/(mK)]

Baustoffe:

Pos.	Bezeichnung	Dicke [mm]	Rohdichte [kg/m³]	Lambda [W/(mK)]
1	Gipsfaserplatte	12,5	1150	0,32
2	Dämmung WLG 040	Tabelle [d1]		
3	Gipsfaserplatte	12,5	1150	0,32
4	WDVS WLG 040	Tabelle [d2]		

U-Wert [U_1]:

	U-Wert [U_1] [W/(m²K)]							
Variable	Dicke [mm]	Rohdichte [kg/m³]	Lambda [W/(mK)]	Variable [d1] - Dämmung WLF 0,040				
				120 mm	140 mm	160 mm	180 mm	200 mm
WDVS [d2]	40	30	0,04	0,24	0,21	0,19	0,17	0,16
	60	30	0,04	0,21	0,19	0,17	0,16	0,15
	80	30	0,04	0,19	0,17	0,16	0,15	0,14
	100	30	0,04	0,17	0,16	0,15	0,14	0,13
	120	30	0,04	0,16	0,15	0,14	0,13	0,12

Wärmebrückenverlustkoeffizient: (Ψ-Wert, außenmaßbezogen)

Variable	Dicke [mm]	Rohdichte [kg/m³]	Lambda [W/(mK)]	Variable [d1] - Dämmung WLF 0,040				
				120 mm	140 mm	160 mm	180 mm	200 mm
WDVS [d2]	40	30	0,04	0,00	0,00	0,00	0,01	0,01
	60	30	0,04	0,00	0,00	0,00	0,01	0,01
	80	30	0,04	0,00	0,00	0,00	0,01	0,01
	100	30	0,04	0,00	0,00	0,01	0,01	0,01
	120	30	0,04	0,00	0,01	0,01	0,01	0,01

4 / Fensterlaibung
4-H-F10 / Bild F10 - Holzbauart

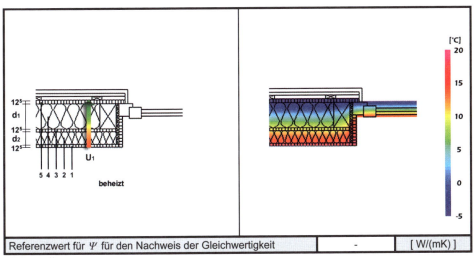

Referenzwert für Ψ für den Nachweis der Gleichwertigkeit	-	[W/(mK)]

Baustoffe:

Pos.	Bezeichnung	Dicke [mm]	Rohdichte [kg/m³]	Lambda [W/(mK)]
1	Gipsfaserplatte	12,5	1150	0,32
2	Dämmung WLG 040	Tabelle [d1]		
3	Gipsfaserplatte	12,5	1150	0,32
4	Dämmung WLG 040	Tabelle [d2]		
5	Gipsfaserplatte	12,5	1150	0,32

U-Wert [U_1]:

				U-Wert [U_1] [W/(m²K)]				
Variable	Dicke [mm]	Rohdichte [kg/m³]	Lambda [W/(mK)]	Variable [d1] - Dämmung WLF 0,040				
				120 mm	140 mm	160 mm	180 mm	200 mm
Dämmung [d2]	40	30	0,04	0,23	0,21	0,19	0,17	0,16
	60	30	0,04	0,21	0,19	0,17	0,16	0,15

Wärmebrückenverlustkoeffizient: (Ψ-Wert, außenmaßbezogen)

Variable	Dicke [mm]	Rohdichte [kg/m³]	Lambda [W/(mK)]	Variable [d1] - Dämmung WLF 0,040				
				120 mm	140 mm	160 mm	180 mm	200 mm
Dämmung [d2]	40	30	0,04	0,02	0,03	0,03	0,03	0,04
	60	30	0,04	0,03	0,03	0,03	0,03	0,04

4 / Fensterlaibung
4-H-F10a / Bild F10a - Holzbauart

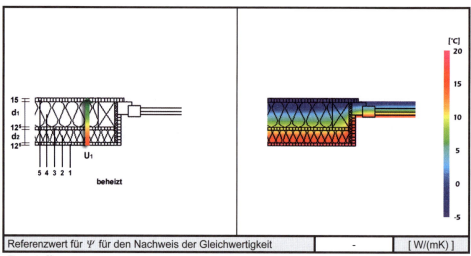

Referenzwert für Ψ für den Nachweis der Gleichwertigkeit	-	[W/(mK)]

Baustoffe:

Pos.	Bezeichnung	Dicke [mm]	Rohdichte [kg/m³]	Lambda [W/(mK)]
1	Gipsfaserplatte	12,5	1150	0,32
2	Dämmung WLG 040	Tabelle [d1]		
3	Gipsfaserplatte	12,5	1150	0,32
4	Dämmung WLG 040	Tabelle [d2]		
5	Powerpanel HD	15	1000	0,4

U-Wert [U_1]:

				U-Wert [U_1] [W/(m²K)]					
Variable	Dicke [mm]	Rohdichte [kg/m³]	Lambda [W/(mK)]	Variable [d1] - Dämmung WLF 0,040					
				120 mm	140 mm	160 mm	180 mm	200 mm	
Dämmung [d2]	40	30	0,04	0,23	0,21	0,19	0,17	0,16	
	60	30	0,04	0,21	0,19	0,17	0,16	0,15	

Wärmebrückenverlustkoeffizient: (Ψ-Wert, außenmaßbezogen)

Variable	Dicke [mm]	Rohdichte [kg/m³]	Lambda [W/(mK)]	Variable [d1] - Dämmung WLF 0,040				
				120 mm	140 mm	160 mm	180 mm	200 mm
Dämmung [d2]	40	30	0,04	0,02	0,03	0,03	0,03	0,04
	60	30	0,04	0,03	0,03	0,03	0,03	0,04

4 / Fensterlaibung
4-H-F11 / Bild F11 - Holzbauart

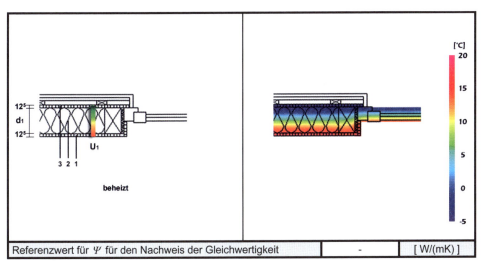

Referenzwert für Ψ für den Nachweis der Gleichwertigkeit		-	[W/(mK)]

Baustoffe:

Pos.	Bezeichnung	Dicke [mm]	Rohdichte [kg/m³]	Lambda [W/(mK)]
1	Gipsfaserplatte	12,5	1150	0,32
2	Dämmung WLG 040	Tabelle [d1]		
3	Gipsfaserplatte	12,5	1150	0,32

U-Wert [U_1]:

Variable	Dicke [mm]	Rohdichte [kg/m³]	Lambda [W/(mK)]	*U*-Wert [U_1] [W/(m²K)]
Dämmung [d1]	120	150	0,04	0,31
	140	150	0,04	0,27
	160	150	0,04	0,24
	180	150	0,04	0,21
	200	150	0,04	0,19

Wärmebrückenverlustkoeffizient: (Ψ-Wert, außenmaßbezogen)

Variable	Dicke [mm]	Rohdichte [kg/m³]	Lambda [W/(mK)]	Wärmebrückenverlustkoeffizient
Dämmung [d1]	120	150	0,04	0,04
	140	150	0,04	0,04
	160	150	0,04	0,04
	180	150	0,04	0,04
	200	150	0,04	0,04

5 / Fenstersturz
5-M-54a / Bild 54a - monolithisches Mauerwerk

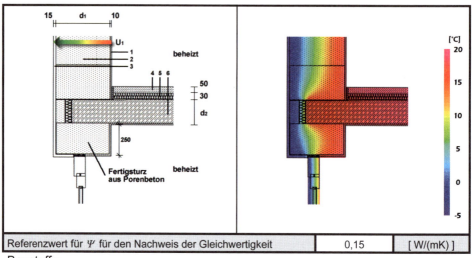

Referenzwert für Ψ für den Nachweis der Gleichwertigkeit	0,15	[W/(mK)]

Baustoffe:

Pos.	Bezeichnung	Dicke [mm]	Rohdichte [kg/m³]	Lambda [W/(mK)]
1	Innenputz	10	1800	0,35
2	Mauerwerk		Tabelle [d1]	
3	Außenputz	15	1300	0,2
4	Estrich	50	2000	1,4
5	Estrichdämmung WLF 0,040	30	150	0,04
6	Decke		Tabelle [d2]	

U-Wert [U_1]:

Variable	Dicke [mm]	Rohdichte [kg/m³]	Lambda [W/(mK)]	U-Wert [U_1] [W/(m²K)]
Mauerwerk [d1]	240	350	0,09	0,34
	300	350	0,09	0,28
	365	350	0,09	0,23
	240	400	0,10	0,37
	300	400	0,10	0,31
	365	400	0,10	0,25
	240	450	0,12	0,44
	300	450	0,12	0,36
	365	450	0,12	0,30
	240	500	0,14	0,50
	300	500	0,14	0,41
	365	500	0,14	0,35
	240	550	0,16	0,56
	300	550	0,16	0,47
	365	550	0,16	0,39

Bauteilkatalog zum Beiblatt 2 der DIN 4108

Wärmebrückenverlustkoeffizient: (Ψ-Wert, außenmaßbezogen)

Variable	Dicke [mm]	Rohdichte [kg/m³]	Lambda [W/(mK)]	Wärmebrückenverlustkoeffizient

	Variable [d2] - Stahlbeton 200 mm - 2,1 W/(mK)			
Variable	Dicke [mm]	Rohdichte [kg/m³]	Lambda [W/(mK)]	Wärmebrückenverlustkoeffizient
Mauerwerk [d1]	240	350	0,09	0,15
	300	350	0,09	0,16
	365	350	0,09	0,16
	240	400	0,10	0,14
	300	400	0,10	0,15
	365	400	0,10	0,15
	240	450	0,12	0,11
	300	450	0,12	0,12
	365	450	0,12	0,13
	240	500	0,14	0,09
	300	500	0,14	0,10
	365	500	0,14	0,11
	240	550	0,16	0,06
	300	550	0,16	0,08
	365	550	0,16	0,09

	Variable [d2] - Porenbeton 240 mm - 0,16 W/(mK)			
Variable	Dicke [mm]	Rohdichte [kg/m³]	Lambda [W/(mK)]	Wärmebrückenverlustkoeffizient
Mauerwerk [d1]	240	350	0,09	0,08
	300	350	0,09	0,10
	365	350	0,09	0,10
	240	400	0,10	0,07
	300	400	0,10	0,09
	365	400	0,10	0,09
	240	450	0,12	0,04
	300	450	0,12	0,06
	365	450	0,12	0,07
	240	500	0,14	0,00
	300	500	0,14	0,04
	365	500	0,14	0,05
	240	550	0,16	-0,03
	300	550	0,16	0,01
	365	550	0,16	0,02

Bemerkungen:

Lage des Fensters im mittleren Drittel der Wand zulässig. Der Ψ-Wert ist für mittigen Einbau angegeben. Die Fuge zwischen Blendrahmen und Baukörper ist mit Dämmstoff (≥ 10 mm) auszufüllen.

5 / Fenstersturz
5-M-54b / Bild 54b - monolithisches Mauerwerk

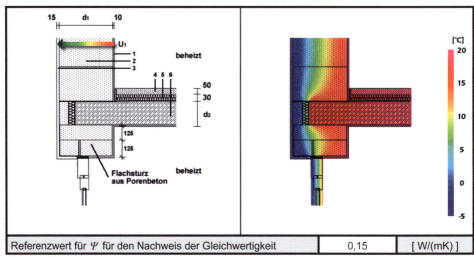

Referenzwert für Ψ für den Nachweis der Gleichwertigkeit	0,15	[W/(mK)]

Baustoffe:

Pos.	Bezeichnung	Dicke [mm]	Rohdichte [kg/m³]	Lambda [W/(mK)]
1	Innenputz	10	1800	0,35
2	Mauerwerk	Tabelle [d1]		
3	Außenputz	15	1300	0,2
4	Estrich	50	2000	1,4
5	Estrichdämmung WLF 0,040	30	150	0,04
6	Decke	Tabelle [d2]		

U-Wert [U_1]:

Variable	Dicke [mm]	Rohdichte [kg/m³]	Lambda [W/(mK)]	U-Wert [U_1] [W/(m²K)]
Mauerwerk [d1]	240	350	0,09	0,34
	300	350	0,09	0,28
	365	350	0,09	0,23
	240	400	0,10	0,37
	300	400	0,10	0,31
	365	400	0,10	0,25
	240	450	0,12	0,44
	300	450	0,12	0,36
	365	450	0,12	0,30
	240	500	0,14	0,50
	300	500	0,14	0,41
	365	500	0,14	0,35
	240	550	0,16	0,56
	300	550	0,16	0,47
	365	550	0,16	0,39

Wärmebrückenverlustkoeffizient: (Ψ-Wert, außenmaßbezogen)

Variable	Dicke [mm]	Rohdichte [kg/m³]	Lambda [W/(mK)]	Wärmebrückenverlustkoeffizient

		Variable [d2] - Stahlbeton 200 mm - 2,1 W/(mK)		
Variable	Dicke [mm]	Rohdichte [kg/m³]	Lambda [W/(mK)]	Wärmebrückenverlustkoeffizient
Mauerwerk [d1]	240	350	0,09	0,11
	300	350	0,09	0,13
	365	350	0,09	0,13
	240	400	0,10	0,10
	300	400	0,10	0,12
	365	400	0,10	0,13
	240	450	0,12	0,09
	300	450	0,12	0,11
	365	450	0,12	0,12
	240	500	0,14	0,07
	300	500	0,14	0,10
	365	500	0,14	0,11
	240	550	0,16	0,06
	300	550	0,16	0,09
	365	550	0,16	0,10

		Variable [d2] - Porenbeton 240 mm - 0,16 W/(mK)		
Variable	Dicke [mm]	Rohdichte [kg/m³]	Lambda [W/(mK)]	Wärmebrückenverlustkoeffizient
Mauerwerk [d1]	240	350	0,09	0,05
	300	350	0,09	0,07
	365	350	0,09	0,08
	240	400	0,10	0,04
	300	400	0,10	0,06
	365	400	0,10	0,07
	240	450	0,12	0,01
	300	450	0,12	0,04
	365	450	0,12	0,06
	240	500	0,14	-0,01
	300	500	0,14	0,02
	365	500	0,14	0,04
	240	550	0,16	-0,03
	300	550	0,16	0,00
	365	550	0,16	0,03

Bemerkungen:

Lage des Fensters im mittleren Drittel der Wand zulässig. Der Ψ-Wert ist für mittigen Einbau angegeben. Die Fuge zwischen Blendrahmen und Baukörper ist mit Dämmstoff ($\geq$ 10 mm) auszufüllen.

5 / Fenstersturz
5-A-55 / Bild 55 - außengedämmtes Mauerwerk

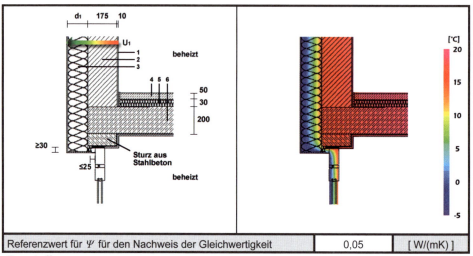

Referenzwert für Ψ für den Nachweis der Gleichwertigkeit	0,05	[W/(mK)]

Baustoffe:

Pos.	Bezeichnung	Dicke [mm]	Rohdichte [kg/m³]	Lambda [W/(mK)]
1	Innenputz	10	1800	0,35
2	Kalksandstein	175	1800	0,99
3	Wärmedämmverbundsystem	Tabelle [d1]		
4	Estrich	50	2000	1,4
5	Estrichdämmung WLF 0,040	30	150	0,04
6	Stahlbeton	200	2400	2,1

Bemerkungen:

Die Fuge zwischen Blendrahmen und Baukörper ist mit Dämmstoff ($\geq$ 10 mm) auszufüllen.

Bauteilkatalog zum Beiblatt 2 der DIN 4108

U-Wert [U_1]:

Variable	Dicke [mm]	Rohdichte [kg/m³]	Lambda [W/(mK)]	U-Wert [U_1] [W/(m²K)]
WDVS [d1]	100	150	0,04	0,35
	120	150	0,04	0,30
	140	150	0,04	0,26
	160	150	0,04	0,23
	100	150	0,045	0,38
	120	150	0,045	0,33
	140	150	0,045	0,29
	160	150	0,045	0,25

Wärmebrückenverlustkoeffizient: (Ψ-Wert, außenmaßbezogen)

Variable	Dicke [mm]	Rohdichte [kg/m³]	Lambda [W/(mK)]	Wärmebrückenverlustkoeffizient
WDVS [d1]	100	150	0,04	0,03
	120	150	0,04	0,03
	140	150	0,04	0,03
	160	150	0,04	0,03
	100	150	0,045	0,03
	120	150	0,045	0,03
	140	150	0,045	0,03
	160	150	0,045	0,03

5 / Fenstersturz
5-A-55a / Bild 55a - außengedämmtes Mauerwerk

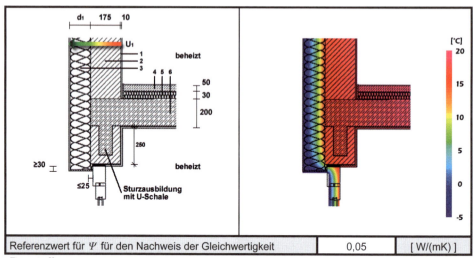

Referenzwert für Ψ für den Nachweis der Gleichwertigkeit	0,05	[W/(mK)]

Baustoffe:

Pos.	Bezeichnung	Dicke [mm]	Rohdichte [kg/m³]	Lambda [W/(mK)]
1	Innenputz	10	1800	0,35
2	Kalksandstein	175	1800	0,99
3	Wärmedämmverbundsystem	Tabelle [d1]		
4	Estrich	50	2000	1,4
5	Estrichdämmung WLF 0,040	30	150	0,04
6	Stahlbeton	200	2400	2,1

Bemerkungen:

Die Fuge zwischen Blendrahmen und Baukörper ist mit Dämmstoff (≥ 10 mm) auszufüllen.

U-Wert [U_1]:

Variable	Dicke [mm]	Rohdichte [kg/m³]	Lambda [W/(mK)]	U-Wert [U_1] [W/(m²K)]
WDVS [d1]	100	150	0,04	0,35
	120	150	0,04	0,30
	140	150	0,04	0,26
	160	150	0,04	0,23
	100	150	0,045	0,38
	120	150	0,045	0,33
	140	150	0,045	0,29
	160	150	0,045	0,25

Wärmebrückenverlustkoeffizient: (Ψ-Wert, außenmaßbezogen)

Variable	Dicke [mm]	Rohdichte [kg/m³]	Lambda [W/(mK)]	Wärmebrückenverlustkoeffizient
WDVS [d1]	100	150	0,04	0,03
	120	150	0,04	0,03
	140	150	0,04	0,03
	160	150	0,04	0,03
	100	150	0,045	0,03
	120	150	0,045	0,03
	140	150	0,045	0,03
	160	150	0,045	0,03

5 / Fenstersturz
5-K-56 / Bild 56 - kerngedämmtes Mauerwerk

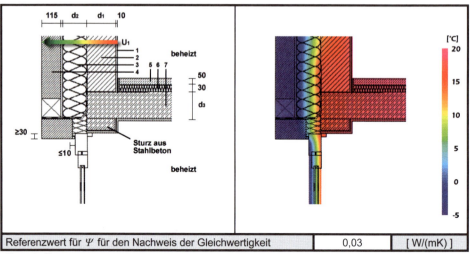

Referenzwert für Ψ für den Nachweis der Gleichwertigkeit	0,03	[W/(mK)]

Baustoffe:

Pos.	Bezeichnung	Dicke [mm]	Rohdichte [kg/m³]	Lambda [W/(mK)]
1	Innenputz	10	1800	0,35
2	Mauerwerk	Tabelle [d1]		
3	Kerndämmung	Tabelle [d2]		
4	Verblendmauerwerk	115	2000	0,96
5	Estrich	50	2000	1,4
6	Estrichdämmung WLF 0,040	30	150	0,04
7	Decke	Tabelle [d3]		

U-Wert [U_1]:

				U-Wert [U_1] [W/(m²K)]			
	Dicke [mm]	Rohdichte [kg/m³]	Lambda [W/(mK)]	Variable [d1] - 175 mm			
Variable				Kalksand-stein	Mauer-werk 0,10 W/(mK)	Mauer-werk 0,12 W/(mK)	Mauer-werk 0,14 W/(mK)
Kerndäm-mung [d2]	100	150	0,04	0,33	0,22	0,23	0,25
	120	150	0,04	0,29	0,20	0,21	0,22
	140	150	0,04	0,25	0,18	0,19	0,20

Wärmebrückenverlustkoeffizient: (Ψ-Wert, außenmaßbezogen)

Variable	Variable [d3] - Stahlbeton 200 mm - 2,1 W/(mK)			
	Dicke [mm]	Rohdichte [kg/m³]	Lambda [W/(mK)]	Variable [d1] - Kalksandstein 175 mm - 0,99 W/(mK)
Kerndäm-mung [d2]	100	150	0,04	0,02
	120	150	0,04	0,02
	140	150	0,04	0,02
				Variable [d1] - Mauerwerk 175 mm - 0,10 W/(mK)
	100	150	0,04	0,06
	120	150	0,04	0,05
	140	150	0,04	0,05
				Variable [d1] - Mauerwerk 175 mm - 0,12 W/(mK)
	100	150	0,04	0,05
	120	150	0,04	0,04
	140	150	0,04	0,03
				Variable [d1] - Mauerwerk 175 mm - 0,14 W/(mK)
	100	150	0,04	0,04
	120	150	0,04	0,03
	140	150	0,04	0,03

Variable	Variable [d3] - Porenbeton 240 mm - 0,16 W/(mK)			
	Dicke [mm]	Rohdichte [kg/m³]	Lambda [W/(mK)]	Variable [d1] - Kalksandstein 175 mm - 0,99 W/(mK)
Kerndäm-mung [d2]	100	150	0,04	0,01
	120	150	0,04	0,01
	140	150	0,04	0,01
				Variable [d1] - Mauerwerk 175 mm - 0,10 W/(mK)
	100	150	0,04	0,04
	120	150	0,04	0,02
	140	150	0,04	0,02
				Variable [d1] - Mauerwerk 175 mm - 0,12 W/(mK)
	100	150	0,04	0,03
	120	150	0,04	0,02
	140	150	0,04	0,01
				Variable [d1] - Mauerwerk 175 mm - 0,14 W/(mK)
	100	150	0,04	0,03
	120	150	0,04	0,01
	140	150	0,04	0,01

Bauteilkatalog zum Beiblatt 2 der DIN 4108

5 / Fenstersturz
5-K-56a / Bild 56a - kerngedämmtes Mauerwerk

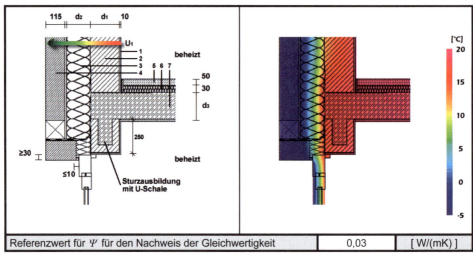

Referenzwert für Ψ für den Nachweis der Gleichwertigkeit	0,03	[W/(mK)]

Baustoffe:

Pos.	Bezeichnung	Dicke [mm]	Rohdichte [kg/m³]	Lambda [W/(mK)]
1	Innenputz	10	1800	0,35
2	Mauerwerk		Tabelle [d1]	
3	Kerndämmung		Tabelle [d2]	
4	Verblendmauerwerk	115	2000	0,96
5	Estrich	50	2000	1,4
6	Estrichdämmung WLF 0,040	30	150	0,04
7	Decke		Tabelle [d3]	

U-Wert [U_1]:

				U-Wert [U_1] [W/(m²K)]			
	Dicke [mm]	Rohdichte [kg/m³]	Lambda [W/(mK)]	Variable [d1] - 175 mm			
Variable				Kalksandstein	Mauerwerk 0,10 W/(mK)	Mauerwerk 0,12 W/(mK)	Mauerwerk 0,14 W/(mK)
Kerndämmung [d2]	100	150	0,04	0,33	0,22	0,23	0,25
	120	150	0,04	0,29	0,20	0,21	0,22
	140	150	0,04	0,25	0,18	0,19	0,20

Wärmebrückenverlustkoeffizient: (Ψ-Wert, außenmaßbezogen)

	Variable [d3] - Stahlbeton 200 mm - 2,1 W/(mK)			
Variable	Dicke [mm]	Rohdichte [kg/m³]	Lambda [W/(mK)]	Variable [d1] - Kalksandstein 175 mm - 0,99 W/(mK)
Kerndäm-mung [d2]	100	150	0,04	0,02
	120	150	0,04	0,02
	140	150	0,04	0,02
				Variable [d1] - Mauerwerk 175 mm - 0,10 W/(mK)
	100	150	0,04	0,06
	120	150	0,04	0,05
	140	150	0,04	0,05
				Variable [d1] - Mauerwerk 175 mm - 0,12 W/(mK)
	100	150	0,04	0,05
	120	150	0,04	0,04
	140	150	0,04	0,03
				Variable [d1] - Mauerwerk 175 mm - 0,14 W/(mK)
	100	150	0,04	0,04
	120	150	0,04	0,03
	140	150	0,04	0,03

	Variable [d3] - Porenbeton 240 mm - 0,16 W/(mK)			
Variable	Dicke [mm]	Rohdichte [kg/m³]	Lambda [W/(mK)]	Variable [d1] - Kalksandstein 175 mm - 0,99 W/(mK)
Kerndäm-mung [d2]	100	150	0,04	0,01
	120	150	0,04	0,01
	140	150	0,04	0,01
				Variable [d1] - Mauerwerk 175 mm - 0,10 W/(mK)
	100	150	0,04	0,04
	120	150	0,04	0,02
	140	150	0,04	0,02
				Variable [d1] - Mauerwerk 175 mm - 0,12 W/(mK)
	100	150	0,04	0,03
	120	150	0,04	0,02
	140	150	0,04	0,01
				Variable [d1] - Mauerwerk 175 mm - 0,14 W/(mK)
	100	150	0,04	0,03
	120	150	0,04	0,01
	140	150	0,04	0,01

5 / Fenstersturz
5-K-56b / Bild 56b - kerngedämmtes Mauerwerk

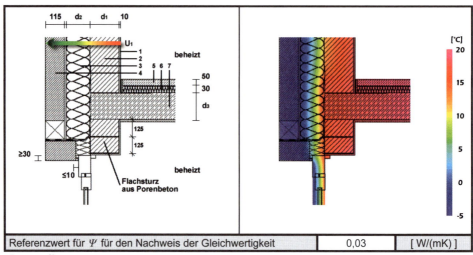

Referenzwert für Ψ für den Nachweis der Gleichwertigkeit	0,03	[W/(mK)]

Baustoffe:

Pos.	Bezeichnung	Dicke [mm]	Rohdichte [kg/m³]	Lambda [W/(mK)]
1	Innenputz	10	1800	0,35
2	Mauerwerk	Tabelle [d1]		
3	Kerndämmung	Tabelle [d2]		
4	Verblendmauerwerk	115	2000	0,96
5	Estrich	50	2000	1,4
6	Estrichdämmung WLF 0,040	30	150	0,04
7	Decke	Tabelle [d3]		

U-Wert [U_1]:

				U-Wert [U_1] [W/(m²K)]		
	Dicke [mm]	Rohdichte [kg/m³]	Lambda [W/(mK)]	Mauerwerk 0,10 W/(mK)	Mauerwerk 0,12 W/(mK)	Mauerwerk 0,14 W/(mK)
Variable						
Kerndämmung [d2]	100	150	0,04	0,22	0,23	0,25
	120	150	0,04	0,20	0,21	0,22
	140	150	0,04	0,18	0,19	0,20

Wärmebrückenverlustkoeffizient: (Ψ-Wert, außenmaßbezogen)

Variable	Dicke [mm]	Rohdichte [kg/m³]	Lambda [W/(mK)]	Variable [d1] - Mauerwerk 175 mm - 0,10 W/(mK)
Kerndämmung [d2]	100	150	0,04	0,06
	120	150	0,04	0,05
	140	150	0,04	0,05
				Variable [d1] - Mauerwerk 175 mm - 0,12 W/(mK)
	100	150	0,04	0,05
	120	150	0,04	0,04
	140	150	0,04	0,03
				Variable [d1] - Mauerwerk 175 mm - 0,14 W/(mK)
	100	150	0,04	0,04
	120	150	0,04	0,03
	140	150	0,04	0,03

Variable [d3] - Stahlbeton 200 mm - 2,1 W/(mK)

Variable	Dicke [mm]	Rohdichte [kg/m³]	Lambda [W/(mK)]	Variable [d1] - Mauerwerk 175 mm - 0,10 W/(mK)
Kerndämmung [d2]	100	150	0,04	0,04
	120	150	0,04	0,02
	140	150	0,04	0,02
				Variable [d1] - Mauerwerk 175 mm - 0,12 W/(mK)
	100	150	0,04	0,03
	120	150	0,04	0,02
	140	150	0,04	0,01
				Variable [d1] - Mauerwerk 175 mm - 0,14 W/(mK)
	100	150	0,04	0,03
	120	150	0,04	0,01
	140	150	0,04	0,01

Variable [d3] - Porenbeton 240 mm - 0,16 W/(mK)

5 / Fenstersturz
5-K-56c / Bild 56c - kerngedämmtes Mauerwerk

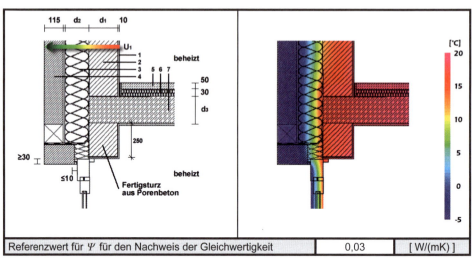

Referenzwert für Ψ für den Nachweis der Gleichwertigkeit	0,03	[W/(mK)]

Baustoffe:

Pos.	Bezeichnung	Dicke [mm]	Rohdichte [kg/m³]	Lambda [W/(mK)]
1	Innenputz	10	1800	0,35
2	Mauerwerk	Tabelle [d1]		
3	Kerndämmung	Tabelle [d2]		
4	Verblendmauerwerk	115	2000	0,96
5	Estrich	50	2000	1,4
6	Estrichdämmung WLF 0,040	30	150	0,04
7	Decke	Tabelle [d3]		

U-Wert [U_1]:

				U-Wert [U_1] [W/(m²K)]		
Variable	Dicke [mm]	Rohdichte [kg/m³]	Lambda [W/(mK)]	Mauerwerk 0,10 W/(mK)	Mauerwerk 0,12 W/(mK)	Mauerwerk 0,14 W/(mK)
Kerndämmung [d2]	100	150	0,04	0,22	0,23	0,25
	120	150	0,04	0,20	0,21	0,22
	140	150	0,04	0,18	0,19	0,20

Wärmebrückenverlustkoeffizient: (Ψ-Wert, außenmaßbezogen)

Variable [d3] - Stahlbeton 200 mm - 2,1 W/(mK)				
Variable	Dicke [mm]	Rohdichte [kg/m³]	Lambda [W/(mK)]	Variable [d1] - Mauerwerk 175 mm - 0,10 W/(mK)
Kerndämmung [d2]	100	150	0,04	0,06
	120	150	0,04	0,05
	140	150	0,04	0,05
				Variable [d1] - Mauerwerk 175 mm - 0,12 W/(mK)
	100	150	0,04	0,05
	120	150	0,04	0,04
	140	150	0,04	0,03
				Variable [d1] - Mauerwerk 175 mm - 0,14 W/(mK)
	100	150	0,04	0,04
	120	150	0,04	0,03
	140	150	0,04	0,03

Variable [d3] - Porenbeton 240 mm - 0,16 W/(mK)				
Variable	Dicke [mm]	Rohdichte [kg/m³]	Lambda [W/(mK)]	Variable [d1] - Mauerwerk 175 mm - 0,10 W/(mK)
Kerndämmung [d2]	100	150	0,04	0,04
	120	150	0,04	0,02
	140	150	0,04	0,02
				Variable [d1] - Mauerwerk 175 mm - 0,12 W/(mK)
	100	150	0,04	0,03
	120	150	0,04	0,02
	140	150	0,04	0,01
				Variable [d1] - Mauerwerk 175 mm - 0,14 W/(mK)
	100	150	0,04	0,03
	120	150	0,04	0,01
	140	150	0,04	0,01

Bauteilkatalog zum Beiblatt 2 der DIN 4108

5 / Fenstersturz

5-K-57 / Bild 57 - kerngedämmtes Mauerwerk

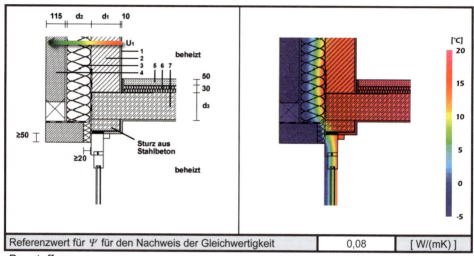

Referenzwert für Ψ für den Nachweis der Gleichwertigkeit	0,08	[W/(mK)]

Baustoffe:

Pos.	Bezeichnung	Dicke [mm]	Rohdichte [kg/m³]	Lambda [W/(mK)]
1	Innenputz	10	1800	0,35
2	Mauerwerk		Tabelle [d1]	
3	Kerndämmung		Tabelle [d2]	
4	Verblendmauerwerk	115	2000	0,96
5	Estrich	50	2000	1,4
6	Estrichdämmung WLF 0,040	30	150	0,04
7	Decke		Tabelle [d3]	

Bemerkungen:

Die Fuge zwischen Blendrahmen und Baukörper ist mit Dämmstoff (≥ 10 mm) auszufüllen.

U-Wert [U_1]:

				U-Wert [U_1] [W/(m²K)]			
	Dicke [mm]	Rohdichte [kg/m³]	Lambda [W/(mK)]	Variable [d1] - 175 mm			
Variable				Kalksandstein	Mauerwerk 0,10 W/(mK)	Mauerwerk 0,12 W/(mK)	Mauerwerk 0,14 W/(mK)
Kerndämmung [d2]	100	150	0,04	0,33	0,22	0,23	0,25
	120	150	0,04	0,29	0,20	0,21	0,22
	140	150	0,04	0,25	0,18	0,19	0,20

Wärmebrückenverlustkoeffizient: (Ψ-Wert, außenmaßbezogen)

Variable	Dicke [mm]	Rohdichte [kg/m³]	Lambda [W/(mK)]	Variable [d1] - Kalksandstein 175 mm - 0,99 W/(mK)
Variable [d3] - Stahlbeton 200 mm - 2,1 W/(mK)				
Kerndäm-mung [d2]	100	150	0,04	-0,01
	120	150	0,04	-0,05
	140	150	0,04	-0,06
				Variable [d1] - Mauerwerk 175 mm - 0,10 W/(mK)
	100	150	0,04	0,08
	120	150	0,04	0,07
	140	150	0,04	0,07
				Variable [d1] - Mauerwerk 175 mm - 0,12 W/(mK)
	100	150	0,04	0,07
	120	150	0,04	0,06
	140	150	0,04	0,06
				Variable [d1] - Mauerwerk 175 mm - 0,14 W/(mK)
	100	150	0,04	0,06
	120	150	0,04	0,06
	140	150	0,04	0,06

Variable	Dicke [mm]	Rohdichte [kg/m³]	Lambda [W/(mK)]	Variable [d1] - Kalksandstein 175 mm - 0,99 W/(mK)
Variable [d3] - Porenbeton 240 mm - 0,16 W/(mK)				
Kerndäm-mung [d2]	100	150	0,04	-0,03
	120	150	0,04	-0,06
	140	150	0,04	-0,07
				Variable [d1] - Mauerwerk 175 mm - 0,10 W/(mK)
	100	150	0,04	0,05
	120	150	0,04	0,05
	140	150	0,04	0,05
				Variable [d1] - Mauerwerk 175 mm - 0,12 W/(mK)
	100	150	0,04	0,04
	120	150	0,04	0,04
	140	150	0,04	0,04
				Variable [d1] - Mauerwerk 175 mm - 0,14 W/(mK)
	100	150	0,04	0,04
	120	150	0,04	0,04
	140	150	0,04	0,04

5 / Fenstersturz
5-K-57a / Bild 57a - kerngedämmtes Mauerwerk

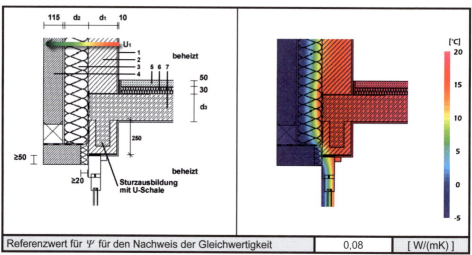

Referenzwert für Ψ für den Nachweis der Gleichwertigkeit	0,08	[W/(mK)]

Baustoffe:

Pos.	Bezeichnung	Dicke [mm]	Rohdichte [kg/m³]	Lambda [W/(mK)]
1	Innenputz	10	1800	0,35
2	Mauerwerk		Tabelle [d1]	
3	Kerndämmung		Tabelle [d2]	
4	Verblendmauerwerk	115	2000	0,96
5	Estrich	50	2000	1,4
6	Estrichdämmung WLF 0,040	30	150	0,04
7	Decke		Tabelle [d3]	

Bemerkungen:

Die Fuge zwischen Blendrahmen und Baukörper ist mit Dämmstoff (≥ 10 mm) auszufüllen.

U-Wert [U_1]:

				U-Wert [U_1] [W/(m²K)]			
	Dicke [mm]	Rohdichte [kg/m³]	Lambda [W/(mK)]	Variable [d1] - 175 mm			
Variable				Kalksand-stein	Mauer-werk 0,10 W/(mK)	Mauer-werk 0,12 W/(mK)	Mauer-werk 0,14 W/(mK)
Kerndäm-mung [d2]	100	150	0,04	0,33	0,22	0,23	0,25
	120	150	0,04	0,29	0,20	0,21	0,22
	140	150	0,04	0,25	0,18	0,19	0,20

Wärmebrückenverlustkoeffizient: (Ψ-Wert, außenmaßbezogen)

	Variable [d3] - Stahlbeton 200 mm - 2,1 W/(mK)			
Variable	Dicke [mm]	Rohdichte [kg/m³]	Lambda [W/(mK)]	Variable [d1] - Kalksandstein 175 mm - 0,99 W/(mK)
Kerndäm-mung [d2]	100	150	0,04	-0,01
	120	150	0,04	-0,05
	140	150	0,04	-0,06
				Variable [d1] - Mauerwerk 175 mm - 0,10 W/(mK)
	100	150	0,04	0,08
	120	150	0,04	0,07
	140	150	0,04	0,07
				Variable [d1] - Mauerwerk 175 mm - 0,12 W/(mK)
	100	150	0,04	0,07
	120	150	0,04	0,06
	140	150	0,04	0,06
				Variable [d1] - Mauerwerk 175 mm - 0,14 W/(mK)
	100	150	0,04	0,06
	120	150	0,04	0,06
	140	150	0,04	0,06

	Variable [d3] - Porenbeton 240 mm - 0,16 W/(mK)			
Variable	Dicke [mm]	Rohdichte [kg/m³]	Lambda [W/(mK)]	Variable [d1] - Kalksandstein 175 mm - 0,99 W/(mK)
Kerndäm-mung [d2]	100	150	0,04	-0,03
	120	150	0,04	-0,06
	140	150	0,04	-0,07
				Variable [d1] - Mauerwerk 175 mm - 0,10 W/(mK)
	100	150	0,04	0,05
	120	150	0,04	0,05
	140	150	0,04	0,05
				Variable [d1] - Mauerwerk 175 mm - 0,12 W/(mK)
	100	150	0,04	0,04
	120	150	0,04	0,04
	140	150	0,04	0,04
				Variable [d1] - Mauerwerk 175 mm - 0,14 W/(mK)
	100	150	0,04	0,04
	120	150	0,04	0,04
	140	150	0,04	0,04

5 / Fenstersturz
5-K-57b / Bild 57b - kerngedämmtes Mauerwerk

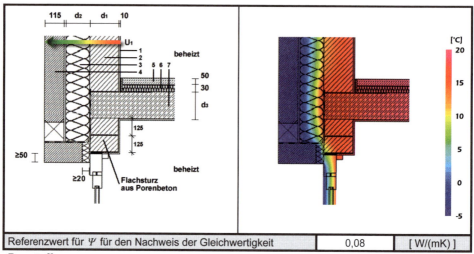

Referenzwert für Ψ für den Nachweis der Gleichwertigkeit	0,08	[W/(mK)]

Baustoffe:

Pos.	Bezeichnung	Dicke [mm]	Rohdichte [kg/m³]	Lambda [W/(mK)]
1	Innenputz	10	1800	0,35
2	Mauerwerk		Tabelle [d1]	
3	Kerndämmung		Tabelle [d2]	
4	Verblendmauerwerk	115	2000	0,96
5	Estrich	50	2000	1,4
6	Estrichdämmung WLF 0,040	30	150	0,04
7	Decke		Tabelle [d3]	

Bemerkungen:

Die Fuge zwischen Blendrahmen und Baukörper ist mit Dämmstoff (≥ 10 mm) auszufüllen.

U-Wert [U_1]:

				U-Wert [U_1] [W/(m²K)]		
Variable	Dicke [mm]	Rohdichte [kg/m³]	Lambda [W/(mK)]	Mauerwerk 0,10 W/(mK)	Mauerwerk 0,12 W/(mK)	Mauerwerk 0,14 W/(mK)
Kerndämmung [d2]	100	150	0,04	0,22	0,23	0,25
	120	150	0,04	0,20	0,21	0,22
	140	150	0,04	0,18	0,19	0,20

Wärmebrückenverlustkoeffizient: (Ψ-Wert, außenmaßbezogen)

Variable	Dicke [mm]	Rohdichte [kg/m³]	Lambda [W/(mK)]	Variable [d3] - Stahlbeton 200 mm - 2,1 W/(mK)
				Variable [d1] - Mauerwerk 175 mm - 0,10 W/(mK)
Kerndämmung [d2]	100	150	0,04	0,08
	120	150	0,04	0,07
	140	150	0,04	0,07
				Variable [d1] - Mauerwerk 175 mm - 0,12 W/(mK)
	100	150	0,04	0,07
	120	150	0,04	0,06
	140	150	0,04	0,06
				Variable [d1] - Mauerwerk 175 mm - 0,14 W/(mK)
	100	150	0,04	0,06
	120	150	0,04	0,06
	140	150	0,04	0,06

Variable	Dicke [mm]	Rohdichte [kg/m³]	Lambda [W/(mK)]	Variable [d3] - Porenbeton 240 mm - 0,16 W/(mK)
				Variable [d1] - Mauerwerk 175 mm - 0,10 W/(mK)
Kerndämmung [d2]	100	150	0,04	0,05
	120	150	0,04	0,05
	140	150	0,04	0,05
				Variable [d1] - Mauerwerk 175 mm - 0,12 W/(mK)
	100	150	0,04	0,04
	120	150	0,04	0,04
	140	150	0,04	0,04
				Variable [d1] - Mauerwerk 175 mm - 0,14 W/(mK)
	100	150	0,04	0,04
	120	150	0,04	0,04
	140	150	0,04	0,04

5 / Fenstersturz
5-K-57c / Bild 57c - kerngedämmtes Mauerwerk

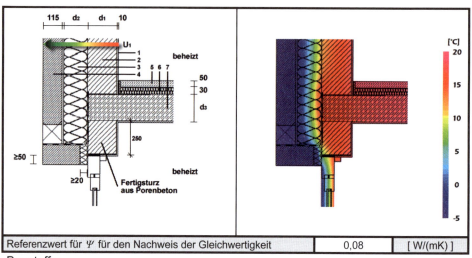

| Referenzwert für Ψ für den Nachweis der Gleichwertigkeit | 0,08 | [W/(mK)] |

Baustoffe:

Pos.	Bezeichnung	Dicke [mm]	Rohdichte [kg/m³]	Lambda [W/(mK)]
1	Innenputz	10	1800	0,35
2	Mauerwerk		Tabelle [d1]	
3	Kerndämmung		Tabelle [d2]	
4	Verblendmauerwerk	115	2000	0,96
5	Estrich	50	2000	1,4
6	Estrichdämmung WLF 0,040	30	150	0,04
7	Decke		Tabelle [d3]	

Bemerkungen:

Die Fuge zwischen Blendrahmen und Baukörper ist mit Dämmstoff (≥ 10 mm) auszufüllen.

U-Wert [U_1]:

				U-Wert [U_1] [W/(m²K)]		
Variable	Dicke [mm]	Rohdichte [kg/m³]	Lambda [W/(mK)]	Mauerwerk 0,10 W/(mK)	Mauerwerk 0,12 W/(mK)	Mauerwerk 0,14 W/(mK)
Kerndämmung [d2]	100	150	0,04	0,22	0,23	0,25
	120	150	0,04	0,20	0,21	0,22
	140	150	0,04	0,18	0,19	0,20

Wärmebrückenverlustkoeffizient: (Ψ-Wert, außenmaßbezogen)

Variable	Dicke [mm]	Rohdichte [kg/m³]	Lambda [W/(mK)]	Variable [d1] - Mauerwerk 175 mm - 0,10 W/(mK)
Kerndämmung [d2]	100	150	0,04	0,08
	120	150	0,04	0,07
	140	150	0,04	0,07
				Variable [d1] - Mauerwerk 175 mm - 0,12 W/(mK)
	100	150	0,04	0,07
	120	150	0,04	0,06
	140	150	0,04	0,06
				Variable [d1] - Mauerwerk 175 mm - 0,14 W/(mK)
	100	150	0,04	0,06
	120	150	0,04	0,06
	140	150	0,04	0,06

Variable [d3] - Stahlbeton 200 mm - 2,1 W/(mK)

Variable	Dicke [mm]	Rohdichte [kg/m³]	Lambda [W/(mK)]	Variable [d1] - Mauerwerk 175 mm - 0,10 W/(mK)
Kerndämmung [d2]	100	150	0,04	0,05
	120	150	0,04	0,05
	140	150	0,04	0,05
				Variable [d1] - Mauerwerk 175 mm - 0,12 W/(mK)
	100	150	0,04	0,04
	120	150	0,04	0,04
	140	150	0,04	0,04
				Variable [d1] - Mauerwerk 175 mm - 0,14 W/(mK)
	100	150	0,04	0,04
	120	150	0,04	0,04
	140	150	0,04	0,04

Variable [d3] - Porenbeton 240 mm - 0,16 W/(mK)

5 / Fenstersturz
5-K-58 / Bild 58 - kerngedämmtes Mauerwerk

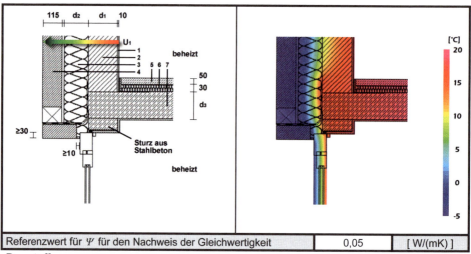

Referenzwert für Ψ für den Nachweis der Gleichwertigkeit	0,05	[W/(mK)]

Baustoffe:

Pos.	Bezeichnung	Dicke [mm]	Rohdichte [kg/m³]	Lambda [W/(mK)]
1	Innenputz	10	1800	0,35
2	Mauerwerk		Tabelle [d1]	
3	Kerndämmung		Tabelle [d2]	
4	Verblendmauerwerk	115	2000	0,96
5	Estrich	50	2000	1,4
6	Estrichdämmung WLF 0,040	30	150	0,04
7	Decke		Tabelle [d3]	

Bemerkungen:

Die Fuge zwischen Blendrahmen und Baukörper ist mit Dämmstoff (≥ 10 mm) auszufüllen.

U-Wert [U_1]:

				U-Wert [U_1] [W/(m²K)]			
Variable	Dicke [mm]	Rohdichte [kg/m³]	Lambda [W/(mK)]	Variable [d1] - 175 mm			
				Kalksandstein	Mauerwerk 0,10 W/(mK)	Mauerwerk 0,12 W/(mK)	Mauerwerk 0,14 W/(mK)
Kerndämmung [d2]	100	150	0,04	0,33	0,22	0,23	0,25
	120	150	0,04	0,29	0,20	0,21	0,22
	140	150	0,04	0,25	0,18	0,19	0,20

Wärmebrückenverlustkoeffizient: (Ψ-Wert, außenmaßbezogen)

Variable [d3] - Stahlbeton 200 mm - 2,1 W/(mK)				
Variable	Dicke [mm]	Rohdichte [kg/m³]	Lambda [W/(mK)]	Variable [d1] - Kalksandstein 175 mm - 0,99 W/(mK)
Kerndäm-mung [d2]	100	150	0,04	0,03
	120	150	0,04	0,02
	140	150	0,04	0,01
				Variable [d1] - Mauerwerk 175 mm - 0,10 W/(mK)
	100	150	0,04	0,07
	120	150	0,04	0,06
	140	150	0,04	0,06
				Variable [d1] - Mauerwerk 175 mm - 0,12 W/(mK)
	100	150	0,04	0,06
	120	150	0,04	0,05
	140	150	0,04	0,05
				Variable [d1] - Mauerwerk 175 mm - 0,14 W/(mK)
	100	150	0,04	0,05
	120	150	0,04	0,05
	140	150	0,04	0,05

Variable [d3] - Porenbeton 240 mm - 0,16 W/(mK)				
Variable	Dicke [mm]	Rohdichte [kg/m³]	Lambda [W/(mK)]	Variable [d1] - Kalksandstein 175 mm - 0,99 W/(mK)
Kerndäm-mung [d2]	100	150	0,04	0,02
	120	150	0,04	0,01
	140	150	0,04	0,00
				Variable [d1] - Mauerwerk 175 mm - 0,10 W/(mK)
	100	150	0,04	0,05
	120	150	0,04	0,04
	140	150	0,04	0,04
				Variable [d1] - Mauerwerk 175 mm - 0,12 W/(mK)
	100	150	0,04	0,04
	120	150	0,04	0,04
	140	150	0,04	0,04
				Variable [d1] - Mauerwerk 175 mm - 0,14 W/(mK)
	100	150	0,04	0,03
	120	150	0,04	0,03
	140	150	0,04	0,03

5 / Fenstersturz
5-K-58a / Bild 58a - kerngedämmtes Mauerwerk

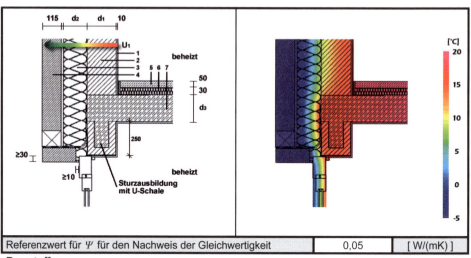

Referenzwert für Ψ für den Nachweis der Gleichwertigkeit	0,05	[W/(mK)]

Baustoffe:

Pos.	Bezeichnung	Dicke [mm]	Rohdichte [kg/m³]	Lambda [W/(mK)]
1	Innenputz	10	1800	0,35
2	Mauerwerk		Tabelle [d1]	
3	Kerndämmung		Tabelle [d2]	
4	Verblendmauerwerk	115	2000	0,96
5	Estrich	50	2000	1,4
6	Estrichdämmung WLF 0,040	30	150	0,04
7	Decke		Tabelle [d3]	

Bemerkungen:

Die Fuge zwischen Blendrahmen und Baukörper ist mit Dämmstoff ($\geq$ 10 mm) auszufüllen.

U-Wert [U_1]:

				U-Wert [U_1] [W/(m²K)]			
	Dicke [mm]	Rohdichte [kg/m³]	Lambda [W/(mK)]	Variable [d1] - 175 mm			
Variable				Kalksand-stein	Mauer-werk 0,10 W/(mK)	Mauer-werk 0,12 W/(mK)	Mauer-werk 0,14 W/(mK)
Kerndäm-mung [d2]	100	150	0,04	0,33	0,22	0,23	0,25
	120	150	0,04	0,29	0,20	0,21	0,22
	140	150	0,04	0,25	0,18	0,19	0,20

Wärmebrückenverlustkoeffizient: (Ψ-Wert, außenmaßbezogen)

				Variable [d3] - Stahlbeton 200 mm - 2,1 W/(mK)
Variable	Dicke [mm]	Rohdichte [kg/m³]	Lambda [W/(mK)]	Variable [d1] - Kalksandstein 175 mm - 0,99 W/(mK)
Kerndäm- mung [d2]	100	150	0,04	0,03
	120	150	0,04	0,02
	140	150	0,04	0,01
				Variable [d1] - Mauerwerk 175 mm - 0,10 W/(mK)
	100	150	0,04	0,07
	120	150	0,04	0,06
	140	150	0,04	0,06
				Variable [d1] - Mauerwerk 175 mm - 0,12 W/(mK)
	100	150	0,04	0,06
	120	150	0,04	0,05
	140	150	0,04	0,05
				Variable [d1] - Mauerwerk 175 mm - 0,14 W/(mK)
	100	150	0,04	0,05
	120	150	0,04	0,05
	140	150	0,04	0,05

				Variable [d3] - Porenbeton 240 mm - 0,16 W/(mK)
Variable	Dicke [mm]	Rohdichte [kg/m³]	Lambda [W/(mK)]	Variable [d1] - Kalksandstein 175 mm - 0,99 W/(mK)
Kerndäm- mung [d2]	100	150	0,04	0,02
	120	150	0,04	0,01
	140	150	0,04	0,00
				Variable [d1] - Mauerwerk 175 mm - 0,10 W/(mK)
	100	150	0,04	0,05
	120	150	0,04	0,04
	140	150	0,04	0,04
				Variable [d1] - Mauerwerk 175 mm - 0,12 W/(mK)
	100	150	0,04	0,04
	120	150	0,04	0,04
	140	150	0,04	0,04
				Variable [d1] - Mauerwerk 175 mm - 0,14 W/(mK)
	100	150	0,04	0,03
	120	150	0,04	0,03
	140	150	0,04	0,03

5 / Fenstersturz
5-K-58b / Bild 58b - kerngedämmtes Mauerwerk

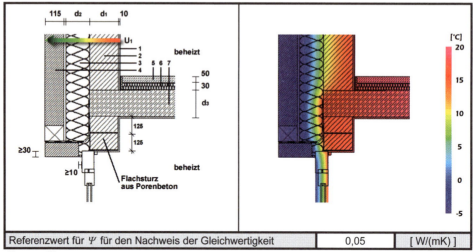

Referenzwert für Ψ für den Nachweis der Gleichwertigkeit	0,05	[W/(mK)]

Baustoffe:

Pos.	Bezeichnung	Dicke [mm]	Rohdichte [kg/m³]	Lambda [W/(mK)]
1	Innenputz	10	1800	0,35
2	Mauerwerk		Tabelle [d1]	
3	Kerndämmung		Tabelle [d2]	
4	Verblendmauerwerk	115	2000	0,96
5	Estrich	50	2000	1,4
6	Estrichdämmung WLF 0,040	30	150	0,04
7	Decke		Tabelle [d3]	

Bemerkungen:

Die Fuge zwischen Blendrahmen und Baukörper ist mit Dämmstoff ($\geq$ 10 mm) auszufüllen.

U-Wert [U_1]:

	Dicke [mm]	Rohdichte [kg/m³]	Lambda [W/(mK)]	U-Wert [U_1] [W/(m²K)]		
Variable				Mauerwerk 0,10 W/(mK)	Mauerwerk 0,12 W/(mK)	Mauerwerk 0,14 W/(mK)
Kerndämmung [d2]	100	150	0,04	0,22	0,23	0,25
	120	150	0,04	0,20	0,21	0,22
	140	150	0,04	0,18	0,19	0,20

Wärmebrückenverlustkoeffizient: (Ψ-Wert, außenmaßbezogen)

	Dicke [mm]	Rohdichte [kg/m³]	Lambda [W/(mK)]	Variable [d3] - Stahlbeton 200 mm - 2,1 W/(mK)
Variable				Variable [d1] - Mauerwerk 175 mm - 0,10 W/(mK)
Kerndämmung [d2]	100	150	0,04	0,07
	120	150	0,04	---
	140	150	0,04	0,06
				Variable [d1] - Mauerwerk 175 mm - 0,12 W/(mK)
	100	150	0,04	0,06
	120	150	0,04	0,05
	140	150	0,04	0,05
				Variable [d1] - Mauerwerk 175 mm - 0,14 W/(mK)
	100	150	0,04	0,05
	120	150	0,04	0,05
	140	150	0,04	0,05

	Dicke [mm]	Rohdichte [kg/m³]	Lambda [W/(mK)]	Variable [d3] - Porenbeton 240 mm - 0,16 W/(mK)
Variable				Variable [d1] - Mauerwerk 175 mm - 0,10 W/(mK)
Kerndämmung [d2]	100	150	0,04	0,05
	120	150	0,04	0,04
	140	150	0,04	0,04
				Variable [d1] - Mauerwerk 175 mm - 0,12 W/(mK)
	100	150	0,04	0,04
	120	150	0,04	0,04
	140	150	0,04	0,04
				Variable [d1] - Mauerwerk 175 mm - 0,14 W/(mK)
	100	150	0,04	0,03
	120	150	0,04	---
	140	150	0,04	0,03

5 / Fenstersturz
5-K-58c / Bild 58c - kerngedämmtes Mauerwerk

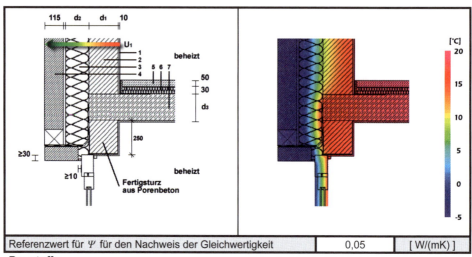

Referenzwert für Ψ für den Nachweis der Gleichwertigkeit	0,05	[W/(mK)]

Baustoffe:

Pos.	Bezeichnung	Dicke [mm]	Rohdichte [kg/m³]	Lambda [W/(mK)]
1	Innenputz	10	1800	0,35
2	Mauerwerk		Tabelle [d1]	
3	Kerndämmung		Tabelle [d2]	
4	Verblendmauerwerk	115	2000	0,96
5	Estrich	50	2000	1,4
6	Estrichdämmung WLF 0,040	30	150	0,04
7	Decke		Tabelle [d3]	

Bemerkungen:

Die Fuge zwischen Blendrahmen und Baukörper ist mit Dämmstoff (≥ 10 mm) auszufüllen.

U-Wert [U_1]:

				U-Wert [U_1] [W/(m²K)]		
	Dicke [mm]	Rohdichte [kg/m³]	Lambda [W/(mK)]	Mauerwerk 0,10 W/(mK)	Mauerwerk 0,12 W/(mK)	Mauerwerk 0,14 W/(mK)
Variable						
Kerndämmung [d2]	100	150	0,04	0,22	0,23	0,25
	120	150	0,04	0,20	0,21	0,22
	140	150	0,04	0,18	0,19	0,20

Wärmebrückenverlustkoeffizient: (Ψ-Wert, außenmaßbezogen)

Variable	Dicke [mm]	Rohdichte [kg/m³]	Lambda [W/(mK)]	Variable [d1] - Mauerwerk 175 mm - 0,10 W/(mK)
Variable [d3] - Stahlbeton 200 mm - 2,1 W/(mK)				
Kerndämmung [d2]	100	150	0,04	0,07
	120	150	0,04	---
	140	150	0,04	0,06
				Variable [d1] - Mauerwerk 175 mm - 0,12 W/(mK)
	100	150	0,04	0,06
	120	150	0,04	0,05
	140	150	0,04	0,05
				Variable [d1] - Mauerwerk 175 mm - 0,14 W/(mK)
	100	150	0,04	0,05
	120	150	0,04	0,05
	140	150	0,04	0,05

Variable	Dicke [mm]	Rohdichte [kg/m³]	Lambda [W/(mK)]	Variable [d1] - Mauerwerk 175 mm - 0,10 W/(mK)
Variable [d3] - Porenbeton 240 mm - 0,16 W/(mK)				
Kerndämmung [d2]	100	150	0,04	0,05
	120	150	0,04	0,04
	140	150	0,04	0,04
				Variable [d1] - Mauerwerk 175 mm - 0,12 W/(mK)
	100	150	0,04	0,04
	120	150	0,04	0,04
	140	150	0,04	0,04
				Variable [d1] - Mauerwerk 175 mm - 0,14 W/(mK)
	100	150	0,04	0,03
	120	150	0,04	---
	140	150	0,04	0,03

5 / Fenstersturz
5-H-59 / Bild 59 - Holzbauart

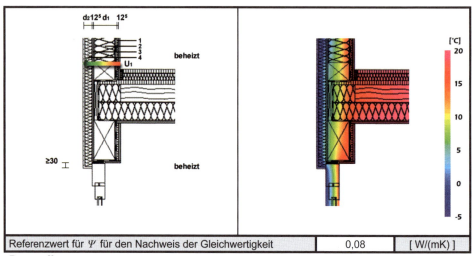

Referenzwert für Ψ für den Nachweis der Gleichwertigkeit	0,08	[W/(mK)]

Baustoffe:

Pos.	Bezeichnung	Dicke [mm]	Rohdichte [kg/m³]	Lambda [W/(mK)]
1	Gipsfaserplatte	12,5	1150	0,32
2	Dämmung WLG 040	Tabelle [d1]		
3	Gipsfaserplatte	12,5	1150	0,32
4	WDVS WLG 040	Tabelle [d2]		

U-Wert [U_1]:

				U-Wert [U_1] [W/(m²K)]				
Variable	Dicke [mm]	Rohdichte [kg/m³]	Lambda [W/(mK)]	Variable [d1] - Dämmung WLF 0,040				
				120 mm	140 mm	160 mm	180 mm	200 mm
WDVS [d2]	40	30	0,04	0,24	0,21	0,19	0,17	0,16
	60	30	0,04	0,21	0,19	0,17	0,16	0,15
	80	30	0,04	0,19	0,17	0,16	0,15	0,14
	100	30	0,04	0,17	0,16	0,15	0,14	0,13
	120	30	0,04	0,16	0,15	0,14	0,13	0,12

Wärmebrückenverlustkoeffizient: (Ψ-Wert, außenmaßbezogen)

Variable	Dicke [mm]	Rohdichte [kg/m³]	Lambda [W/(mK)]	Variable [d1] - Dämmung WLF 0,040				
				120 mm	140 mm	160 mm	180 mm	200 mm
WDVS [d2]	40	30	0,04	0,05	0,05	0,05	0,06	0,06
	60	30	0,04	0,04	0,05	0,05	0,05	0,05
	80	30	0,04	0,04	0,04	0,04	0,04	0,05
	100	30	0,04	0,03	0,03	0,04	0,04	0,04
	120	30	0,04	0,03	0,03	0,03	0,03	0,03

5 / Fenstersturz
5-H-F12 / Bild F12 - Holzbauart

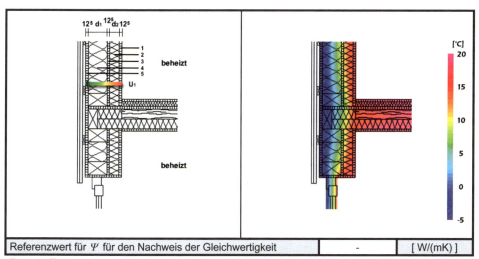

Referenzwert für Ψ für den Nachweis der Gleichwertigkeit	-	[W/(mK)]

Baustoffe:

Pos.	Bezeichnung	Dicke [mm]	Rohdichte [kg/m³]	Lambda [W/(mK)]
1	Gipsfaserplatte	12,5	1150	0,32
2	Dämmung WLG 040	Tabelle [d1]		
3	Gipsfaserplatte	12,5	1150	0,32
4	Dämmung WLG 040	Tabelle [d2]		
5	Gipsfaserplatte	12,5	1150	0,32

U-Wert [U_1]:

				U-Wert [U_1] [W/(m²K)]				
Variable	Dicke [mm]	Rohdichte [kg/m³]	Lambda [W/(mK)]	Variable [d1] - Dämmung WLF 0,040				
				120 mm	140 mm	160 mm	180 mm	200 mm
Dämmung [d2]	40	30	0,04	0,23	0,21	0,19	0,17	0,16
	60	30	0,04	0,21	0,19	0,17	0,16	0,15

Wärmebrückenverlustkoeffizient: (Ψ-Wert, außenmaßbezogen)

Variable	Dicke [mm]	Rohdichte [kg/m³]	Lambda [W/(mK)]	Variable [d1] - Dämmung WLF 0,040				
				120 mm	140 mm	160 mm	180 mm	200 mm
Dämmung [d2]	40	30	0,04	0,18	0,17	0,16	0,16	0,15
	60	30	0,04	0,17	0,16	0,15	0,14	0,14

5 / Fenstersturz
5-H-F12a / Bild F12a - Holzbauart

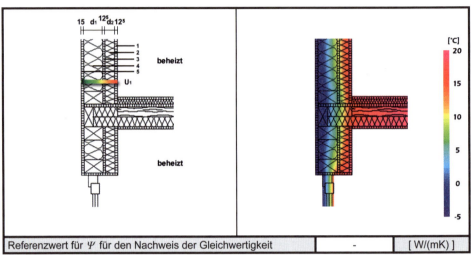

Referenzwert für Ψ für den Nachweis der Gleichwertigkeit		-	[W/(mK)]

Baustoffe:

Pos.	Bezeichnung	Dicke [mm]	Rohdichte [kg/m³]	Lambda [W/(mK)]
1	Gipsfaserplatte	12,5	1150	0,32
2	Dämmung WLG 040	Tabelle [d1]		
3	Gipsfaserplatte	12,5	1150	0,32
4	Dämmung WLG 040	Tabelle [d2]		
5	Powerpanel HD	15	1000	0,4

U-Wert [U_1]:

				U-Wert [U_1] [W/(m²K)]				
Variable	Dicke [mm]	Rohdichte [kg/m³]	Lambda [W/(mK)]	Variable [d1] - Dämmung WLF 0,040				
				120 mm	140 mm	160 mm	180 mm	200 mm
Dämmung [d2]	40	30	0,04	0,23	0,21	0,19	0,17	0,16
	60	30	0,04	0,21	0,19	0,17	0,16	0,15

Wärmebrückenverlustkoeffizient: (Ψ-Wert, außenmaßbezogen)

Variable	Dicke [mm]	Rohdichte [kg/m³]	Lambda [W/(mK)]	Variable [d1] - Dämmung WLF 0,040				
				120 mm	140 mm	160 mm	180 mm	200 mm
Dämmung [d2]	40	30	0,04	0,18	0,17	0,16	0,16	0,15
	60	30	0,04	0,17	0,16	0,15	0,14	0,14

5 / Fenstersturz
5-H-F13 / Bild F13 - Holzbauart

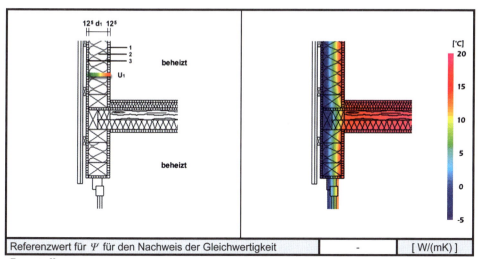

Referenzwert für Ψ für den Nachweis der Gleichwertigkeit	-	[W/(mK)]

Baustoffe:

Pos.	Bezeichnung	Dicke [mm]	Rohdichte [kg/m³]	Lambda [W/(mK)]
1	Gipsfaserplatte	12,5	1150	0,32
2	Dämmung WLG 040	Tabelle [d1]		
3	Gipsfaserplatte	12,5	1150	0,32

U-Wert [U_1]:

Variable	Dicke [mm]	Rohdichte [kg/m³]	Lambda [W/(mK)]	U-Wert [U_1] [W/(m²K)]
Dämmung [d1]	120	150	0,04	0,31
	140	150	0,04	0,27
	160	150	0,04	0,24
	180	150	0,04	0,21
	200	150	0,04	0,19

Wärmebrückenverlustkoeffizient: (Ψ-Wert, außenmaßbezogen)

Variable	Dicke [mm]	Rohdichte [kg/m³]	Lambda [W/(mK)]	Wärmebrückenverlustkoeffizient
Dämmung [d1]	120	150	0,04	0,14
	140	150	0,04	0,13
	160	150	0,04	0,12
	180	150	0,04	0,12
	200	150	0,04	0,11

6 / Rollladenkasten
6-M-60 / Bild 60 - monolithisches Mauerwerk

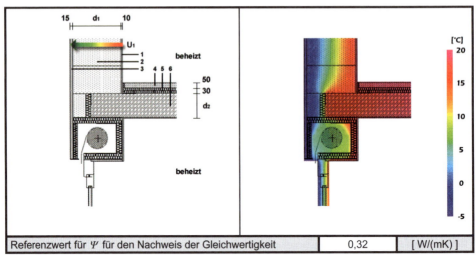

Referenzwert für Ψ für den Nachweis der Gleichwertigkeit	0,32	[W/(mK)]

Baustoffe:

Pos.	Bezeichnung	Dicke [mm]	Rohdichte [kg/m³]	Lambda [W/(mK)]
1	Innenputz	10	1800	0,35
2	Mauerwerk	Tabelle [d1]		
3	Außenputz	15	1300	0,2
4	Estrich	50	2000	1,4
5	Estrichdämmung WLF 0,040	30	150	0,04
6	Decke	Tabelle [d2]		

Bemerkungen:

Dicke der Dämmung im Rollladenkasten min. 4,5 cm.

U-Wert [U_1]:

Variable	Dicke [mm]	Rohdichte [kg/m³]	Lambda [W/(mK)]	U-Wert [U_1] [W/(m²K)]
Mauerwerk [d1]	300	350	0,09	0,28
	365	350	0,09	0,23
	300	400	0,10	0,31
	365	400	0,10	0,25
	300	450	0,12	0,36
	365	450	0,12	0,30
	300	500	0,14	0,41
	365	500	0,14	0,35
	300	550	0,16	0,47
	365	550	0,16	0,39

Wärmebrückenverlustkoeffizient: (Ψ-Wert, außenmaßbezogen)

Variable [d2] - Stahlbeton 200 mm - 2,1 W/(mK)				
Variable	Dicke [mm]	Rohdichte [kg/m³]	Lambda [W/(mK)]	Wärmebrückenverlustkoeffizient
Mauerwerk [d1]	300	350	0,09	0,36
	365	350	0,09	0,35
	300	400	0,10	0,35
	365	400	0,10	0,34
	300	450	0,12	0,32
	365	450	0,12	0,32
	300	500	0,14	0,30
	365	500	0,14	0,30
	300	550	0,16	0,28
	365	550	0,16	0,28

Variable [d2] - Porenbeton 240 mm - 0,16 W/(mK)				
Variable	Dicke [mm]	Rohdichte [kg/m³]	Lambda [W/(mK)]	Wärmebrückenverlustkoeffizient
Mauerwerk [d1]	300	350	0,09	0,23
	365	350	0,09	0,21
	300	400	0,10	0,22
	365	400	0,10	0,20
	300	450	0,12	0,19
	365	450	0,12	0,18
	300	500	0,14	0,17
	365	500	0,14	0,15
	300	550	0,16	0,14
	365	550	0,16	0,13

6 / Rollladenkasten
6-A-61 / Bild 61 - außengedämmtes Mauerwerk

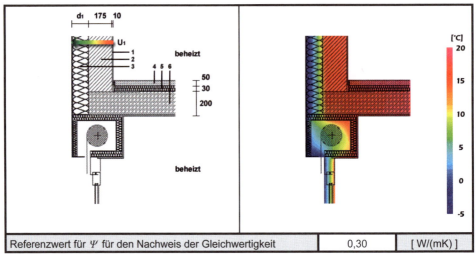

Referenzwert für Ψ für den Nachweis der Gleichwertigkeit	0,30	[W/(mK)]

Baustoffe:

Pos.	Bezeichnung	Dicke [mm]	Rohdichte [kg/m³]	Lambda [W/(mK)]
1	Innenputz	10	1800	0,35
2	Kalksandstein	175	1800	0,99
3	Wärmedämmverbundsystem	Tabelle [d1]		
4	Estrich	50	2000	1,4
5	Estrichdämmung WLF 0,040	30	150	0,04
6	Stahlbeton	200	2400	2,1

Bemerkungen:

Dicke der Dämmung im Rollladenkasten min. 4,5 cm.

U-Wert [U_1]:

Variable	Dicke [mm]	Rohdichte [kg/m³]	Lambda [W/(mK)]	U-Wert [U_1] [W/(m²K)]
WDVS [d1]	100	150	0,04	0,35
	120	150	0,04	0,30
	140	150	0,04	0,26
	160	150	0,04	0,23
	100	150	0,045	0,38
	120	150	0,045	0,33
	140	150	0,045	0,29
	160	150	0,045	0,25

Wärmebrückenverlustkoeffizient: (Ψ-Wert, außenmaßbezogen)

Variable	Dicke [mm]	Rohdichte [kg/m³]	Lambda [W/(mK)]	Wärmebrückenverlustkoeffizient
WDVS [d1]	100	150	0,04	0,41
	120	150	0,04	0,32
	140	150	0,04	0,32
	160	150	0,04	0,32
	100	150	0,045	0,39
	120	150	0,045	0,31
	140	150	0,045	0,31
	160	150	0,045	0,31

6 / Rollladenkasten
6-K-62 / Bild 62 - kerngedämmtes Mauerwerk

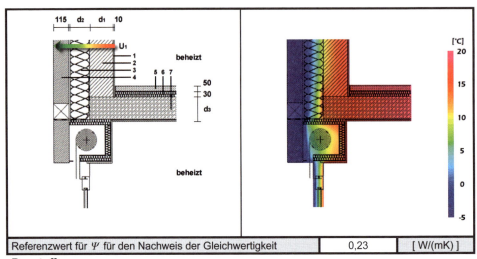

Referenzwert für Ψ für den Nachweis der Gleichwertigkeit	0,23	[W/(mK)]

Baustoffe:

Pos.	Bezeichnung	Dicke [mm]	Rohdichte [kg/m³]	Lambda [W/(mK)]
1	Innenputz	10	1800	0,35
2	Mauerwerk	Tabelle [d1]		
3	Kerndämmung	Tabelle [d2]		
4	Verblendmauerwerk	115	2000	0,96
5	Estrich	50	2000	1,4
6	Estrichdämmung WLF 0,040	30	150	0,04
7	Decke	Tabelle [d3]		

Bemerkungen:

Dicke der Dämmung im Rollladenkasten min. 4,5 cm.

U-Wert [U_1]:

				U-Wert [U_1] [W/(m²K)]			
	Dicke [mm]	Rohdichte [kg/m³]	Lambda [W/(mK)]	Variable [d1] - 175 mm			
Variable				Kalksandstein	Mauerwerk 0,10 W/(mK)	Mauerwerk 0,12 W/(mK)	Mauerwerk 0,14 W/(mK)
Kerndämmung [d2]	100	150	0,04	0,33	0,22	0,23	0,25
	120	150	0,04	0,29	0,20	0,21	0,22
	140	150	0,04	0,25	0,18	0,19	0,20

Wärmebrückenverlustkoeffizient: (Ψ-Wert, außenmaßbezogen)

Variable	Dicke [mm]	Rohdichte [kg/m³]	Lambda [W/(mK)]	Variable [d1] - Kalksandstein 175 mm - 0,99 W/(mK)
				Variable [d3] - Stahlbeton 200 mm - 2,1 W/(mK)
Kerndämmung [d2]	100	150	0,04	0,40
	120	150	0,04	0,30
	140	150	0,04	0,30
				Variable [d1] - Mauerwerk 175 mm - 0,10 W/(mK)
	100	150	0,04	0,43
	120	150	0,04	0,34
	140	150	0,04	0,33
				Variable [d1] - Mauerwerk 175 mm - 0,12 W/(mK)
	100	150	0,04	0,42
	120	150	0,04	0,33
	140	150	0,04	0,32
				Variable [d1] - Mauerwerk 175 mm - 0,14 W/(mK)
	100	150	0,04	0,42
	120	150	0,04	0,33
	140	150	0,04	0,32

Variable	Dicke [mm]	Rohdichte [kg/m³]	Lambda [W/(mK)]	Variable [d1] - Kalksandstein 175 mm - 0,99 W/(mK)
				Variable [d3] - Porenbeton 240 mm - 0,16 W/(mK)
Kerndämmung [d2]	100	150	0,04	0,29
	120	150	0,04	0,24
	140	150	0,04	0,24
				Variable [d1] - Mauerwerk 175 mm - 0,10 W/(mK)
	100	150	0,04	0,29
	120	150	0,04	0,25
	140	150	0,04	0,24
				Variable [d1] - Mauerwerk 175 mm - 0,12 W/(mK)
	100	150	0,04	0,28
	120	150	0,04	0,24
	140	150	0,04	0,24
				Variable [d1] - Mauerwerk 175 mm - 0,14 W/(mK)
	100	150	0,04	0,28
	120	150	0,04	0,24
	140	150	0,04	0,24

Bauteilkatalog zum Beiblatt 2 der DIN 4108

6 / Rollladenkasten
6-H-65 / Bild 65 - Holzbauart

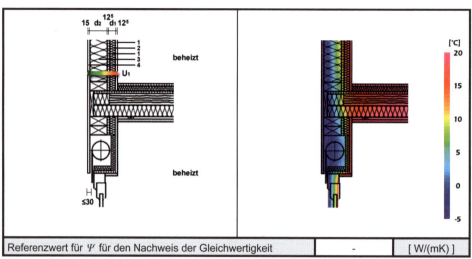

Referenzwert für Ψ für den Nachweis der Gleichwertigkeit	-	[W/(mK)]

Baustoffe:

Pos.	Bezeichnung	Dicke [mm]	Rohdichte [kg/m³]	Lambda [W/(mK)]
1	Gipsfaserplatte	25	1150	0,32
2	Dämmung WLG 040		Tabelle [d1]	
3	Dämmung WLG 040		Tabelle [d2]	
4	Powerpanel HD	15	1000	0,4

Bemerkungen:

Dicke der Dämmung im Rollladenkasten min. 4,5 cm.

U-Wert [U_1]:

				U-Wert [U_1] [W/(m²K)]				
Variable	Dicke [mm]	Rohdichte [kg/m³]	Lambda [W/(mK)]	Variable [d2] - Dämmung WLF 0,040				
				120 mm	140 mm	160 mm	180 mm	200 mm
Dämmung [d1]	40	30	0,04	0,23	0,21	0,19	0,17	0,16
	60	30	0,04	0,21	0,19	0,17	0,16	0,15

Wärmebrückenverlustkoeffizient: (Ψ-Wert, außenmaßbezogen)

Variable	Dicke [mm]	Rohdichte [kg/m³]	Lambda [W/(mK)]	Variable [d1] - Dämmung WLF 0,040				
				120 mm	140 mm	160 mm	180 mm	200 mm
Dämmung [d1]	40	30	0,04	0,23	0,22	0,21	0,21	0,20
	60	30	0,04	0,20	0,20	0,19	0,19	0,19

Bauteilkatalog zum Beiblatt 2 der DIN 4108

6 / Rollladenkasten
6-H-66 / Bild 66 - Holzbauart

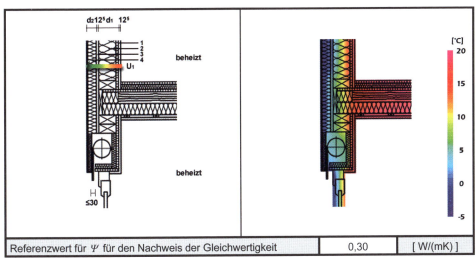

Referenzwert für Ψ für den Nachweis der Gleichwertigkeit	0,30	[W/(mK)]

Baustoffe:

Pos.	Bezeichnung	Dicke [mm]	Rohdichte [kg/m³]	Lambda [W/(mK)]
1	Gipsfaserplatte	12,5	1150	0,32
2	Dämmung WLG 040		Tabelle [d1]	
3	Gipsfaserplatte	12,5	1150	0,32
4	WDVS WLG 040		Tabelle [d2]	

Bemerkungen:

Dicke der Dämmung im Rollladenkasten min. 4,5 cm.

U-Wert [U_1]:

				U-Wert [U_1] [W/(m²K)]				
Variable	Dicke [mm]	Rohdichte [kg/m³]	Lambda [W/(mK)]	Variable [d1] - Dämmung WLF 0,040				
				120 mm	140 mm	160 mm	180 mm	200 mm
WDVS [d2]	40	30	0,04	0,24	0,21	0,19	0,17	0,16
	60	30	0,04	0,21	0,19	0,17	0,16	0,15
	80	30	0,04	0,19	0,17	0,16	0,15	0,14
	100	30	0,04	0,17	0,16	0,15	0,14	0,13
	120	30	0,04	0,16	0,15	0,14	0,13	0,12

Wärmebrückenverlustkoeffizient: (Ψ-Wert, außenmaßbezogen)

Variable	Dicke [mm]	Rohdichte [kg/m³]	Lambda [W/(mK)]	Variable [d1] - Dämmung WLF 0,040				
				120 mm	140 mm	160 mm	180 mm	200 mm
WDVS [d2]	40	30	0,04	0,17	0,17	0,16	0,16	0,16
	60	30	0,04	0,16	0,16	0,16	0,16	0,16
	80	30	0,04	0,15	0,15	0,15	0,15	0,15
	100	30	0,04	0,14	0,14	0,15	0,15	0,15
	120	30	0,04	0,13	0,14	0,14	0,15	0,15

7 / Terrasse
7-M-67 / Bild 67 - monolithisches Mauerwerk

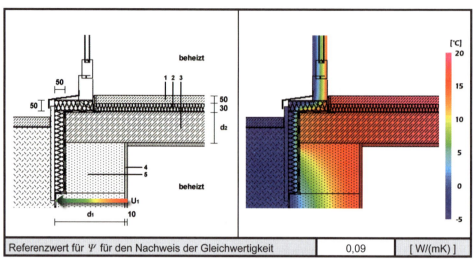

Referenzwert für Ψ für den Nachweis der Gleichwertigkeit	0,09	[W/(mK)]

Baustoffe:

Pos.	Bezeichnung	Dicke [mm]	Rohdichte [kg/m³]	Lambda [W/(mK)]
1	Estrich	50	2000	1,4
2	Estrichdämmung WLF 0,040	30	150	0,04
3	Decke		Tabelle [d2]	
4	Innenputz	10	1800	0,35
5	Mauerwerk		Tabelle [d1]	

U-Wert [U_1]:

Variable	Dicke [mm]	Rohdichte [kg/m³]	Lambda [W/(mK)]	U-Wert [U_1] [W/(m²K)]
Mauerwerk [d1]	300	500	0,14	0,43
	365	500	0,14	0,36

Wärmebrückenverlustkoeffizient: (Ψ-Wert, außenmaßbezogen)

Variable	Dicke [mm]	Rohdichte [kg/m³]	Lambda [W/(mK)]	Variable [d3]	
				Stahlbeton 200 mm 2,1 W/(mK)	Porenbeton 240 mm 0,16 W/(mK)
Mauerwerk [d1]	300	500	0,14	0,16	0,07
	365	500	0,14	0,17	0,07

7 / Terrasse
7-M-68 / Bild 68 - monolithisches Mauerwerk

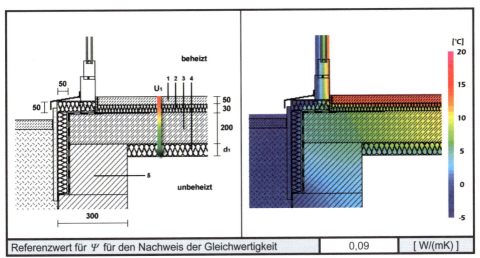

Referenzwert für Ψ für den Nachweis der Gleichwertigkeit	0,09	[W/(mK)]

Baustoffe:

Pos.	Bezeichnung	Dicke [mm]	Rohdichte [kg/m³]	Lambda [W/(mK)]
1	Estrich	50	2000	1,4
2	Estrichdämmung WLF 0,040	30	150	0,04
3	Stahlbeton	200	2400	2,1
4	Dämmung		Tabelle [d1]	
5	Kalksandstein	300	1800	0,99

U-Wert [U_1]:

Variable	Dicke [mm]	Rohdichte [kg/m³]	Lambda [W/(mK)]	U-Wert [U_1] [W/(m²K)]
Dämmung [d1]	40	150	0,04	0,48
	50	150	0,04	0,43
	60	150	0,04	0,39
	70	150	0,04	0,35

Wärmebrückenverlustkoeffizient: (Ψ-Wert, außenmaßbezogen)

Variable	Dicke [mm]	Rohdichte [kg/m³]	Lambda [W/(mK)]	Wärmebrückenverlustkoeffizient
Dämmung [d1]	40	150	0,04	0,01
	50	150	0,04	0,04
	60	150	0,04	0,06
	70	150	0,04	0,07

7 / Terrasse
7-A-69 / Bild 69 - außengedämmtes Mauerwerk

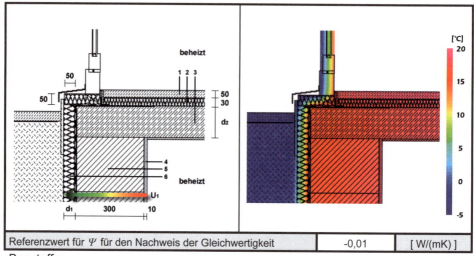

Referenzwert für Ψ für den Nachweis der Gleichwertigkeit	-0,01	[W/(mK)]

Baustoffe:

Pos.	Bezeichnung	Dicke [mm]	Rohdichte [kg/m³]	Lambda [W/(mK)]
1	Estrich	50	2000	1,4
2	Estrichdämmung WLF 0,040	30	150	0,04
3	Decke		Tabelle [d2]	
4	Innenputz	10	1800	0,35
5	Mauerwerk	300	1800	0,99
6	Perimeterdämmung WLF 0,040		Tabelle [d1]	

U-Wert [U_1]:

Variable	Dicke [mm]	Rohdichte [kg/m³]	Lambda [W/(mK)]	U-Wert [U_1] [W/(m²K)]
Perimeter- dämmung [d1]	60	150	0,04	0,50
	80	150	0,04	0,40
	100	150	0,04	0,33

Wärmebrückenverlustkoeffizient: (Ψ-Wert, außenmaßbezogen)

Variable	Dicke [mm]	Rohdichte [kg/m³]	Lambda [W/(mK)]	Variable [d3]	
				Stahlbeton 200 mm 2,1 W/(mK)	Porenbeton 240 mm 0,16 W/(mK)
Perimeter- dämmung [d1]	60	150	0,04	0,14	0,09
	80	150	0,04	0,13	0,09
	100	150	0,04	0,12	0,10

7 / Terrasse
7-A-70 / Bild 70 - außengedämmtes Mauerwerk

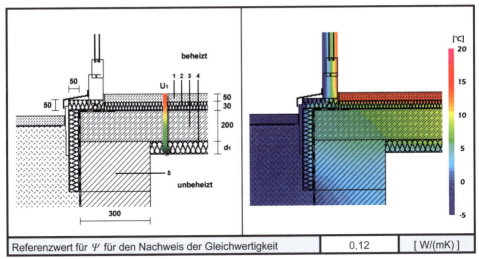

Referenzwert für Ψ für den Nachweis der Gleichwertigkeit	0,12	[W/(mK)]

Baustoffe:

Pos.	Bezeichnung	Dicke [mm]	Rohdichte [kg/m³]	Lambda [W/(mK)]
1	Estrich	50	2000	1,4
2	Estrichdämmung WLF 0,040	30	150	0,04
3	Stahlbeton	200	2400	2,1
4	Dämmung	\multicolumn{3}{c}{Tabelle [d1]}	
5	Kalksandstein	300	1800	0,99

U-Wert [U_1]:

Variable	Dicke [mm]	Rohdichte [kg/m³]	Lambda [W/(mK)]	*U*-Wert [U_1] [W/(m²K)]
Dämmung [d1]	40	150	0,04	0,48
	50	150	0,04	0,43
	60	150	0,04	0,39
	70	150	0,04	0,35

Wärmebrückenverlustkoeffizient: (Ψ-Wert, außenmaßbezogen)

Variable	Dicke [mm]	Rohdichte [kg/m³]	Lambda [W/(mK)]	Wärmebrückenverlustkoeffizient
Dämmung [d1]	40	150	0,04	0,02
	50	150	0,04	0,05
	60	150	0,04	0,07
	70	150	0,04	0,09

9 / Geschossdecke
9-M-72 / Bild 72 - monolithisches Mauerwerk

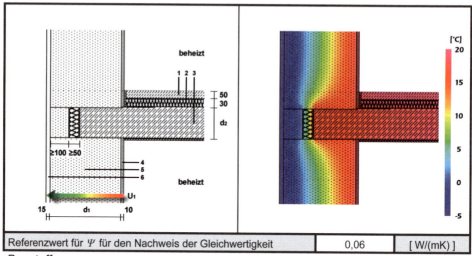

Referenzwert für Ψ für den Nachweis der Gleichwertigkeit	0,06	[W/(mK)]

Baustoffe:

Pos.	Bezeichnung	Dicke [mm]	Rohdichte [kg/m³]	Lambda [W/(mK)]
1	Estrich	50	2000	1,4
2	Estrichdämmung WLF 0,040	30	150	0,04
3	Decke		Tabelle [d2]	
4	Innenputz	10	1800	0,35
5	Mauerwerk		Tabelle [d1]	
6	Außenputz	15	1300	0,2

U-Wert [U₁]:

Variable	Dicke [mm]	Rohdichte [kg/m³]	Lambda [W/(mK)]	U-Wert [U₁] [W/(m²K)]
Mauerwerk [d1]	240	350	0,09	0,34
	300	350	0,09	0,28
	365	350	0,09	0,23
	240	400	0,10	0,37
	300	400	0,10	0,31
	365	400	0,10	0,25
	240	450	0,12	0,44
	300	450	0,12	0,36
	365	450	0,12	0,30
	240	500	0,14	0,50
	300	500	0,14	0,41
	365	500	0,14	0,35
	240	550	0,16	0,56
	300	550	0,16	0,47
	365	550	0,16	0,39

Wärmebrückenverlustkoeffizient: (Ψ-Wert, außenmaßbezogen)

Variable	Dicke [mm]	Rohdichte [kg/m³]	Lambda [W/(mK)]	Wärmebrückenverlustkoeffizient
\multicolumn{5}{c}{Variable [d2] - Stahlbeton 200 mm - 2,1 W/(mK)}
Mauerwerk [d1]	240	350	0,09	0,06
	300	350	0,09	0,06
	365	350	0,09	0,06
	240	400	0,10	0,05
	300	400	0,10	0,06
	365	400	0,10	0,06
	240	450	0,12	0,05
	300	450	0,12	0,05
	365	450	0,12	0,06
	240	500	0,14	0,04
	300	500	0,14	0,05
	365	500	0,14	0,06
	240	550	0,16	0,03
	300	550	0,16	0,04
	365	550	0,16	0,05

Variable	Dicke [mm]	Rohdichte [kg/m³]	Lambda [W/(mK)]	Wärmebrückenverlustkoeffizient
\multicolumn{5}{c}{Variable [d2] - Porenbeton 240 mm - 0,16 W/(mK)}
Mauerwerk [d1]	240	350	0,09	0,01
	300	350	0,09	0,01
	365	350	0,09	0,02
	240	400	0,10	-0,01
	300	400	0,10	0,01
	365	400	0,10	0,01
	240	450	0,12	-0,02
	300	450	0,12	-0,01
	365	450	0,12	0,00
	240	500	0,14	-0,04
	300	500	0,14	-0,02
	365	500	0,14	-0,01
	240	550	0,16	-0,06
	300	550	0,16	-0,03
	365	550	0,16	-0,02

9 / Geschossdecke
9-A-73 / Bild 73 - außengedämmtes Mauerwerk

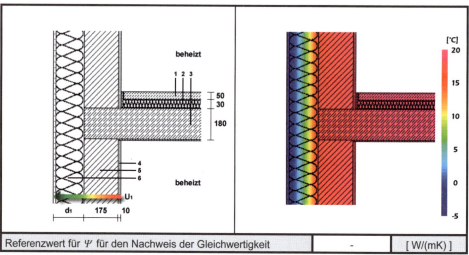

Referenzwert für Ψ für den Nachweis der Gleichwertigkeit	-	[W/(mK)]

Baustoffe:

Pos.	Bezeichnung	Dicke [mm]	Rohdichte [kg/m³]	Lambda [W/(mK)]
1	Estrich	50	2000	1,4
2	Estrichdämmung WLF 0,040	30	150	0,04
3	Stahlbeton	180	2400	2,1
4	Innenputz	10	1800	0,35
5	Kalksandstein	175	1800	0,99
6	Wärmedämmverbundsystem	Tabelle [d1]		

Bauteilkatalog zum Beiblatt 2 der DIN 4108

U-Wert [U_1]:

Variable	Dicke [mm]	Rohdichte [kg/m³]	Lambda [W/(mK)]	U-Wert [U_1] [W/(m²K)]
WDVS [d1]	100	150	0,04	0,35
	120	150	0,04	0,30
	140	150	0,04	0,26
	160	150	0,04	0,23
	100	150	0,045	0,38
	120	150	0,045	0,33
	140	150	0,045	0,29
	160	150	0,045	0,25

Wärmebrückenverlustkoeffizient: (Ψ-Wert, außenmaßbezogen)

Variable	Dicke [mm]	Rohdichte [kg/m³]	Lambda [W/(mK)]	Wärmebrückenverlustkoeffizient
WDVS [d1]	100	150	0,04	0,02
	120	150	0,04	0,02
	140	150	0,04	0,01
	160	150	0,04	0,01
	100	150	0,045	0,03
	120	150	0,045	0,02
	140	150	0,045	0,02
	160	150	0,045	0,01

9 / Geschossdecke
9-K-74 / Bild 74 - kerngedämmtes Mauerwerk

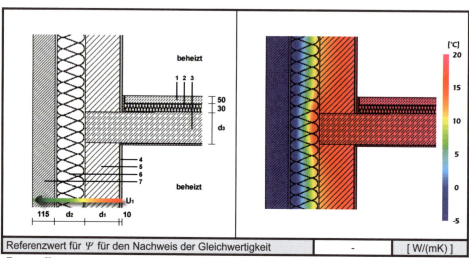

Referenzwert für Ψ für den Nachweis der Gleichwertigkeit	-	[W/(mK)]

Baustoffe:

Pos.	Bezeichnung	Dicke [mm]	Rohdichte [kg/m³]	Lambda [W/(mK)]
1	Estrich	10	1800	0,35
2	Estrichdämmung WLF 0,040	30	150	0,04
3	Decke	Tabelle [d3]		
4	Innenputz	10	1800	0,35
5	Mauerwerk	Tabelle [d1]		
6	Kerndämmung	Tabelle [d2]		
7	Verblendmauerwerk	115	2000	0,96

U-Wert [U_1]:

				U-Wert [U_1] [W/(m²K)]			
	Dicke [mm]	Rohdichte [kg/m³]	Lambda [W/(mK)]	Variable [d1] - 175 mm			
Variable				Kalksand-stein	Mauer-werk 0,10 W/(mK)	Mauer-werk 0,12 W/(mK)	Mauer-werk 0,14 W/(mK)
Kerndäm-mung [d2]	100	150	0,04	0,33	0,22	0,23	0,25
	120	150	0,04	0,29	0,20	0,21	0,22
	140	150	0,04	0,25	0,18	0,19	0,20

Wärmebrückenverlustkoeffizient: (Ψ-Wert, außenmaßbezogen)

Variable	Dicke [mm]	Rohdichte [kg/m³]	Lambda [W/(mK)]	Variable [d1] - Kalksandstein 175 mm - 0,99 W/(mK)
		Variable [d3] - Stahlbeton 200 mm - 2,1 W/(mK)		
Kerndäm-mung [d2]	100	150	0,04	0,00
	120	150	0,04	0,00
	140	150	0,04	0,00
				Variable [d1] - Mauerwerk 175 mm - 0,10 W/(mK)
	100	150	0,04	0,04
	120	150	0,04	0,04
	140	150	0,04	0,03
				Variable [d1] - Mauerwerk 175 mm - 0,12 W/(mK)
	100	150	0,04	0,03
	120	150	0,04	0,03
	140	150	0,04	0,02
				Variable [d1] - Mauerwerk 175 mm - 0,14 W/(mK)
	100	150	0,04	0,03
	120	150	0,04	0,02
	140	150	0,04	0,02

Variable	Dicke [mm]	Rohdichte [kg/m³]	Lambda [W/(mK)]	Variable [d1] - Kalksandstein 175 mm - 0,99 W/(mK)
		Variable [d3] - Porenbeton 240 mm - 0,16 W/(mK)		
Kerndäm-mung [d2]	100	150	0,04	-0,02
	120	150	0,04	-0,01
	140	150	0,04	-0,01
				Variable [d1] - Mauerwerk 175 mm - 0,10 W/(mK)
	100	150	0,04	0,01
	120	150	0,04	0,01
	140	150	0,04	0,01
				Variable [d1] - Mauerwerk 175 mm - 0,12 W/(mK)
	100	150	0,04	0,01
	120	150	0,04	0,01
	140	150	0,04	0,00
				Variable [d1] - Mauerwerk 175 mm - 0,14 W/(mK)
	100	150	0,04	0,01
	120	150	0,04	0,01
	140	150	0,04	0,00

9 / Geschossdecke
9-H-75 / Bild 75 - Holzbauart

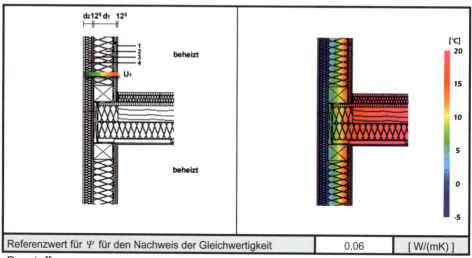

Referenzwert für Ψ für den Nachweis der Gleichwertigkeit	0,06	[W/(mK)]

Baustoffe:

Pos.	Bezeichnung	Dicke [mm]	Rohdichte [kg/m³]	Lambda [W/(mK)]
1	Gipsfaserplatte	12,5	1150	0,32
2	Dämmung WLG 040	Tabelle [d1]		
3	Gipsfaserplatte	12,5	1150	0,32
4	WDVS WLG 040	Tabelle [d2]		

U-Wert [U_1]:

				U-Wert [U_1] [W/(m²K)]					
Variable	Dicke [mm]	Rohdichte [kg/m³]	Lambda [W/(mK)]	Variable [d1] - Dämmung WLF 0,040					
				120 mm	140 mm	160 mm	180 mm	200 mm	
WDVS [d2]	40	30	0,04	0,24	0,21	0,19	0,17	0,16	
	60	30	0,04	0,21	0,19	0,17	0,16	0,15	
	80	30	0,04	0,19	0,17	0,16	0,15	0,14	
	100	30	0,04	0,17	0,16	0,15	0,14	0,13	
	120	30	0,04	0,16	0,15	0,14	0,13	0,12	

Wärmebrückenverlustkoeffizient: (Ψ-Wert, außenmaßbezogen)

Variable	Dicke [mm]	Rohdichte [kg/m³]	Lambda [W/(mK)]	Variable [d1] - Dämmung WLF 0,040				
				120 mm	140 mm	160 mm	180 mm	200 mm
WDVS [d2]	40	30	0,04	0,04	0,04	0,04	0,04	0,04
	60	30	0,04	0,03	0,03	0,04	0,04	0,04
	80	30	0,04	0,03	0,03	0,03	0,03	0,03
	100	30	0,04	0,02	0,03	0,03	0,03	0,03
	120	30	0,04	0,02	0,02	0,02	0,02	0,03

9 / Geschossdecke
9-H-F15 / Bild F15 - Holzbauart

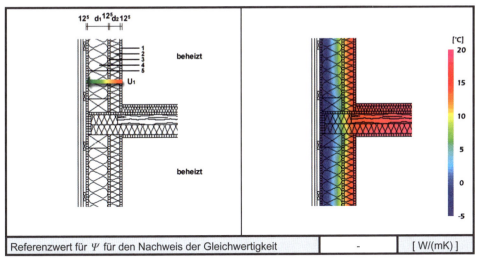

Referenzwert für Ψ für den Nachweis der Gleichwertigkeit	-	[W/(mK)]

Baustoffe:

Pos.	Bezeichnung	Dicke [mm]	Rohdichte [kg/m³]	Lambda [W/(mK)]
1	Gipsfaserplatte	12,5	1150	0,32
2	Dämmung WLG 040	Tabelle [d1]		
3	Gipsfaserplatte	12,5	1150	0,32
4	Dämmung WLG 040	Tabelle [d2]		
5	Gipsfaserplatte	12,5	1150	0,32

U-Wert [U_1]:

				U-Wert [U_1] [W/(m²K)]				
Variable	Dicke [mm]	Rohdichte [kg/m³]	Lambda [W/(mK)]	Variable [d1] - Dämmung WLF 0,040				
				120 mm	140 mm	160 mm	180 mm	200 mm
Dämmung [d2]	40	30	0,04	0,23	0,21	0,19	0,17	0,16
	60	30	0,04	0,21	0,19	0,17	0,16	0,15

Wärmebrückenverlustkoeffizient: (Ψ-Wert, außenmaßbezogen)

Variable	Dicke [mm]	Rohdichte [kg/m³]	Lambda [W/(mK)]	Variable [d1] - Dämmung WLF 0,040				
				120 mm	140 mm	160 mm	180 mm	200 mm
Dämmung [d2]	40	30	0,04	0,04	0,04	0,04	0,04	0,05
	60	30	0,04	0,05	0,04	0,04	0,04	0,04

9 / Geschossdecke
9-H-F15a / Bild F15a - Holzbauart

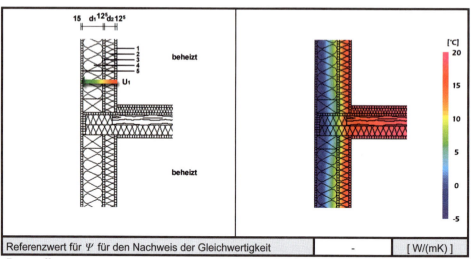

Referenzwert für Ψ für den Nachweis der Gleichwertigkeit		-	[W/(mK)]

Baustoffe:

Pos.	Bezeichnung	Dicke [mm]	Rohdichte [kg/m³]	Lambda [W/(mK)]
1	Gipsfaserplatte	12,5	1150	0,32
2	Dämmung WLG 040	Tabelle [d1]		
3	Gipsfaserplatte	12,5	1150	0,32
4	Dämmung WLG 040	Tabelle [d2]		
5	Powerpanel HD	15	1000	0,4

U-Wert [U_1]:

				U-Wert [U_1] [W/(m²K)]				
Variable	Dicke [mm]	Rohdichte [kg/m³]	Lambda [W/(mK)]	Variable [d1] - Dämmung WLF 0,040				
				120 mm	140 mm	160 mm	180 mm	200 mm
Dämmung [d2]	40	30	0,04	0,23	0,21	0,19	0,17	0,16
	60	30	0,04	0,21	0,19	0,17	0,16	0,15

Wärmebrückenverlustkoeffizient: (Ψ-Wert, außenmaßbezogen)

Variable	Dicke [mm]	Rohdichte [kg/m³]	Lambda [W/(mK)]	Variable [d1] - Dämmung WLF 0,040				
				120 mm	140 mm	160 mm	180 mm	200 mm
Dämmung [d2]	40	30	0,04	0,04	0,04	0,04	0,04	0,05
	60	30	0,04	0,05	0,04	0,04	0,04	0,04

9 / Geschossdecke
9-H-F16 / Bild F16 - Holzbauart

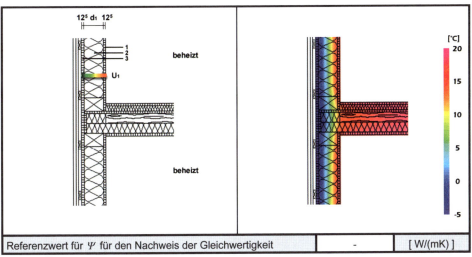

Referenzwert für Ψ für den Nachweis der Gleichwertigkeit	-	[W/(mK)]

Baustoffe:

Pos.	Bezeichnung	Dicke [mm]	Rohdichte [kg/m³]	Lambda [W/(mK)]
1	Gipsfaserplatte	12,5	1150	0,32
2	Dämmung WLG 040	Tabelle [d1]		
3	Gipsfaserplatte	12,5	1150	0,32

U-Wert [U_1]:

Variable	Dicke [mm]	Rohdichte [kg/m³]	Lambda [W/(mK)]	U-Wert [U_1] [W/(m²K)]
Dämmung [d1]	120	150	0,04	0,31
	140	150	0,04	0,27
	160	150	0,04	0,24
	180	150	0,04	0,21
	200	150	0,04	0,19

Wärmebrückenverlustkoeffizient: (Ψ-Wert, außenmaßbezogen)

Variable	Dicke [mm]	Rohdichte [kg/m³]	Lambda [W/(mK)]	Wärmebrückenverlustkoeffizient
Dämmung [d1]	120	150	0,04	0,09
	140	150	0,04	0,09
	160	150	0,04	0,08
	180	150	0,04	0,08
	200	150	0,04	0,07

10 / Pfettendach
10-M-77 / Bild 77 - monolithisches Mauerwerk

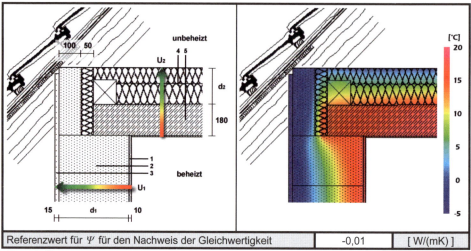

Referenzwert für Ψ für den Nachweis der Gleichwertigkeit		-0,01	[W/(mK)]

Baustoffe:

Pos.	Bezeichnung	Dicke [mm]	Rohdichte [kg/m³]	Lambda [W/(mK)]
1	Innenputz	10	1800	0,35
2	Mauerwerk		Tabelle [d1]	
3	Außenputz	15	1300	0,2
4	Dachdämmung WLF 0,040		Tabelle [d2]	
5	Stahlbeton	180	2400	2,1

U-Wert [U_1]:

Variable	Dicke [mm]	Rohdichte [kg/m³]	Lambda [W/(mK)]	U-Wert [U_1] [W/(m²K)]
Mauerwerk [d1]	240	350	0,09	0,34
	300	350	0,09	0,28
	365	350	0,09	0,23
	240	400	0,10	0,37
	300	400	0,10	0,31
	365	400	0,10	0,25
	240	450	0,12	0,44
	300	450	0,12	0,36
	365	450	0,12	0,30
	240	500	0,14	0,50
	300	500	0,14	0,41
	365	500	0,14	0,35
	240	550	0,16	0,56
	300	550	0,16	0,47
	365	550	0,16	0,39

U-Wert [U_2]:

Variable	Dicke [mm]	Rohdichte [kg/m³]	Lambda [W/(mK)]	U-Wert [U_2] [W/(m²K)]
Dachdämmung [d2]	120	150	0,04	0,30
	140	150	0,04	0,26
	160	150	0,04	0,23
	180	150	0,04	0,21

Wärmebrückenverlustkoeffizient: (Ψ-Wert, außenmaßbezogen)

Variable	Dicke [mm]	Rohdichte [kg/m³]	Lambda [W/(mK)]	Variable [d2] - Dachdämmung WLF 0,040			
				120 mm	140 mm	160 mm	180 mm
Mauerwerk [d1]	240	350	0,09	-0,01	-0,02	-0,03	-0,03
	300	350	0,09	0,01	0,00	-0,01	-0,01
	365	350	0,09	0,01	0,01	0,01	0,00
	240	400	0,10	-0,02	-0,03	-0,04	-0,04
	300	400	0,10	0,00	0,00	-0,01	-0,02
	365	400	0,10	0,00	0,00	0,00	0,00
	240	450	0,12	-0,04	-0,05	-0,06	-0,06
	300	450	0,12	-0,01	-0,01	-0,03	-0,04
	365	450	0,12	-0,01	-0,01	-0,02	-0,02
	240	500	0,14	-0,05	-0,07	-0,08	-0,08
	300	500	0,14	-0,03	-0,04	-0,05	-0,05
	365	500	0,14	-0,02	-0,03	-0,03	-0,03
	240	550	0,16	-0,07	-0,09	-0,10	-0,11
	300	550	0,16	-0,05	-0,06	-0,07	-0,07
	365	550	0,16	-0,03	-0,04	-0,04	-0,05

10 / Pfettendach
10-K-78 / Bild 78 - kerngedämmtes Mauerwerk

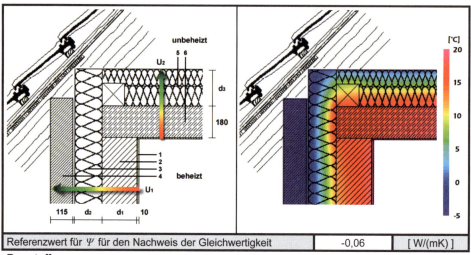

Referenzwert für Ψ für den Nachweis der Gleichwertigkeit	-0,06	[W/(mK)]

Baustoffe:

Pos.	Bezeichnung	Dicke [mm]	Rohdichte [kg/m³]	Lambda [W/(mK)]
1	Innenputz	10	1800	0,35
2	Mauerwerk		Tabelle [d1]	
3	Kerndämmung		Tabelle [d2]	
4	Verblendmauerwerk	115	2000	0,96
5	Dachdämmung WLF 0,040		Tabelle [d3]	
6	Stahlbeton	180	2400	2,1

U-Wert [U_1]:

				U-Wert [U_1] [W/(m²K)]			
		Dicke [mm]	Rohdichte [kg/m³]	Lambda [W/(mK)]		Variable [d1] - 175 mm	
Variable					Kalksand-stein	Mauer-werk 0,10 W/(mK)	Mauer-werk 0,12 W/(mK)	Mauer-werk 0,14 W/(mK)
Kerndäm-mung [d2]	100	150	0,04	0,33	0,22	0,23	0,25
	120	150	0,04	0,29	0,20	0,21	0,22
	140	150	0,04	0,25	0,18	0,19	0,20

U-Wert [U_2]:

Variable	Dicke [mm]	Rohdichte [kg/m³]	Lambda [W/(mK)]	U-Wert [U_2] [W/(m²K)]
Dachdäm-mung [d3]	120	150	0,04	0,30
	140	150	0,04	0,26
	160	150	0,04	0,23
	180	150	0,04	0,21

Wärmebrückenverlustkoeffizient: (Ψ-Wert, außenmaßbezogen)

				Variable [d1] - Kalksandstein 175 mm - 0,99 W/(mK)			
Variable	Dicke [mm]	Rohdichte [kg/m³]	Lambda [W/(mK)]	Variable [d3] - Dachdämmung WLF 0,040			
				120 mm	140 mm	160 mm	180 mm
Kerndämmung [d2]	100	150	0,04	-0,04	-0,05	-0,06	-0,06
	120	150	0,04	-0,04	-0,05	-0,05	-0,06
	140	150	0,04	-0,04	-0,05	-0,05	-0,05

				Variable [d1] - Mauerwerk 175 mm - 0,10 W/(mK)			
Variable	Dicke [mm]	Rohdichte [kg/m³]	Lambda [W/(mK)]	Variable [d3] - Dachdämmung WLF 0,040			
				120 mm	140 mm	160 mm	180 mm
Kerndämmung [d2]	100	150	0,04	-0,01	-0,01	-0,01	-0,02
	120	150	0,04	-0,02	-0,02	-0,02	-0,02
	140	150	0,04	-0,02	-0,02	-0,03	-0,03

				Variable [d1] - Mauerwerk 175 mm - 0,12 W/(mK)			
Variable	Dicke [mm]	Rohdichte [kg/m³]	Lambda [W/(mK)]	Variable [d3] - Dachdämmung WLF 0,040			
				120 mm	140 mm	160 mm	180 mm
Kerndämmung [d2]	100	150	0,04	-0,01	-0,02	-0,02	-0,02
	120	150	0,04	-0,02	-0,02	-0,03	-0,03
	140	150	0,04	-0,02	-0,03	-0,03	-0,03

				Variable [d1] - Mauerwerk 175 mm - 0,14 W/(mK)			
Variable	Dicke [mm]	Rohdichte [kg/m³]	Lambda [W/(mK)]	Variable [d3] - Dachdämmung WLF 0,040			
				120 mm	140 mm	160 mm	180 mm
Kerndämmung [d2]	100	150	0,04	-0,01	-0,02	-0,02	-0,03
	120	150	0,04	-0,02	-0,03	-0,03	-0,03
	140	150	0,04	-0,03	-0,03	-0,03	-0,04

10 / Pfettendach
10-M-M25 / Bild M25 - monolithisches Mauerwerk

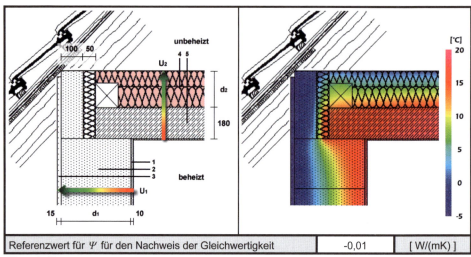

| Referenzwert für Ψ für den Nachweis der Gleichwertigkeit | -0,01 | [W/(mK)] |

Baustoffe:

Pos.	Bezeichnung	Dicke [mm]	Rohdichte [kg/m³]	Lambda [W/(mK)]
1	Innenputz	10	1800	0,35
2	Mauerwerk		Tabelle [d1]	
3	Außenputz	15	1800	0,2
4	Dämmplatte		Tabelle [d2]	
5	Decke aus Stahlbeton	200	2400	2,1

U-Wert [U_1]:

Variable	Dicke [mm]	Rohdichte [kg/m³]	Lambda [W/(mK)]	U-Wert [U_1] [W/(m²K)]
Mauerwerk [d1]	240	350	0,09	0,34
	300	350	0,09	0,28
	365	350	0,09	0,23
	240	400	0,10	0,37
	300	400	0,10	0,31
	365	400	0,10	0,25
	240	450	0,12	0,44
	300	450	0,12	0,36
	365	450	0,12	0,30
	240	500	0,14	0,50
	300	500	0,14	0,41
	365	500	0,14	0,35
	240	550	0,16	0,56
	300	550	0,16	0,47
	365	550	0,16	0,39

U-Wert [U_2]:

Variable	Dicke [mm]	Rohdichte [kg/m³]	Lambda [W/(mK)]	U-Wert [U_2] [W/(m²K)]
Dämmplatte [d2]	120	150	0,045	0,34
	140	150	0,045	0,29
	160	150	0,045	0,26
	180	150	0,045	0,23

Wärmebrückenverlustkoeffizient: (Ψ-Wert, außenmaßbezogen)

Variable	Dicke [mm]	Rohdichte [kg/m³]	Lambda [W/(mK)]	Variable [d2] - Dämmplatte WLF 0,045			
				120 mm	140 mm	160 mm	180 mm
Mauerwerk [d1]	240	350	0,09	-0,01	-0,02	-0,02	-0,03
	300	350	0,09	0,00	-0,01	-0,01	-0,01
	365	350	0,09	0,01	0,01	0,00	0,00
	240	400	0,10	-0,02	-0,03	-0,03	-0,04
	300	400	0,10	-0,01	-0,01	-0,02	-0,02
	365	400	0,10	0,00	0,00	0,00	0,00
	240	450	0,12	-0,04	-0,05	-0,06	-0,06
	300	450	0,12	-0,03	-0,03	-0,04	-0,04
	365	450	0,12	-0,01	-0,01	-0,02	-0,02
	240	500	0,14	-0,06	-0,07	-0,08	-0,09
	300	500	0,14	-0,04	-0,05	-0,05	-0,06
	365	500	0,14	-0,02	-0,03	-0,03	-0,03
	240	550	0,16	-0,08	-0,09	-0,10	-0,11
	300	550	0,16	-0,06	-0,06	-0,07	-0,08
	365	550	0,16	-0,04	-0,04	-0,04	-0,05

11 / Sparrendach
11-M-80 / Bild 80 - monolithisches Mauerwerk

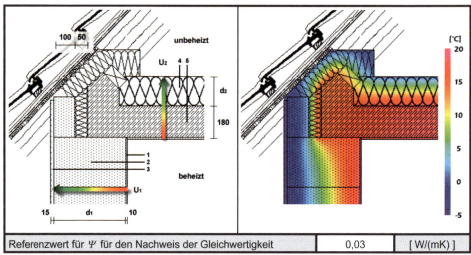

Referenzwert für Ψ für den Nachweis der Gleichwertigkeit		0,03	[W/(mK)]

Baustoffe:

Pos.	Bezeichnung	Dicke [mm]	Rohdichte [kg/m³]	Lambda [W/(mK)]
1	Innenputz	10	1800	0,35
2	Mauerwerk		Tabelle [d1]	
3	Außenputz	15	1300	0,2
4	Dachdämmung WLF 0,040		Tabelle [d2]	
5	Stahlbeton	180	2400	2,1

U-Wert [U_1]:

Variable	Dicke [mm]	Rohdichte [kg/m³]	Lambda [W/(mK)]	U-Wert [U_1] [W/(m²K)]
Mauerwerk [d1]	240	350	0,09	0,34
	300	350	0,09	0,28
	365	350	0,09	0,23
	240	400	0,10	0,37
	300	400	0,10	0,31
	365	400	0,10	0,25
	240	450	0,12	0,44
	300	450	0,12	0,36
	365	450	0,12	0,30
	240	500	0,14	0,50
	300	500	0,14	0,41
	365	500	0,14	0,35
	240	550	0,16	0,56
	300	550	0,16	0,47
	365	550	0,16	0,39

U-Wert [U_2]:

Variable	Dicke [mm]	Rohdichte [kg/m³]	Lambda [W/(mK)]	U-Wert [U_2] [W/(m²K)]
Dachdämmung [d2]	120	150	0,04	0,30
	140	150	0,04	0,26
	160	150	0,04	0,23
	180	150	0,04	0,21

Wärmebrückenverlustkoeffizient: (Ψ-Wert, außenmaßbezogen)

Variable	Dicke [mm]	Rohdichte [kg/m³]	Lambda [W/(mK)]	Variable [d2] - Dachdämmung WLF 0,040			
				120 mm	140 mm	160 mm	180 mm
Mauerwerk [d1]	240	350	0,09	0,00	0,01	0,01	0,01
	300	350	0,09	0,02	0,02	0,03	0,03
	365	350	0,09	0,03	0,03	0,04	0,04
	240	400	0,10	-0,01	0,00	0,00	0,00
	300	400	0,10	0,01	0,02	0,02	0,02
	365	400	0,10	0,02	0,03	0,03	0,03
	240	450	0,12	-0,03	-0,02	-0,02	-0,03
	300	450	0,12	0,00	0,00	0,00	0,00
	365	450	0,12	0,01	0,01	0,02	0,02
	240	500	0,14	-0,04	-0,04	-0,04	-0,05
	300	500	0,14	-0,02	-0,02	-0,05	-0,02
	365	500	0,14	0,00	0,00	0,00	0,00
	240	550	0,16	-0,06	-0,06	-0,06	-0,07
	300	550	0,16	-0,03	-0,03	-0,11	-0,03
	365	550	0,16	-0,02	-0,01	-0,01	-0,01

11 / Sparrendach
11-K-81 / Bild 81 - kerngedämmtes Mauerwerk

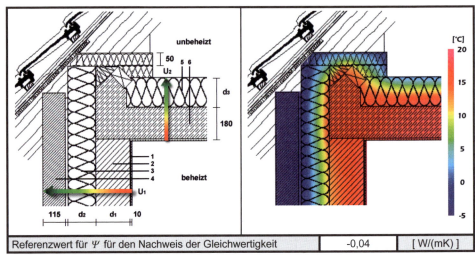

Referenzwert für Ψ für den Nachweis der Gleichwertigkeit	-0,04	[W/(mK)]

Baustoffe:

Pos.	Bezeichnung	Dicke [mm]	Rohdichte [kg/m³]	Lambda [W/(mK)]
1	Innenputz	10	1800	0,35
2	Mauerwerk		Tabelle [d1]	
3	Kerndämmung		Tabelle [d2]	
4	Verblendmauerwerk	115	2000	0,96
5	Dachdämmung WLF 0,040		Tabelle [d3]	
6	Stahlbeton	180	2400	2,1

U-Wert [U_1]:

				U-Wert [U_1] [W/(m²K)]			
Variable	Dicke [mm]	Rohdichte [kg/m³]	Lambda [W/(mK)]	Variable [d1] - 175 mm			
				Kalksand-stein	Mauer-werk 0,10 W/(mK)	Mauer-werk 0,12 W/(mK)	Mauer-werk 0,14 W/(mK)
Kerndäm-mung [d2]	100	150	0,04	0,33	0,22	0,23	0,25
	120	150	0,04	0,29	0,20	0,21	0,22
	140	150	0,04	0,25	0,18	0,19	0,20

U-Wert [U_2]:

Variable	Dicke [mm]	Rohdichte [kg/m³]	Lambda [W/(mK)]	U-Wert [U_2] [W/(m²K)]
Dachdäm-mung [d3]	120	150	0,04	0,30
	140	150	0,04	0,26
	160	150	0,04	0,23
	180	150	0,04	0,21

Wärmebrückenverlustkoeffizient: (Ψ-Wert, außenmaßbezogen)

				Variable [d1] - Kalksandstein 175 mm - 0,99 W/(mK)			
Variable	Dicke [mm]	Rohdichte [kg/m³]	Lambda [W/(mK)]	Variable [d3] - Dachdämmung WLF 0,040			
				120 mm	140 mm	160 mm	180 mm
Kerndämmung [d2]	100	150	0,04	-0,05	-0,04	-0,04	-0,04
	120	150	0,04	-0,05	-0,04	-0,04	-0,03
	140	150	0,04	-0,05	-0,04	-0,04	-0,03

				Variable [d1] - Mauerwerk 175 mm - 0,10 W/(mK)			
Variable	Dicke [mm]	Rohdichte [kg/m³]	Lambda [W/(mK)]	Variable [d3] - Dachdämmung WLF 0,040			
				120 mm	140 mm	160 mm	180 mm
Kerndämmung [d2]	100	150	0,04	-0,01	0,00	0,01	0,01
	120	150	0,04	-0,02	-0,01	-0,01	0,00
	140	150	0,04	-0,03	-0,02	-0,01	-0,01

				Variable [d1] - Mauerwerk 175 mm - 0,12 W/(mK)			
Variable	Dicke [mm]	Rohdichte [kg/m³]	Lambda [W/(mK)]	Variable [d3] - Dachdämmung WLF 0,040			
				120 mm	140 mm	160 mm	180 mm
Kerndämmung [d2]	100	150	0,04	-0,02	-0,01	0,00	0,00
	120	150	0,04	-0,03	-0,02	-0,01	-0,01
	140	150	0,04	-0,03	-0,02	-0,02	-0,01

				Variable [d1] - Mauerwerk 175 mm - 0,14 W/(mK)			
Variable	Dicke [mm]	Rohdichte [kg/m³]	Lambda [W/(mK)]	Variable [d3] - Dachdämmung WLF 0,040			
				120 mm	140 mm	160 mm	180 mm
Kerndämmung [d2]	100	150	0,04	-0,02	-0,01	0,00	0,00
	120	150	0,04	-0,03	-0,02	-0,01	-0,01
	140	150	0,04	-0,03	-0,03	-0,02	-0,01

11 / Sparrendach
11-A-M11 / Bild M11 - außendämmtes Mauerwerk

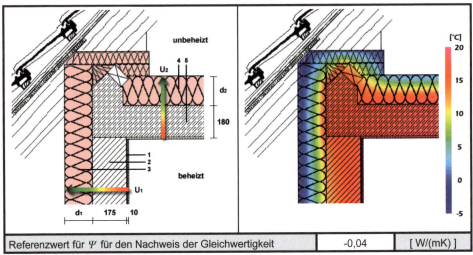

Referenzwert für Ψ für den Nachweis der Gleichwertigkeit	-0,04	[W/(mK)]

Baustoffe:

Pos.	Bezeichnung	Dicke [mm]	Rohdichte [kg/m³]	Lambda [W/(mK)]
1	Innenputz	10	1800	0,35
2	Kalksandstein	175	1800	0,99
3	Dämmplatte WLG 045	Tabelle [d1]		
4	Dämmplatte WLG 045	Tabelle [d2]		
5	Decke aus Stahlbeton	200	2400	2,1

U-Wert [U_1]:

Variable	Dicke [mm]	Rohdichte [kg/m³]	Lambda [W/(mK)]	U-Wert [U_1] [W/(m²K)]
Dämmplatte [d1]	100	150	0,045	0,38
	120	150	0,045	0,33
	140	150	0,045	0,29
	160	150	0,045	0,25

U-Wert [U_2]:

Variable	Dicke [mm]	Rohdichte [kg/m³]	Lambda [W/(mK)]	U-Wert [U_2] [W/(m²K)]
Dämmplatte [d2]	120	150	0,045	0,34
	140	150	0,045	0,29
	160	150	0,045	0,26
	180	150	0,045	0,23

Wärmebrückenverlustkoeffizient: (Ψ-Wert, außenmaßbezogen)

Variable	Dicke [mm]	Rohdichte [kg/m³]	Lambda [W/(mK)]	Variable [d2] - Dachdämmung WLF 0,040			
				120 mm	140 mm	160 mm	180 mm
Dämmplatte [d1]	100	150	0,045	-0,02	-0,02	-0,02	-0,01
	120	150	0,045	-0,02	-0,02	-0,02	-0,02
	140	150	0,045	-0,03	-0,02	-0,02	-0,02
	160	150	0,045	-0,03	-0,03	-0,02	-0,02

12 / Ortgang
12-M-82a / Bild 82a - monolithisches Mauerwerk

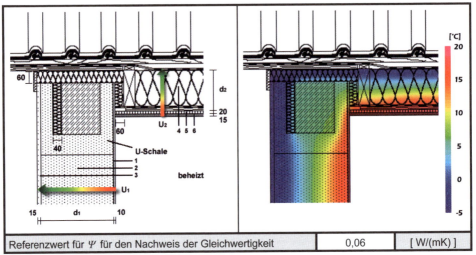

Referenzwert für Ψ für den Nachweis der Gleichwertigkeit	0,06	[W/(mK)]

Baustoffe:

Pos.	Bezeichnung	Dicke [mm]	Rohdichte [kg/m³]	Lambda [W/(mK)]
1	Innenputz	10	1800	0,35
2	Mauerwerk		Tabelle [d1]	
3	Außenputz	15	1300	0,2
4	Dachdämmung WLF 0,040		Tabelle [d2]	
5	Holzfaserplatte	20	1000	0,17
6	Gipskartonplatte	15	900	0,25

U-Wert [U_1]:

Variable	Dicke [mm]	Rohdichte [kg/m³]	Lambda [W/(mK)]	U-Wert [U_1] [W/(m²K)]
Mauerwerk [d1]	240	350	0,09	0,34
	300	350	0,09	0,28
	365	350	0,09	0,23
	240	400	0,10	0,37
	300	400	0,10	0,31
	365	400	0,10	0,25
	240	450	0,12	0,44
	300	450	0,12	0,36
	365	450	0,12	0,30
	240	500	0,14	0,50
	300	500	0,14	0,41
	365	500	0,14	0,35
	240	550	0,16	0,56
	300	550	0,16	0,47
	365	550	0,16	0,39

U-Wert [U_2]:

Variable	Dicke [mm]	Rohdichte [kg/m³]	Lambda [W/(mK)]	U-Wert [U_2] [W/(m²K)]
Dachdämmung [d2]	140	150	0,04	0,26
	160	150	0,04	0,23
	180	150	0,04	0,21
	200	150	0,04	0,19

Wärmebrückenverlustkoeffizient: (Ψ-Wert, außenmaßbezogen)

Variable	Dicke [mm]	Rohdichte [kg/m³]	Lambda [W/(mK)]	Variable [d2] - Dachdämmung WLF 0,040			
				140 mm	160 mm	180 mm	200 mm
Mauerwerk [d1]	240	350	0,09	0,02	0,01	0,00	0,00
	300	350	0,09	0,02	0,02	0,02	0,01
	365	350	0,09	0,03	0,03	0,02	0,02
	240	400	0,10	0,01	0,00	-0,01	-0,01
	300	400	0,10	0,02	0,01	0,01	0,00
	365	400	0,10	0,02	0,02	0,02	0,01
	240	450	0,12	-0,01	-0,02	-0,03	-0,03
	300	450	0,12	0,00	0,00	-0,01	-0,02
	365	450	0,12	0,01	0,01	0,00	0,00
	240	500	0,14	-0,03	-0,04	-0,05	-0,05
	300	500	0,14	-0,01	-0,02	-0,03	-0,03
	365	500	0,14	-0,01	-0,01	-0,01	-0,02
	240	550	0,16	-0,05	-0,06	-0,07	-0,07
	300	550	0,16	-0,03	-0,04	-0,04	-0,05
	365	550	0,16	-0,02	-0,02	-0,03	-0,03

12 / Ortgang
12-M-82b / Bild 82b - monolithisches Mauerwerk

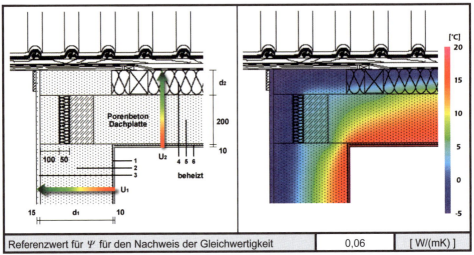

| Referenzwert für Ψ für den Nachweis der Gleichwertigkeit | 0,06 | [W/(mK)] |

Baustoffe:

Pos.	Bezeichnung	Dicke [mm]	Rohdichte [kg/m³]	Lambda [W/(mK)]
1	Innenputz	10	1800	0,35
2	Mauerwerk		Tabelle [d1]	
3	Außenputz	15	1300	0,2
4	Dachdämmung WLF 0,040		Tabelle [d2]	
5	Dachplatte aus Porenbeton	200	600	0,16
6	Innenputz	10	1800	0,35

U-Wert [U_1]:

Variable	Dicke [mm]	Rohdichte [kg/m³]	Lambda [W/(mK)]	U-Wert [U_1] [W/(m²K)]
Mauerwerk [d1]	240	350	0,09	0,34
	300	350	0,09	0,28
	365	350	0,09	0,23
	240	400	0,10	0,37
	300	400	0,10	0,31
	365	400	0,10	0,25
	240	450	0,12	0,44
	300	450	0,12	0,36
	365	450	0,12	0,30
	240	500	0,14	0,50
	300	500	0,14	0,41
	365	500	0,14	0,35
	240	550	0,16	0,56
	300	550	0,16	0,47
	365	550	0,16	0,39

U-Wert [U_2]:

Variable	Dicke [mm]	Rohdichte [kg/m³]	Lambda [W/(mK)]	U-Wert [U_2] [W/(m²K)]
Dachdämmung [d2]	100	150	0,04	0,25
	120	150	0,04	0,22
	140	150	0,04	0,20
	160	150	0,04	0,18

Wärmebrückenverlustkoeffizient: (Ψ-Wert, außenmaßbezogen)

Variable	Dicke [mm]	Rohdichte [kg/m³]	Lambda [W/(mK)]	Variable [d2] - Dachdämmung WLF 0,040			
				100 mm	120 mm	140 mm	160 mm
Mauerwerk [d1]	240	350	0,09	-0,06	-0,06	-0,06	-0,06
	300	350	0,09	-0,06	-0,06	-0,06	-0,06
	365	350	0,09	-0,07	-0,06	-0,06	-0,06
	240	400	0,10	-0,07	-0,07	-0,07	-0,07
	300	400	0,10	-0,06	-0,06	-0,06	-0,06
	365	400	0,10	-0,07	-0,06	-0,06	-0,06
	240	450	0,12	-0,08	-0,08	-0,09	-0,09
	300	450	0,12	-0,07	-0,07	-0,08	-0,08
	365	450	0,12	-0,08	-0,07	-0,07	-0,07
	240	500	0,14	-0,10	-0,10	-0,10	-0,11
	300	500	0,14	-0,09	-0,09	-0,09	-0,09
	365	500	0,14	-0,09	-0,08	-0,08	-0,09
	240	550	0,16	-0,11	-0,12	-0,12	-0,13
	300	550	0,16	-0,10	-0,10	-0,10	-0,11
	365	550	0,16	-0,10	-0,09	-0,10	-0,10

12 / Ortgang
12-M-82c / Bild 82c - monolithisches Mauerwerk

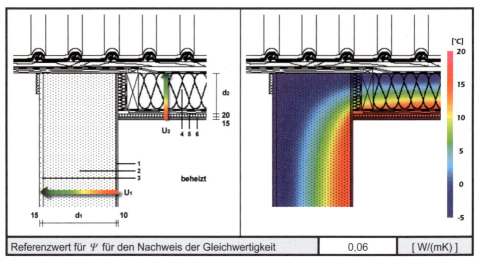

Referenzwert für Ψ für den Nachweis der Gleichwertigkeit	0,06	[W/(mK)]

Baustoffe:

Pos.	Bezeichnung	Dicke [mm]	Rohdichte [kg/m³]	Lambda [W/(mK)]
1	Innenputz	10	1800	0,35
2	Mauerwerk	Tabelle [d1]		
3	Außenputz	15	1300	0,2
4	Dachdämmung WLF 0,040	Tabelle [d2]		
5	Holzfaserplatte	20	1000	0,17
6	Gipskartonplatte	15	900	0,25

U-Wert [U_1]:

Variable	Dicke [mm]	Rohdichte [kg/m³]	Lambda [W/(mK)]	U-Wert [U_1] [W/(m²K)]
Mauerwerk [d1]	240	350	0,09	0,34
	300	350	0,09	0,28
	365	350	0,09	0,23
	240	400	0,10	0,37
	300	400	0,10	0,31
	365	400	0,10	0,25
	240	450	0,12	0,44
	300	450	0,12	0,36
	365	450	0,12	0,30
	240	500	0,14	0,50
	300	500	0,14	0,41
	365	500	0,14	0,35
	240	550	0,16	0,56
	300	550	0,16	0,47
	365	550	0,16	0,39

U-Wert [U_2]:

Variable	Dicke [mm]	Rohdichte [kg/m³]	Lambda [W/(mK)]	U-Wert [U_2] [W/(m²K)]
Dachdäm- mung [d2]	140	150	0,04	0,26
	160	150	0,04	0,23
	180	150	0,04	0,21
	200	150	0,04	0,19

Wärmebrückenverlustkoeffizient: (Ψ-Wert, außenmaßbezogen)

Variable	Dicke [mm]	Rohdichte [kg/m³]	Lambda [W/(mK)]	Variable [d2] - Dachdämmung WLF 0,040			
				140 mm	160 mm	180 mm	200 mm
Mauerwerk [d1]	240	350	0,09	-0,03	-0,04	-0,04	-0,04
	300	350	0,09	-0,03	-0,03	-0,04	-0,04
	365	350	0,09	-0,04	-0,04	-0,04	-0,04
	240	400	0,10	-0,03	-0,04	-0,04	-0,05
	300	400	0,10	-0,03	-0,04	-0,04	-0,04
	365	400	0,10	-0,04	-0,04	-0,04	-0,04
	240	450	0,12	-0,04	-0,04	-0,05	-0,05
	300	450	0,12	-0,03	-0,04	-0,04	-0,05
	365	450	0,12	-0,04	-0,04	-0,04	-0,04
	240	500	0,14	-0,04	-0,05	-0,05	-0,06
	300	500	0,14	-0,04	-0,04	-0,04	-0,05
	365	500	0,14	-0,04	-0,04	-0,04	-0,04
	240	550	0,16	-0,04	-0,05	-0,06	-0,07
	300	550	0,16	-0,04	-0,04	-0,05	-0,05
	365	550	0,16	-0,03	-0,04	-0,04	-0,04

12 / Ortgang
12-K-83 / Bild 83 - kerngedämmtes Mauerwerk

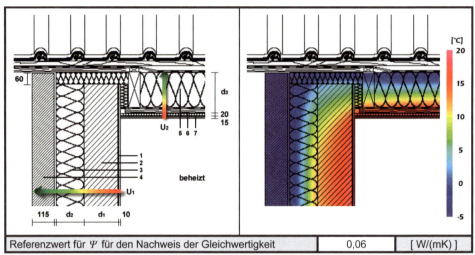

Referenzwert für Ψ für den Nachweis der Gleichwertigkeit	0,06	[W/(mK)]

Baustoffe:

Pos.	Bezeichnung	Dicke [mm]	Rohdichte [kg/m³]	Lambda [W/(mK)]
1	Innenputz	10	1800	0,35
2	Mauerwerk		Tabelle [d1]	
3	Kerndämmung		Tabelle [d2]	
4	Verblendmauerwerk	115	2000	0,96
5	Dachdämmung WLF 0,040		Tabelle [d3]	
6	Holzfaserplatte	20	1000	0,17
7	Gipskartonplatte	15	900	0,25

U-Wert [*U*1]:

				U-Wert [*U*1] - [W/(m²K)]			
	Dicke [mm]	Rohdichte [kg/m³]	Lambda [W/(mK)]	Variable [d1] - 175 mm			
Variable				Kalksandstein	Mauerwerk 0,10 W/(mK)	Mauerwerk 0,12 W/(mK)	Mauerwerk 0,14 W/(mK)
Kerndämmung [d2]	100	150	0,04	0,33	0,22	0,23	0,25
	120	150	0,04	0,29	0,20	0,21	0,22
	140	150	0,04	0,25	0,18	0,19	0,20

U-Wert [*U*2]:

Variable	Dicke [mm]	Rohdichte [kg/m³]	Lambda [W/(mK)]	*U*-Wert [*U*2] [W/(m²K)]
Dachdämmung [d3]	140	150	0,04	0,26
	160	150	0,04	0,23
	180	150	0,04	0,21
	200	150	0,04	0,19

Wärmebrückenverlustkoeffizient: (Ψ-Wert, außenmaßbezogen)

				Variable [d1] - Kalksandstein 175 mm - 0,99 W/(mK)			
Variable	Dicke [mm]	Rohdichte [kg/m³]	Lambda [W/(mK)]	Variable [d3] - Dachdämmung WLF 0,040			
				140 mm	160 mm	180 mm	200 mm
Kerndäm- mung [d2]	100	150	0,04	-0,01	0,00	0,00	0,00
	120	150	0,04	0,00	0,01	0,01	0,01
	140	150	0,04	0,00	0,01	0,01	0,02

				Variable [d1] - Mauerwerk 175 mm - 0,10 W/(mK)			
Variable	Dicke [mm]	Rohdichte [kg/m³]	Lambda [W/(mK)]	Variable [d3] - Dachdämmung WLF 0,040			
				140 mm	160 mm	180 mm	200 mm
Kerndäm- mung [d2]	100	150	0,04	-0,04	-0,03	-0,03	-0,03
	120	150	0,04	-0,04	-0,03	-0,03	-0,03
	140	150	0,04	-0,04	-0,03	-0,03	-0,03

				Variable [d1] - Mauerwerk 175 mm - 0,12 W/(mK)			
Variable	Dicke [mm]	Rohdichte [kg/m³]	Lambda [W/(mK)]	Variable [d3] - Dachdämmung WLF 0,040			
				140 mm	160 mm	180 mm	200 mm
Kerndäm- mung [d2]	100	150	0,04	-0,03	-0,03	-0,03	-0,03
	120	150	0,04	-0,03	-0,03	-0,03	-0,03
	140	150	0,04	-0,03	-0,03	-0,03	-0,03

				Variable [d1] - Mauerwerk 175 mm - 0,14 W/(mK)			
Variable	Dicke [mm]	Rohdichte [kg/m³]	Lambda [W/(mK)]	Variable [d3] - Dachdämmung WLF 0,040			
				140 mm	160 mm	180 mm	200 mm
Kerndäm- mung [d2]	100	150	0,04	0,02	-0,02	-0,02	-0,02
	120	150	0,04	-0,02	-0,02	-0,02	-0,02
	140	150	0,04	-0,02	-0,02	-0,02	-0,02

12 / Ortgang
12-K-83a / Bild 83a - kerngedämmtes Mauerwerk

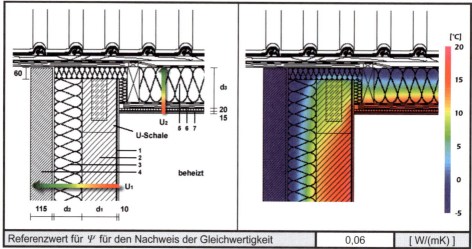

Referenzwert für Ψ für den Nachweis der Gleichwertigkeit	0,06	[W/(mK)]

Baustoffe:

Pos.	Bezeichnung	Dicke [mm]	Rohdichte [kg/m³]	Lambda [W/(mK)]
1	Innenputz	10	1800	0,35
2	Mauerwerk		Tabelle [d1]	
3	Kerndämmung		Tabelle [d2]	
4	Verblendmauerwerk	115	2000	0,96
5	Dachdämmung WLF 0,040		Tabelle [d3]	
6	Holzfaserplatte	20	1000	0,17
7	Gipskartonplatte	15	900	0,25

U-Wert [U_1]:

				U-Wert [U_1] - [W/(m²K)]			
	Dicke	Rohdichte	Lambda		Variable [d1] - 175 mm		
Variable	[mm]	[kg/m³]	[W/(mK)]	Kalksand-stein	Mauer-werk 0,10 W/(mK)	Mauer-werk 0,12 W/(mK)	Mauer-werk 0,14 W/(mK)
Kerndäm-mung [d2]	100	150	0,04	0,33	0,22	0,23	0,25
	120	150	0,04	0,29	0,20	0,21	0,22
	140	150	0,04	0,25	0,18	0,19	0,20

U-Wert [U_2]:

Variable	Dicke [mm]	Rohdichte [kg/m³]	Lambda [W/(mK)]	U-Wert [U_2] [W/(m²K)]
Dachdäm-mung [d3]	140	150	0,04	0,26
	160	150	0,04	0,23
	180	150	0,04	0,21
	200	150	0,04	0,19

Wärmebrückenverlustkoeffizient: (Ψ-Wert, außenmaßbezogen)

				Variable [d1] - Kalksandstein 175 mm - 0,99 W/(mK)			
Variable	Dicke [mm]	Rohdichte [kg/m³]	Lambda [W/(mK)]	Variable [d3] - Dachdämmung WLF 0,040			
				140 mm	160 mm	180 mm	200 mm
Kerndäm-mung [d2]	100	150	0,04	0,01	0,01	0,01	0,01
	120	150	0,04	0,01	0,01	0,02	0,02
	140	150	0,04	0,01	0,02	0,02	0,02

				Variable [d1] - Mauerwerk 175 mm - 0,10 W/(mK)			
Variable	Dicke [mm]	Rohdichte [kg/m³]	Lambda [W/(mK)]	Variable [d3] - Dachdämmung WLF 0,040			
				140 mm	160 mm	180 mm	200 mm
Kerndäm-mung [d2]	100	150	0,04	-0,01	-0,01	-0,01	-0,01
	120	150	0,04	-0,02	-0,01	-0,01	-0,01
	140	150	0,04	-0,02	-0,01	-0,01	-0,01

				Variable [d1] - Mauerwerk 175 mm - 0,12 W/(mK)			
Variable	Dicke [mm]	Rohdichte [kg/m³]	Lambda [W/(mK)]	Variable [d3] - Dachdämmung WLF 0,040			
				140 mm	160 mm	180 mm	200 mm
Kerndäm-mung [d2]	100	150	0,04	-0,02	-0,02	-0,01	-0,02
	120	150	0,04	-0,02	-0,02	-0,02	-0,01
	140	150	0,04	-0,02	-0,02	-0,01	-0,01

				Variable [d1] - Mauerwerk 175 mm - 0,14 W/(mK)			
Variable	Dicke [mm]	Rohdichte [kg/m³]	Lambda [W/(mK)]	Variable [d3] - Dachdämmung WLF 0,040			
				140 mm	160 mm	180 mm	200 mm
Kerndäm-mung [d2]	100	150	0,04	-0,02	-0,02	-0,02	-0,02
	120	150	0,04	-0,02	-0,02	-0,02	-0,02
	140	150	0,04	-0,02	-0,02	-0,02	-0,01

12 / Ortgang
12-K-83b / Bild 83b - kerngedämmtes Mauerwerk

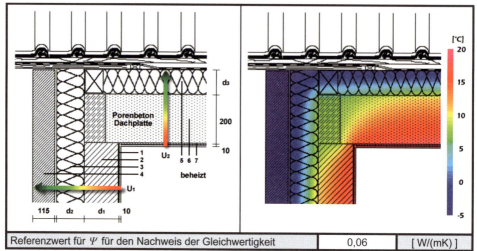

Referenzwert für Ψ für den Nachweis der Gleichwertigkeit	0,06	[W/(mK)]

Baustoffe:

Pos.	Bezeichnung	Dicke [mm]	Rohdichte [kg/m³]	Lambda [W/(mK)]
1	Innenputz	10	1800	0,35
2	Mauerwerk		Tabelle [d1]	
3	Kerndämmung		Tabelle [d2]	
4	Verblendmauerwerk	115	2000	0,96
5	Dachdämmung WLF 0,040		Tabelle [d3]	
6	Dachplatte aus Porenbeton	200	600	0,16
7	Innenputz	10	1800	0,35

U-Wert [U_1]:

				U-Wert [U_1] - [W/(m²K)]			
	Dicke [mm]	Rohdichte [kg/m³]	Lambda [W/(mK)]	Variable [d1] - 175 mm			
Variable				Kalksandstein	Mauerwerk 0,10 W/(mK)	Mauerwerk 0,12 W/(mK)	Mauerwerk 0,14 W/(mK)
Kerndämmung [d2]	100	150	0,04	0,33	0,22	0,23	0,25
	120	150	0,04	0,29	0,20	0,21	0,22
	140	150	0,04	0,25	0,18	0,19	0,20

U-Wert [U_2]:

Variable	Dicke [mm]	Rohdichte [kg/m³]	Lambda [W/(mK)]	U-Wert [U_2] [W/(m²K)]
Dachdämmung [d3]	100	150	0,04	0,25
	120	150	0,04	0,22
	140	150	0,04	0,20
	160	150	0,04	0,18

Wärmebrückenverlustkoeffizient: (Ψ-Wert, außenmaßbezogen)

				Variable [d1] - Kalksandstein 175 mm - 0,99 W/(mK)			
Variable	Dicke [mm]	Rohdichte [kg/m³]	Lambda [W/(mK)]	Variable [d3] - Dachdämmung WLF 0,040			
				100 mm	120 mm	140 mm	160 mm
Kerndäm-mung [d2]	100	150	0,04	-0,07	-0,07	-0,08	-0,08
	120	150	0,04	-0,06	-0,06	-0,07	-0,07
	140	150	0,04	-0,06	-0,06	-0,06	-0,06

				Variable [d1] - Mauerwerk 175 mm - 0,10 W/(mK)			
Variable	Dicke [mm]	Rohdichte [kg/m³]	Lambda [W/(mK)]	Variable [d3] - Dachdämmung WLF 0,040			
				100 mm	120 mm	140 mm	160 mm
Kerndäm-mung [d2]	100	150	0,04	-0,08	-0,07	-0,07	-0,07
	120	150	0,04	-0,08	-0,07	-0,07	-0,07
	140	150	0,04	-0,08	-0,07	-0,07	-0,07

				Variable [d1] - Mauerwerk 175 mm - 0,12 W/(mK)			
Variable	Dicke [mm]	Rohdichte [kg/m³]	Lambda [W/(mK)]	Variable [d3] - Dachdämmung WLF 0,040			
				100 mm	120 mm	140 mm	160 mm
Kerndäm-mung [d2]	100	150	0,04	-0,08	-0,07	-0,07	-0,07
	120	150	0,04	-0,08	-0,07	-0,07	-0,07
	140	150	0,04	-0,08	-0,07	-0,07	-0,07

				Variable [d1] - Mauerwerk 175 mm - 0,14 W/(mK)			
Variable	Dicke [mm]	Rohdichte [kg/m³]	Lambda [W/(mK)]	Variable [d3] - Dachdämmung WLF 0,040			
				100 mm	120 mm	140 mm	160 mm
Kerndäm-mung [d2]	100	150	0,04	-0,08	-0,08	-0,08	-0,07
	120	150	0,04	-0,08	-0,07	-0,07	-0,07
	140	150	0,04	-0,08	-0,07	-0,07	-0,07

12 / Ortgang
12-M-M52 / Bild M52 - monolithisches Mauerwerk

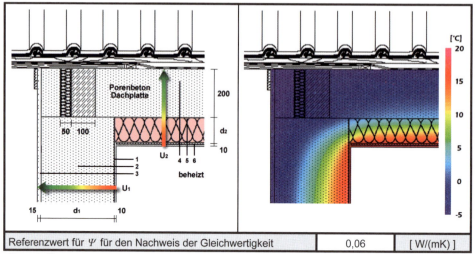

Referenzwert für Ψ für den Nachweis der Gleichwertigkeit		0,06	[W/(mK)]

Baustoffe:

Pos.	Bezeichnung	Dicke [mm]	Rohdichte [kg/m³]	Lambda [W/(mK)]
1	Innenputz	10	1800	0,35
2	Mauerwerk		Tabelle [d1]	
3	Außenputz	15	1800	0,2
4	Dachplatte aus Porenbeton	200	600	0,16
5	Dämmplatte WLG 045		Tabelle [d2]	
6	Innenputz	10	1800	0,35

U-Wert [U_1]:

Variable	Dicke [mm]	Rohdichte [kg/m³]	Lambda [W/(mK)]	U-Wert [U_1] [W/(m²K)]
Mauerwerk [d1]	300	350	0,09	0,28
	365	350	0,09	0,23
	300	400	0,10	0,31
	365	400	0,10	0,25
	300	450	0,12	0,36
	365	550	0,12	0,30

U-Wert [U_2]:

Variable	Dicke [mm]	Rohdichte [kg/m³]	Lambda [W/(mK)]	U-Wert [U_2] [W/(m²K)]
Dämmplatte [d2]	120	150	0,045	0,24
	140	150	0,045	0,22
	160	150	0,045	0,20
	180	150	0,045	0,18
	200	150	0,045	0,17

Wärmebrückenverlustkoeffizient: (Ψ-Wert, außenmaßbezogen)

Variable	Dicke [mm]	Rohdichte [kg/m³]	Lambda [W/(mK)]	Variable [d2] - Dämmplatte WLF 0,045				
				120 mm	140 mm	160 mm	180 mm	200 mm
Mauerwerk [d1]	300	350	0,09	-0,12	-0,12	-0,12	-0,12	-0,12
	365	350	0,09	-0,12	-0,11	-0,11	-0,11	-0,11
	300	400	0,10	-0,12	-0,13	-0,13	-0,13	-0,13
	365	400	0,10	-0,12	-0,12	-0,12	-0,12	-0,12
	300	450	0,12	-0,13	-0,13	-0,14	-0,14	-0,14
	365	550	0,12	-0,13	-0,13	-0,13	-0,13	-0,13

12 / Ortgang
12-K-M54 / Bild M54 - kerngedämmtes Mauerwerk

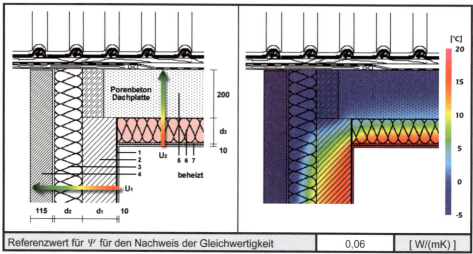

| Referenzwert für Ψ für den Nachweis der Gleichwertigkeit | 0,06 | [W/(mK)] |

Baustoffe:

Pos.	Bezeichnung	Dicke [mm]	Rohdichte [kg/m³]	Lambda [W/(mK)]
1	Innenputz	10	1800	0,35
2	Mauerwerk		Tabelle [d1]	
3	Kerndämmung WLG 040		Tabelle [d2]	
4	Verblendmauerwerk	115	2000	0,96
5	Dachplatte aus Porenbeton	200	600	0,16
6	Dämmplatte WLG 045		Tabelle [d3]	
7	Innenputz	10	1800	0,35

U-Wert [U_1]:

Variable	Dicke [mm]	Rohdichte [kg/m³]	Lambda [W/(mK)]	U-Wert [U_1] [W/(m²K)] Mauerwerk [d1] - 175 mm		
				Mauerwerk 0,10 W/(mK)	Mauerwerk 0,12 W/(mK)	Mauerwerk 0,14 W/(mK)
Kerndäm-mung [d2]	100	150	0,04	0,22	0,23	0,25
	120	150	0,04	0,20	0,21	0,22
	140	150	0,04	0,18	0,19	0,20

U-Wert [U_2]:

Variable	Dicke [mm]	Rohdichte [kg/m³]	Lambda [W/(mK)]	U-Wert [U_2] [W/(m²K)]
Dämmplatte [d3]	120	150	0,045	0,24
	140	150	0,045	0,22
	160	150	0,045	0,20
	180	150	0,045	0,18
	200	150	0,045	0,17

Wärmebrückenverlustkoeffizient: (Ψ-Wert, außenmaßbezogen)

Variable [d1] - Mauerwerk 175 mm - 0,10 W/(mK)								
Variable	Dicke [mm]	Rohdichte [kg/m³]	Lambda [W/(mK)]	Variable [d3] - Dämmplatte WLF 0,045				
				120 mm	140 mm	160 mm	180 mm	200 mm
Kerndäm-mung [d2]	100	150	0,04	-0,10	-0,10	-0,10	-0,10	-0,10
	120	150	0,04	-0,10	-0,09	-0,09	-0,09	-0,09
	140	150	0,04	-0,09	-0,09	-0,09	-0,09	-0,09

Variable [d1] - Mauerwerk 175 mm - 0,12 W/(mK)								
Variable	Dicke [mm]	Rohdichte [kg/m³]	Lambda [W/(mK)]	Variable [d3] - Dämmplatte WLF 0,045				
				120 mm	140 mm	160 mm	180 mm	200 mm
Kerndäm-mung [d2]	100	150	0,04	-0,09	-0,09	-0,09	-0,09	-0,09
	120	150	0,04	-0,09	-0,09	-0,09	-0,09	-0,09
	140	150	0,04	-0,09	-0,08	-0,08	-0,08	-0,08

Variable [d1] - Mauerwerk 175 mm - 0,14 W/(mK)								
Variable	Dicke [mm]	Rohdichte [kg/m³]	Lambda [W/(mK)]	Variable [d3] - Dämmplatte WLF 0,045				
				120 mm	140 mm	160 mm	180 mm	200 mm
Kerndäm-mung [d2]	100	150	0,04	-0,09	-0,09	-0,09	-0,09	-0,09
	120	150	0,04	-0,08	-0,08	-0,08	-0,08	-0,08
	140	150	0,04	-0,08	-0,08	-0,08	-0,08	-0,08

12 / Ortgang
12-H-F17 / Bild F17 - Holzbauart

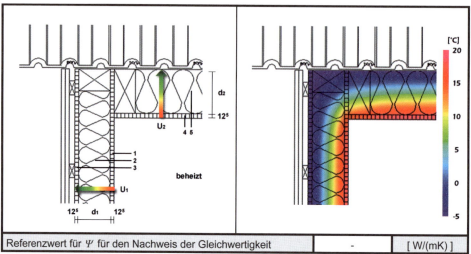

Referenzwert für Ψ für den Nachweis der Gleichwertigkeit		-	[W/(mK)]

Baustoffe:

Pos.	Bezeichnung	Dicke [mm]	Rohdichte [kg/m³]	Lambda [W/(mK)]
1	Gipsfaserplatte	12,5	1150	0,32
2	Dämmung WLG 040	Tabelle [d1]		
3	Gipsfaserplatte	12,5	1150	0,32
4	Gipsfaserplatte	12,5	1150	0,32
5	Dämmung WLG 040	Tabelle [d2]		

U-Wert [U_1]:

Variable	Dicke [mm]	Rohdichte [kg/m³]	Lambda [W/(mK)]	U-Wert [U_1] [W/(m²K)]
Dämmung [d1]	120	150	0,04	0,31
	140	150	0,04	0,27
	160	150	0,04	0,24
	180	150	0,04	0,21
	200	150	0,04	0,19

U-Wert [U_2]:

Variable	Dicke [mm]	Rohdichte [kg/m³]	Lambda [W/(mK)]	U-Wert [U_2] [W/(m²K)]
Dachdämmung [d2]	160	150	0,04	0,24
	180	150	0,04	0,21
	200	150	0,04	0,19
	220	150	0,04	0,18
	240	150	0,04	0,16

Wärmebrückenverlustkoeffizient: (Ψ-Wert, außenmaßbezogen)

Variable	Dicke [mm]	Rohdichte [kg/m³]	Lambda [W/(mK)]	Variable [d2] - Dachdämmung WLF 0,040				
				160 mm	180 mm	200 mm	220 mm	240 mm
Dämmung [d1]	120	150	0,04	-0,01	-0,01	-0,02	-0,02	-0,03
	140	150	0,04	0,00	-0,01	-0,02	-0,02	-0,03
	160	150	0,04	0,00	-0,01	-0,01	-0,02	-0,02
	180	150	0,04	0,00	-0,01	-0,01	-0,01	-0,02
	200	150	0,04	0,00	0,00	-0,01	-0,01	-0,01

12 / Ortgang
12-H-F17a / Bild F17a - Holzbauart

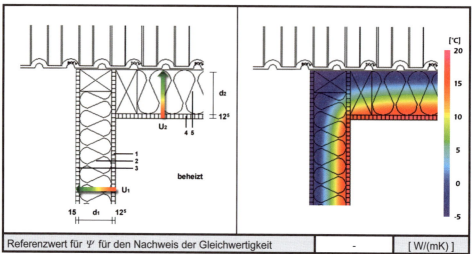

Referenzwert für Ψ für den Nachweis der Gleichwertigkeit	-	[W/(mK)]

Baustoffe:

Pos.	Bezeichnung	Dicke [mm]	Rohdichte [kg/m³]	Lambda [W/(mK)]
1	Gipsfaserplatte	12,5	1150	0,32
2	Dämmung WLG 040	Tabelle [d1]		
3	Powerpanel HD	15	1000	0,4
4	Gipsfaserplatte	12,5	1150	0,32
5	Dämmung WLG 040	Tabelle [d2]		

U-Wert [U_1]:

Variable	Dicke [mm]	Rohdichte [kg/m³]	Lambda [W/(mK)]	U-Wert [U_1] [W/(m²K)]
Dämmung [d_1]	120	150	0,04	0,31
	140	150	0,04	0,27
	160	150	0,04	0,24
	180	150	0,04	0,21
	200	150	0,04	0,19

U-Wert [U_2]:

Variable	Dicke [mm]	Rohdichte [kg/m³]	Lambda [W/(mK)]	U-Wert [U_2] [W/(m²K)]
Dachdämmung [d_2]	160	150	0,04	0,24
	180	150	0,04	0,21
	200	150	0,04	0,19
	220	150	0,04	0,18
	240	150	0,04	0,16

Wärmebrückenverlustkoeffizient: (Ψ-Wert, außenmaßbezogen)

Variable	Dicke [mm]	Rohdichte [kg/m³]	Lambda [W/(mK)]	Variable [d_2] - Dachdämmung WLF 0,040				
				160 mm	180 mm	200 mm	220 mm	240 mm
Dämmung [d_1]	120	150	0,04	-0,01	-0,01	-0,02	-0,02	-0,03
	140	150	0,04	0,00	-0,01	-0,02	-0,02	-0,03
	160	150	0,04	0,00	-0,01	-0,01	-0,02	-0,02
	180	150	0,04	0,00	-0,01	-0,01	-0,01	-0,02
	200	150	0,04	0,00	0,00	-0,01	-0,01	-0,01

12 / Ortgang
12-H-F18 / Bild F18 - Holzbauart

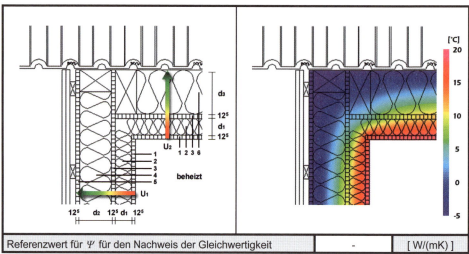

Referenzwert für Ψ für den Nachweis der Gleichwertigkeit		-	[W/(mK)]

Baustoffe:

Pos.	Bezeichnung	Dicke [mm]	Rohdichte [kg/m³]	Lambda [W/(mK)]
1	Gipsfaserplatte	12,5	1150	0,32
2	Dämmung WLG 040	Tabelle [d1]		
3	Gipsfaserplatte	12,5	1150	0,32
4	Dämmung WLG 040	Tabelle [d2]		
5	Gipsfaserplatte	12,5	1150	0,32
6	Dämmung WLG 040	Tabelle [d3]		

U-Wert [U_1]:

Variable	Dicke [mm]	Rohdichte [kg/m³]	Lambda [W/(mK)]	U-Wert [U_1] [W/(m²K)]				
				Variable [d2] - Dämmung WLF 0,040				
				120 mm	140 mm	160 mm	180 mm	200 mm
Dämmung [d1]	40	30	0,04	0,23	0,21	0,19	0,17	0,16
	60	30	0,04	0,21	0,19	0,17	0,16	0,15

U-Wert [U_2]:

Variable	Dicke [mm]	Rohdichte [kg/m³]	Lambda [W/(mK)]	U-Wert [U_2] [W/(m²K)]				
				Variable [d3] - Dämmung WLF 0,040				
				160 mm	180 mm	200 mm	220 mm	240 mm
Dämmung [d1]	40	30	0,04	0,19	0,17	0,16	0,15	0,14
	60	30	0,04	0,17	0,16	0,15	0,14	0,13

Wärmebrückenverlustkoeffizient: (Ψ-Wert, außenmaßbezogen)

Variable	Dicke [mm]	Rohdichte [kg/m³]	Lambda [W/(mK)]	Variable [d1] - Dämmung 40 mm - 0,04 W/(mK)				
				Variable [d3] - Dämmung WLF 0,040				
				160 mm	180 mm	200 mm	220 mm	240 mm
Dämmung [d2]	120	150	0,04	-0,05	-0,05	-0,06	-0,06	-0,06
	140	150	0,04	-0,05	-0,05	-0,05	-0,06	-0,06
	160	150	0,04	-0,04	-0,05	-0,05	-0,05	-0,05
	180	150	0,04	-0,04	-0,04	-0,04	-0,05	-0,05
	200	150	0,04	-0,04	-0,04	-0,04	-0,04	-0,05

Variable	Dicke [mm]	Rohdichte [kg/m³]	Lambda [W/(mK)]	Variable [d1] - Dämmung 60 mm - 0,04 W/(mK)				
				Variable [d3] - Dämmung WLF 0,040				
				160 mm	180 mm	200 mm	220 mm	240 mm
Dämmung [d2]	120	150	0,04	-0,06	-0,06	-0,06	-0,06	-0,06
	140	150	0,04	-0,06	-0,06	-0,05	-0,05	-0,06
	160	150	0,04	-0,06	-0,05	-0,05	-0,05	-0,05
	180	150	0,04	-0,06	-0,05	-0,05	-0,05	-0,05
	200	150	0,04	-0,06	-0,05	-0,05	-0,05	-0,05

12 / Ortgang
12-H-F18a / Bild F18a - Holzbauart

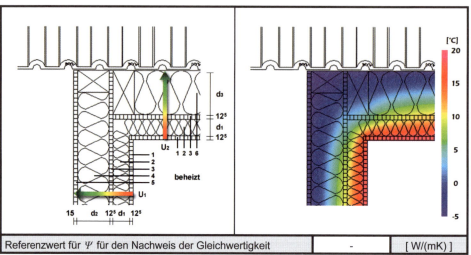

Referenzwert für Ψ für den Nachweis der Gleichwertigkeit		-	[W/(mK)]

Baustoffe:

Pos.	Bezeichnung	Dicke [mm]	Rohdichte [kg/m³]	Lambda [W/(mK)]
1	Gipsfaserplatte	12,5	1150	0,32
2	Dämmung WLG 040	Tabelle [d1]		
3	Gipsfaserplatte	12,5	1150	0,32
4	Dämmung WLG 040	Tabelle [d2]		
5	Powerpanel HD	15	1000	0,4
6	Dämmung WLG 040	Tabelle [d3]		

U-Wert [U_1]:

				U-Wert [U_1] [W/(m²K)]				
Variable	Dicke [mm]	Rohdichte [kg/m³]	Lambda [W/(mK)]	Variable [d2] - Dämmung WLF 0,040				
				120 mm	140 mm	160 mm	180 mm	200 mm
Dämmung [d1]	40	30	0,04	0,23	0,21	0,19	0,17	0,16
	60	30	0,04	0,21	0,19	0,17	0,16	0,15

U-Wert [U_2]:

				U-Wert [U_2] [W/(m²K)]				
Variable	Dicke [mm]	Rohdichte [kg/m³]	Lambda [W/(mK)]	Variable [d3] - Dämmung WLF 0,040				
				160 mm	180 mm	200 mm	220 mm	240 mm
Dämmung [d1]	40	30	0,04	0,19	0,17	0,16	0,15	0,14
	60	30	0,04	0,17	0,16	0,15	0,14	0,13

Wärmebrückenverlustkoeffizient: (Ψ-Wert, außenmaßbezogen)

				Variable [d1] - Dämmung 40 mm - 0,04 W/(mK)				
Variable	Dicke [mm]	Rohdichte [kg/m³]	Lambda [W/(mK)]	Variable [d3] - Dämmung WLF 0,040				
				160 mm	180 mm	200 mm	220 mm	240 mm
Dämmung [d2]	120	150	0,04	-0,05	-0,05	-0,06	-0,06	-0,06
	140	150	0,04	-0,05	-0,05	-0,05	-0,06	-0,06
	160	150	0,04	-0,04	-0,05	-0,05	-0,05	-0,05
	180	150	0,04	-0,04	-0,04	-0,04	-0,05	-0,05
	200	150	0,04	-0,04	-0,04	-0,04	-0,04	-0,05

				Variable [d1] - Dämmung 60 mm - 0,04 W/(mK)				
Variable	Dicke [mm]	Rohdichte [kg/m³]	Lambda [W/(mK)]	Variable [d3] - Dämmung WLF 0,040				
				160 mm	180 mm	200 mm	220 mm	240 mm
Dämmung [d2]	120	150	0,04	-0,06	-0,06	-0,06	-0,06	-0,06
	140	150	0,04	-0,06	-0,06	-0,05	-0,05	-0,06
	160	150	0,04	-0,06	-0,05	-0,05	-0,05	-0,05
	180	150	0,04	-0,06	-0,05	-0,05	-0,05	-0,05
	200	150	0,04	-0,06	-0,05	-0,05	-0,05	-0,05

12 / Ortgang
12-H-F19a / Bild F19a - Holzbauart

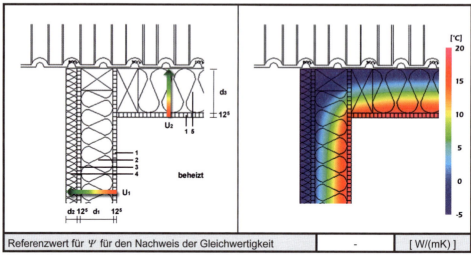

Referenzwert für Ψ für den Nachweis der Gleichwertigkeit	-	[W/(mK)]

Baustoffe:

Pos.	Bezeichnung	Dicke [mm]	Rohdichte [kg/m³]	Lambda [W/(mK)]
1	Gipsfaserplatte	12,5	1150	0,32
2	Dämmung WLG 040		Tabelle [d1]	
3	Gipsfaserplatte	12,5	1150	0,32
4	WDVS WLG 040		Tabelle [d2]	
5	Dämmung WLG 040		Tabelle [d3]	

U-Wert [U_1]:

				U-Wert [U_1] - [W/(m²K)]					
		Dicke	Rohdichte	Lambda	Variable [d1] - Dämmung WLF 0,040				
Variable		[mm]	[kg/m³]	[W/(mK)]	120 mm	140 mm	160 mm	180 mm	200 mm
WDVS [d2]		40	30	0,04	0,24	0,21	0,19	0,17	0,16
		60	30	0,04	0,21	0,19	0,17	0,16	0,15
		80	30	0,04	0,19	0,17	0,16	0,15	0,14
		100	30	0,04	0,17	0,16	0,15	0,14	0,13
		120	30	0,04	0,16	0,15	0,14	0,13	0,12

U-Wert [U_2]:

Variable	Dicke [mm]	Rohdichte [kg/m³]	Lambda [W/(mK)]	U-Wert [U_2] [W/(m²K)]
Dachdäm-mung [d3]	160	150	0,04	0,24
	180	150	0,04	0,21
	200	150	0,04	0,19
	220	150	0,04	0,18
	240	150	0,04	0,16

Wärmebrückenverlustkoeffizient: (Ψ-Wert, außenmaßbezogen)

	Variable [d3] - Dachdämmung 160 mm - 0,04 W/(mK)							
Variable	Dicke [mm]	Rohdichte [kg/m³]	Lambda [W/(mK)]	Variable [d1] - Dämmung WLF 0,040				
				120 mm	140 mm	160 mm	180 mm	200 mm
WDVS [d2]	40	30	0,04	-0,01	0,00	0,00	0,00	0,00
	60	30	0,04	-0,01	-0,01	0,00	0,00	0,00
	80	30	0,04	-0,01	-0,01	-0,01	-0,01	-0,01
	100	30	0,04	-0,01	-0,01	-0,01	-0,01	-0,01
	120	30	0,04	-0,01	-0,01	-0,01	-0,01	-0,01

	Variable [d3] - Dachdämmung 180 mm - 0,04 W/(mK)							
Variable	Dicke [mm]	Rohdichte [kg/m³]	Lambda [W/(mK)]	Variable [d1] - Dämmung WLF 0,040				
				120 mm	140 mm	160 mm	180 mm	200 mm
WDVS [d2]	40	30	0,04	-0,01	-0,01	-0,01	0,00	0,00
	60	30	0,04	-0,01	-0,01	-0,01	-0,01	0,00
	80	30	0,04	-0,01	-0,01	-0,01	-0,01	-0,01
	100	30	0,04	-0,01	-0,01	-0,01	-0,01	-0,01
	120	30	0,04	-0,01	-0,01	-0,01	-0,01	-0,01

	Variable [d3] - Dachdämmung 200 mm - 0,04 W/(mK)							
Variable	Dicke [mm]	Rohdichte [kg/m³]	Lambda [W/(mK)]	Variable [d1] - Dämmung WLF 0,040				
				120 mm	140 mm	160 mm	180 mm	200 mm
WDVS [d2]	40	30	0,04	-0,01	-0,01	-0,01	-0,01	0,00
	60	30	0,04	-0,01	-0,01	-0,01	-0,01	-0,01
	80	30	0,04	-0,02	-0,01	-0,01	-0,01	-0,01
	100	30	0,04	-0,02	-0,02	-0,01	-0,01	-0,01
	120	30	0,04	-0,02	-0,02	-0,01	-0,01	-0,01

	Variable [d3] - Dachdämmung 220 mm - 0,04 W/(mK)							
Variable	Dicke [mm]	Rohdichte [kg/m³]	Lambda [W/(mK)]	Variable [d1] - Dämmung WLF 0,040				
				120 mm	140 mm	160 mm	180 mm	200 mm
WDVS [d2]	40	30	0,04	-0,02	-0,02	-0,01	-0,01	-0,01
	60	30	0,04	-0,02	-0,02	-0,01	-0,01	-0,01
	80	30	0,04	-0,02	-0,02	-0,01	-0,01	-0,01
	100	30	0,04	-0,02	-0,01	-0,01	-0,01	-0,01
	120	30	0,04	-0,02	-0,01	-0,01	-0,01	-0,01

	Variable [d3] - Dachdämmung 240 mm - 0,04 W/(mK)							
Variable	Dicke [mm]	Rohdichte [kg/m³]	Lambda [W/(mK)]	Variable [d1] - Dämmung WLF 0,040				
				120 mm	140 mm	160 mm	180 mm	200 mm
WDVS [d2]	40	30	0,04	-0,02	-0,02	-0,02	-0,02	-0,01
	60	30	0,04	-0,02	-0,02	-0,02	-0,02	-0,01
	80	30	0,04	-0,02	-0,02	-0,02	-0,01	-0,01
	100	30	0,04	-0,01	-0,01	-0,01	-0,01	-0,01
	120	30	0,04	-0,01	-0,01	-0,01	-0,01	-0,01

12 / Ortgang
12-H-F19b / Bild F19b - Holzbauart

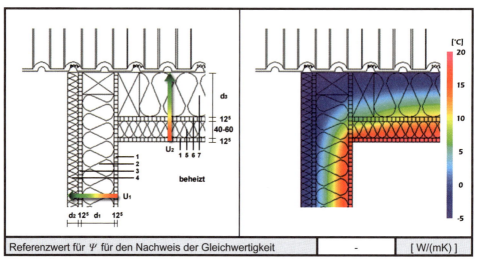

Referenzwert für Ψ für den Nachweis der Gleichwertigkeit	-	[W/(mK)]

Baustoffe:

Pos.	Bezeichnung	Dicke [mm]	Rohdichte [kg/m³]	Lambda [W/(mK)]
1	Gipsfaserplatte	12,5	1150	0,32
2	Dämmung WLG 040	Tabelle [d1]		
3	Gipsfaserplatte	12,5	1150	0,32
4	WDVS WLG 040	Tabelle [d2]		
5	Dämmung WLG 040	60	150	0,04
6	Gipsfaserplatte	12,5	1150	0,32
7	Dämmung WLG 040	Tabelle [d3]		

U-Wert [U_1]:

				U-Wert [U_1] - [W/(m²K)]				
Variable	Dicke [mm]	Rohdichte [kg/m³]	Lambda [W/(mK)]	Variable [d1] - Dämmung WLF 0,040				
				120 mm	140 mm	160 mm	180 mm	200 mm
WDVS [d2]	40	30	0,04	0,24	0,21	0,19	0,17	0,16
	60	30	0,04	0,21	0,19	0,17	0,16	0,15
	80	30	0,04	0,19	0,17	0,16	0,15	0,14
	100	30	0,04	0,17	0,16	0,15	0,14	0,13
	120	30	0,04	0,16	0,15	0,14	0,13	0,12

U-Wert [U_2]:

Variable	Dicke [mm]	Rohdichte [kg/m³]	Lambda [W/(mK)]	U-Wert [U_2] [W/(m²K)]
Dachdämmung [d3]	160	150	0,04	0,17
	180	150	0,04	0,16
	200	150	0,04	0,15
	220	150	0,04	0,14
	240	150	0,04	0,13

Wärmebrückenverlustkoeffizient: (Ψ-Wert, außenmaßbezogen)

				Variable [d3] - Dachdämmung 160 mm - 0,04 W/(mK)				
	Dicke	Rohdichte	Lambda	Variable [d1] - Dämmung WLF 0,040				
Variable	[mm]	[kg/m³]	[W/(mK)]	120 mm	140 mm	160 mm	180 mm	200 mm
WDVS [d2]	40	30	0,04	-0,03	-0,03	-0,03	-0,03	-0,02
	60	30	0,04	-0,03	-0,03	-0,03	-0,03	-0,02
	80	30	0,04	-0,03	-0,03	-0,03	-0,03	-0,03
	100	30	0,04	-0,02	-0,03	-0,03	-0,03	-0,03
	120	30	0,04	-0,02	-0,02	-0,02	-0,03	-0,03

				Variable [d3] - Dachdämmung 180 mm - 0,04 W/(mK)				
	Dicke	Rohdichte	Lambda	Variable [d1] - Dämmung WLF 0,040				
Variable	[mm]	[kg/m³]	[W/(mK)]	120 mm	140 mm	160 mm	180 mm	200 mm
WDVS [d2]	40	30	0,04	-0,04	-0,03	-0,03	-0,03	-0,03
	60	30	0,04	-0,03	-0,03	-0,03	-0,03	-0,03
	80	30	0,04	-0,03	-0,03	-0,03	-0,03	-0,03
	100	30	0,04	-0,03	-0,03	-0,03	-0,03	-0,03
	120	30	0,04	-0,02	-0,02	-0,03	-0,03	-0,03

				Variable [d3] - Dachdämmung 200 mm - 0,04 W/(mK)				
	Dicke	Rohdichte	Lambda	Variable [d1] - Dämmung WLF 0,040				
Variable	[mm]	[kg/m³]	[W/(mK)]	120 mm	140 mm	160 mm	180 mm	200 mm
WDVS [d2]	40	30	0,04	-0,04	-0,04	-0,03	-0,03	-0,03
	60	30	0,04	-0,04	-0,03	-0,03	-0,03	-0,03
	80	30	0,04	-0,03	-0,03	-0,03	-0,03	-0,03
	100	30	0,04	-0,03	-0,03	-0,03	-0,03	-0,03
	120	30	0,04	-0,03	-0,03	-0,03	-0,03	-0,03

				Variable [d3] - Dachdämmung 220 mm - 0,04 W/(mK)				
	Dicke	Rohdichte	Lambda	Variable [d1] - Dämmung WLF 0,040				
Variable	[mm]	[kg/m³]	[W/(mK)]	120 mm	140 mm	160 mm	180 mm	200 mm
WDVS [d2]	40	30	0,04	-0,05	-0,04	-0,04	-0,04	-0,03
	60	30	0,04	-0,04	-0,04	-0,04	-0,03	-0,03
	80	30	0,04	-0,04	-0,04	-0,03	-0,03	-0,03
	100	30	0,04	-0,03	-0,03	-0,03	-0,03	-0,03
	120	30	0,04	-0,03	-0,03	-0,03	-0,03	-0,03

				Variable [d3] - Dachdämmung 240 mm - 0,04 W/(mK)				
	Dicke	Rohdichte	Lambda	Variable [d1] - Dämmung WLF 0,040				
Variable	[mm]	[kg/m³]	[W/(mK)]	120 mm	140 mm	160 mm	180 mm	200 mm
WDVS [d2]	40	30	0,04	-0,05	-0,05	-0,04	-0,04	-0,04
	60	30	0,04	-0,05	-0,04	-0,04	-0,04	-0,03
	80	30	0,04	-0,04	-0,04	-0,04	-0,04	-0,03
	100	30	0,04	-0,04	-0,04	-0,03	-0,03	-0,03
	120	30	0,04	-0,03	-0,03	-0,03	-0,03	-0,03

12 / Ortgang
12-H-F19c / Bild F19c - Holzbauart

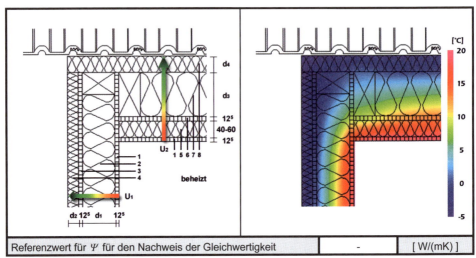

Referenzwert für Ψ für den Nachweis der Gleichwertigkeit	-	[W/(mK)]

Baustoffe:

Pos.	Bezeichnung	Dicke [mm]	Rohdichte [kg/m³]	Lambda [W/(mK)]
1	Gipsfaserplatte	12,5	1150	0,32
2	Dämmung WLG 040	Tabelle [d1]		
3	Gipsfaserplatte	12,5	1150	0,32
4	WDVS WLG 040	Tabelle [d2]		
5	Dämmung WLG 040	60	150	0,04
6	Gipsfaserplatte	12,5	1150	0,32
7	Dämmung WLG 040	Tabelle [d3]		
8	Dämmung WLG 040	Tabelle [d4]		

U-Wert [U_1]:

				U-Wert [U_1] - [W/(m²K)]				
Variable	Dicke [mm]	Rohdichte [kg/m³]	Lambda [W/(mK)]	Variable [d1] - Dämmung WLF 0,040				
				120 mm	140 mm	160 mm	180 mm	200 mm
WDVS [d2]	40	30	0,04	0,24	0,21	0,19	0,17	0,16
	60	30	0,04	0,21	0,19	0,17	0,16	0,15
	80	30	0,04	0,19	0,17	0,16	0,15	0,14
	100	30	0,04	0,17	0,16	0,15	0,14	0,13
	120	30	0,04	0,16	0,15	0,14	0,13	0,12

U-Wert [U_2]:

				U-Wert [U_2] - [W/(m²K)]				
Variable	Dicke [mm]	Rohdichte [kg/m³]	Lambda [W/(mK)]	Variable [d3] - Dämmung WLF 0,040				
				160 mm	180 mm	200 mm	220 mm	240 mm
Dämmung [d4]	40	150	0,04	0,15	0,14	0,13	0,12	0,11
	60	150	0,04	0,14	0,13	0,12	0,11	0,11
	80	150	0,04	0,13	0,12	0,11	0,11	0,10

Bauteilkatalog zum Beiblatt 2 der DIN 4108

Wärmebrückenverlustkoeffizient: (Ψ-Wert, außenmaßbezogen)

Variable	Dicke [mm]	Rohdichte [kg/m³]	Lambda [W/(mK)]	Variable [d1] - Dämmung WLF 0,040				
				120 mm	140 mm	160 mm	180 mm	200 mm
Variable [d4] - Dämmung 40 mm - 0,04 W/(mK)								
Variable [d3] - Dämmung 160 mm - 0,04 W/(mK)								
WDVS [d2]	40	30	0,04	-0,05	-0,05	-0,04	-0,04	-0,04
	60	30	0,04	-0,05	-0,04	-0,04	-0,04	-0,04
	80	30	0,04	-0,04	-0,04	-0,04	-0,04	-0,04
	100	30	0,04	-0,04	-0,04	-0,04	-0,04	-0,04
	120	30	0,04	-0,04	-0,04	-0,04	-0,04	-0,04
Variable [d3] - Dämmung 180 mm - 0,04 W/(mK)								
WDVS [d2]	40	30	0,04	-0,05	-0,05	-0,04	-0,04	-0,04
	60	30	0,04	-0,05	-0,05	-0,04	-0,04	-0,04
	80	30	0,04	-0,04	-0,04	-0,04	-0,04	-0,04
	100	30	0,04	-0,04	-0,04	-0,04	-0,04	-0,04
	120	30	0,04	-0,04	-0,04	-0,04	-0,04	-0,04
Variable [d3] - Dämmung 200 mm - 0,04 W/(mK)								
WDVS [d2]	40	30	0,04	-0,05	-0,05	-0,05	-0,04	-0,04
	60	30	0,04	-0,05	-0,05	-0,04	-0,04	-0,04
	80	30	0,04	-0,04	-0,04	-0,04	-0,04	-0,04
	100	30	0,04	-0,04	-0,04	-0,04	-0,04	-0,04
	120	30	0,04	-0,04	-0,04	-0,04	-0,04	-0,04
Variable [d3] - Dämmung 220 mm - 0,04 W/(mK)								
WDVS [d2]	40	30	0,04	-0,06	-0,05	-0,05	-0,05	-0,04
	60	30	0,04	-0,05	-0,05	-0,05	-0,04	-0,04
	80	30	0,04	-0,05	-0,05	-0,04	-0,04	-0,04
	100	30	0,04	-0,04	-0,04	-0,04	-0,04	-0,04
	120	30	0,04	-0,04	-0,04	-0,04	-0,04	-0,04
Variable [d3] - Dämmung 240 mm - 0,04 W/(mK)								
WDVS [d2]	40	30	0,04	-0,06	-0,06	-0,05	-0,05	-0,04
	60	30	0,04	-0,06	-0,05	-0,05	-0,05	-0,04
	80	30	0,04	-0,05	-0,05	-0,05	-0,04	-0,04
	100	30	0,04	-0,05	-0,05	-0,04	-0,04	-0,04
	120	30	0,04	-0,04	-0,04	-0,04	-0,04	-0,04

Wärmebrückenverlustkoeffizient: (Ψ-Wert, außenmaßbezogen)

Variable	Dicke [mm]	Rohdichte [kg/m³]	Lambda [W/(mK)]	Variable [d1] - Dämmung WLF 0,040				
				120 mm	140 mm	160 mm	180 mm	200 mm
Variable [d4] - Dämmung 60 mm - 0,04 W/(mK)								
Variable [d3] - Dämmung 160 mm - 0,04 W/(mK)								
WDVS [d2]	40	30	0,04	-0,05	-0,05	-0,05	-0,04	-0,04
	60	30	0,04	-0,05	-0,05	-0,04	-0,04	-0,04
	80	30	0,04	-0,05	-0,04	-0,04	-0,04	-0,04
	100	30	0,04	-0,04	-0,04	-0,04	-0,04	-0,04
	120	30	0,04	-0,04	-0,04	-0,04	-0,04	-0,04
Variable [d3] - Dämmung 180 mm - 0,04 W/(mK)								
WDVS [d2]	40	30	0,04	-0,06	-0,05	-0,05	-0,04	-0,04
	60	30	0,04	-0,05	-0,05	-0,05	-0,04	-0,04
	80	30	0,04	-0,05	-0,05	-0,04	-0,04	-0,04
	100	30	0,04	-0,04	-0,04	-0,04	-0,04	-0,04
	120	30	0,04	-0,04	-0,04	-0,04	-0,04	-0,04
Variable [d3] - Dämmung 200 mm - 0,04 W/(mK)								
WDVS [d2]	40	30	0,04	-0,06	-0,05	-0,05	-0,05	-0,04
	60	30	0,04	-0,05	-0,05	-0,05	-0,04	-0,04
	80	30	0,04	-0,05	-0,05	-0,04	-0,04	-0,04
	100	30	0,04	-0,04	-0,04	-0,04	-0,04	-0,04
	120	30	0,04	-0,04	-0,04	-0,04	-0,04	-0,04
Variable [d3] - Dämmung 220 mm - 0,04 W/(mK)								
WDVS [d2]	40	30	0,04	-0,06	-0,06	-0,05	-0,05	-0,04
	60	30	0,04	-0,06	-0,05	-0,05	-0,05	-0,04
	80	30	0,04	-0,05	-0,05	-0,05	-0,04	-0,04
	100	30	0,04	-0,05	-0,05	-0,04	-0,04	-0,04
	120	30	0,04	-0,04	-0,04	-0,04	-0,04	-0,04
Variable [d3] - Dämmung 240 mm - 0,04 W/(mK)								
WDVS [d2]	40	30	0,04	-0,07	-0,06	-0,06	-0,05	-0,05
	60	30	0,04	-0,06	-0,06	-0,05	-0,05	-0,05
	80	30	0,04	-0,06	-0,05	-0,05	-0,05	-0,04
	100	30	0,04	-0,05	-0,05	-0,05	-0,04	-0,04
	120	30	0,04	-0,05	-0,04	-0,04	-0,04	-0,04

Wärmebrückenverlustkoeffizient: (Ψ-Wert, außenmaßbezogen)

Variable	Dicke [mm]	Rohdichte [kg/m³]	Lambda [W/(mK)]	Variable [d1] - Dämmung WLF 0,040				
				120 mm	140 mm	160 mm	180 mm	200 mm
Variable [d4] - Dämmung 80 mm - 0,04 W/(mK)								
Variable [d3] - Dämmung 160 mm - 0,04 W/(mK)								
WDVS [d2]	40	30	0,04	-0,06	-0,06	-0,05	-0,05	-0,04
	60	30	0,04	-0,06	-0,05	-0,05	-0,05	-0,04
	80	30	0,04	-0,05	-0,05	-0,05	-0,05	-0,04
	100	30	0,04	-0,05	-0,05	-0,05	-0,04	-0,04
	120	30	0,04	-0,04	-0,04	-0,04	-0,04	-0,04
Variable [d3] - Dämmung 180 mm - 0,04 W/(mK)								
WDVS [d2]	40	30	0,04	-0,06	-0,06	-0,05	-0,05	-0,05
	60	30	0,04	-0,06	-0,06	-0,05	-0,05	-0,04
	80	30	0,04	-0,05	-0,05	-0,05	-0,05	-0,04
	100	30	0,04	-0,05	-0,05	-0,05	-0,05	-0,04
	120	30	0,04	-0,05	-0,04	-0,04	-0,04	-0,04
Variable [d3] - Dämmung 200 mm - 0,04 W/(mK)								
WDVS [d2]	40	30	0,04	-0,07	-0,06	-0,06	-0,05	-0,05
	60	30	0,04	-0,06	-0,06	-0,05	-0,05	-0,05
	80	30	0,04	-0,06	-0,05	-0,05	-0,05	-0,05
	100	30	0,04	-0,05	-0,05	-0,05	-0,05	-0,04
	120	30	0,04	-0,05	-0,05	-0,05	-0,04	-0,04
Variable [d3] - Dämmung 220 mm - 0,04 W/(mK)								
WDVS [d2]	40	30	0,04	-0,07	-0,07	-0,06	-0,06	-0,05
	60	30	0,04	-0,07	-0,06	-0,06	-0,05	-0,05
	80	30	0,04	-0,06	-0,06	-0,05	-0,05	-0,05
	100	30	0,04	-0,06	-0,05	-0,05	-0,05	-0,05
	120	30	0,04	-0,05	-0,05	-0,05	-0,05	-0,04
Variable [d3] - Dämmung 240 mm - 0,04 W/(mK)								
WDVS [d2]	40	30	0,04	-0,08	-0,07	-0,07	-0,06	-0,06
	60	30	0,04	-0,07	-0,07	-0,06	-0,06	-0,05
	80	30	0,04	-0,06	-0,06	-0,06	-0,05	-0,05
	100	30	0,04	-0,06	-0,06	-0,05	-0,05	-0,05
	120	30	0,04	-0,05	-0,05	-0,05	-0,05	-0,05

14 / Pfettendach
14-M-84a / Bild 84a - monolithisches Mauerwerk

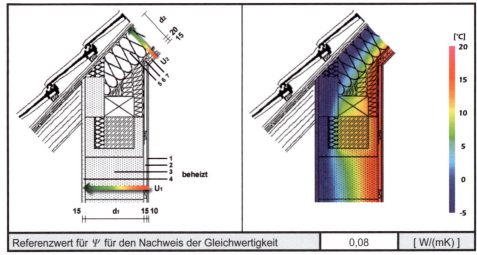

Referenzwert für Ψ für den Nachweis der Gleichwertigkeit	0,08	[W/(mK)]

Baustoffe:

Pos.	Bezeichnung	Dicke [mm]	Rohdichte [kg/m³]	Lambda [W/(mK)]
1	Gipskartonplatte	15	900	0,25
2	Holzfaserplatte	20	1000	0,17
3	Mauerwerk		Tabelle [d1]	
4	Außenputz	15	1300	0,2
5	Dachdämmung WLF 0,040		Tabelle [d2]	
6	Holzfaserplatte	20	1000	0,17
7	Gipskartonplatte	15	900	0,25

Bauteilkatalog zum Beiblatt 2 der DIN 4108

U-Wert [U1]:

Variable	Dicke [mm]	Rohdichte [kg/m³]	Lambda [W/(mK)]	U-Wert [U1] [W/(m²K)]
Mauerwerk [d1]	240	350	0,09	0,32
	300	350	0,09	0,27
	365	350	0,09	0,22
	240	400	0,10	0,35
	300	400	0,10	0,29
	365	400	0,10	0,25
	240	450	0,12	0,41
	300	450	0,12	0,34
	365	450	0,12	0,29
	240	500	0,14	0,47
	300	500	0,14	0,39
	365	500	0,14	0,33
	240	550	0,16	0,52
	300	550	0,16	0,44
	365	550	0,16	0,37

U-Wert [U2]:

Variable	Dicke [mm]	Rohdichte [kg/m³]	Lambda [W/(mK)]	U-Wert [U2] [W/(m²K)]
Dachdämmung [d2]	140	150	0,04	0,26
	160	150	0,04	0,23
	180	150	0,04	0,21
	200	150	0,04	0,19

Wärmebrückenverlustkoeffizient: (Ψ-Wert, außenmaßbezogen)

Variable	Dicke [mm]	Rohdichte [kg/m³]	Lambda [W/(mK)]	Variable [d2] - Dachdämmung WLF 0,040			
				140 mm	160 mm	180 mm	200 mm
Mauerwerk [d1]	240	350	0,09	0,03	0,03	0,02	0,02
	300	350	0,09	-0,01	0,00	-0,01	0,00
	365	350	0,09	-0,01	0,00	0,00	0,01
	240	400	0,10	0,01	001	0,01	0,01
	300	400	0,10	-0,02	-0,02	-0,02	-0,02
	365	400	0,10	-0,02	-0,01	-0,01	0,00
	240	450	0,12	-0,01	-0,01	-0,02	-0,02
	300	450	0,12	-0,04	-0,04	-0,04	-0,04
	365	450	0,12	-0,03	-0,03	-0,03	-0,03
	240	500	0,14	-0,03	-0,04	-0,04	-0,05
	300	500	0,14	-0,06	-0,06	-0,07	-0,07
	365	500	0,14	-0,05	-0,05	-0,05	-0,05
	240	550	0,16	-0,06	-0,06	-0,07	-0,08
	300	550	0,16	-0,08	-0,08	-0,09	-0,09
	365	550	0,16	-0,07	-0,07	-0,07	-0,07

14 / Pfettendach
14-M-84b / Bild 84b - monolithisches Mauerwerk

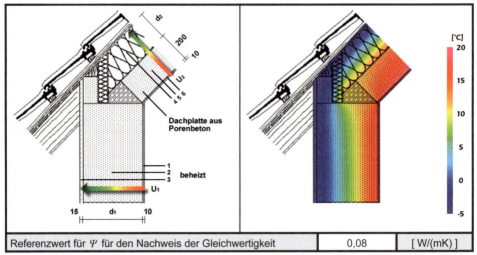

Referenzwert für Ψ für den Nachweis der Gleichwertigkeit	0,08	[W/(mK)]

Baustoffe:

Pos.	Bezeichnung	Dicke [mm]	Rohdichte [kg/m³]	Lambda [W/(mK)]
1	Innenputz	10	1800	0,35
2	Mauerwerk		Tabelle [d1]	
3	Außenputz	15	1300	0,2
4	Dachdämmung WLF 0,040		Tabelle [d2]	
5	Dachplatte aus Porenbeton	200	600	0,16
6	Innenputz	10	1800	0,35

U-Wert [U_1]:

Variable	Dicke [mm]	Rohdichte [kg/m³]	Lambda [W/(mK)]	U-Wert [U_1] [W/(m²K)]
Mauerwerk [d1]	240	350	0,09	0,34
	300	350	0,09	0,28
	365	350	0,09	0,23
	240	400	0,10	0,37
	300	400	0,10	0,31
	365	400	0,10	0,25
	240	450	0,12	0,44
	300	450	0,12	0,36
	365	450	0,12	0,30
	240	500	0,14	0,50
	300	500	0,14	0,41
	365	500	0,14	0,35
	240	550	0,16	0,56
	300	550	0,16	0,47
	365	550	0,16	0,39

U-Wert [U_2]:

Variable	Dicke [mm]	Rohdichte [kg/m³]	Lambda [W/(mK)]	U-Wert [U_2] [W/(m²K)]
Dachdämmung [d2]	100	150	0,04	0,25
	120	150	0,04	0,22
	140	150	0,04	0,20
	160	150	0,04	0,18

Wärmebrückenverlustkoeffizient: (Ψ-Wert, außenmaßbezogen)

Variable	Dicke [mm]	Rohdichte [kg/m³]	Lambda [W/(mK)]	Variable [d2] - Dachdämmung WLF 0,040			
				100 mm	120 mm	140 mm	160 mm
Mauerwerk [d1]	240	350	0,09	0,04	0,03	0,03	0,03
	300	350	0,09	0,01	0,01	0,01	0,00
	365	350	0,09	0,00	0,00	0,00	0,00
	240	400	0,10	0,03	0,03	0,03	0,02
	300	400	0,10	0,00	0,01	0,00	0,00
	365	400	0,10	-0,01	0,00	-0,01	0,00
	240	450	0,12	0,03	0,03	0,02	0,02
	300	450	0,12	-0,01	0,00	0,00	-0,01
	365	450	0,12	-0,01	-0,01	-0,01	-0,01
	240	500	0,14	0,03	0,03	0,02	0,01
	300	500	0,14	-0,01	0,00	-0,01	-0,01
	365	500	0,14	-0,01	-0,01	-0,01	-0,01
	240	550	0,16	0,03	0,02	0,01	0,01
	300	550	0,16	-0,02	-0,01	-0,02	-0,02
	365	550	0,16	-0,01	-0,01	-0,02	-0,02

14 / Pfettendach
14-K-85a / Bild 85a - kerngedämmtes Mauerwerk

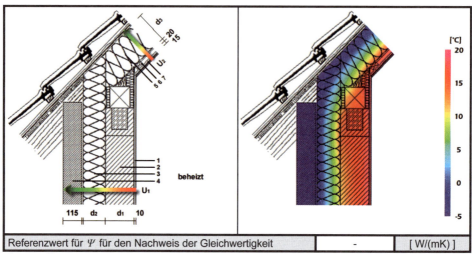

Referenzwert für Ψ für den Nachweis der Gleichwertigkeit	-	[W/(mK)]

Baustoffe:

Pos.	Bezeichnung	Dicke [mm]	Rohdichte [kg/m³]	Lambda [W/(mK)]
1	Innenputz	10	1800	0,35
2	Mauerwerk		Tabelle [d1]	
3	Kerndämmung		Tabelle [d2]	
4	Verblendmauerwerk	115	2000	0,96
5	Dachdämmung WLF 0,040		Tabelle [d3]	
6	Holzfaserplatte	20	1000	0,17
7	Gipskartonplatte	15	900	0,25

U-Wert [U_1]:

				U-Wert [U_1] - [W/(m²K)]			
	Dicke	Rohdichte	Lambda	Variable [d1] - 175 mm			
Variable	[mm]	[kg/m³]	[W/(mK)]	Kalksandstein	Mauerwerk 0,10 W/(mK)	Mauerwerk 0,12 W/(mK)	Mauerwerk 0,14 W/(mK)
Kerndämmung [d2]	100	150	0,04	0,33	0,22	0,23	0,25
	120	150	0,04	0,29	0,20	0,21	0,22
	140	150	0,04	0,25	0,18	0,19	0,20

U-Wert [U_2]:

Variable	Dicke [mm]	Rohdichte [kg/m³]	Lambda [W/(mK)]	U-Wert [U_2] [W/(m²K)]
Dachdämmung [d3]	140	150	0,04	0,26
	160	150	0,04	0,23
	180	150	0,04	0,21
	200	150	0,04	0,19

Wärmebrückenverlustkoeffizient: (Ψ-Wert, außenmaßbezogen)

Variable [d1] - Kalksandstein 175 mm - 0,99 W/(mK)							
Variable	Dicke [mm]	Rohdichte [kg/m³]	Lambda [W/(mK)]	Variable [d3] - Dachdämmung WLF 0,040			
				140 mm	160 mm	180 mm	200 mm
Kerndäm-mung [d2]	100	150	0,04	-0,06	-0,05	-0,05	-0,05
	120	150	0,04	-0,06	-0,05	-0,05	-0,05
	140	150	0,04	-0,06	-0,05	-0,05	-0,04

Variable [d1] - Mauerwerk 175 mm - 0,10 W/(mK)							
Variable	Dicke [mm]	Rohdichte [kg/m³]	Lambda [W/(mK)]	Variable [d3] - Dachdämmung WLF 0,040			
				140 mm	160 mm	180 mm	200 mm
Kerndäm-mung [d2]	100	150	0,04	-0,03	-0,03	-0,02	-0,02
	120	150	0,04	-0,04	-0,03	-0,03	-0,02
	140	150	0,04	-0,05	-0,04	-0,03	-0,03

Variable [d1] - Mauerwerk 175 mm - 0,12 W/(mK)							
Variable	Dicke [mm]	Rohdichte [kg/m³]	Lambda [W/(mK)]	Variable [d3] - Dachdämmung WLF 0,040			
				140 mm	160 mm	180 mm	200 mm
Kerndäm-mung [d2]	100	150	0,04	-0,04	-0,03	-0,03	-0,02
	120	150	0,04	-0,04	-0,04	-0,03	-0,03
	140	150	0,04	-0,05	-0,04	-0,03	-0,03

Variable [d1] - Mauerwerk 175 mm - 0,14 W/(mK)							
Variable	Dicke [mm]	Rohdichte [kg/m³]	Lambda [W/(mK)]	Variable [d3] - Dachdämmung WLF 0,040			
				140 mm	160 mm	180 mm	200 mm
Kerndäm-mung [d2]	100	150	0,04	-0,04	-0,04	-0,03	-0,03
	120	150	0,04	-0,05	-0,04	-0,03	-0,03
	140	150	0,04	-0,05	-0,04	-0,04	-0,03

14 / Pfettendach
14-K-85b / Bild 85b - kerngedämmtes Mauerwerk

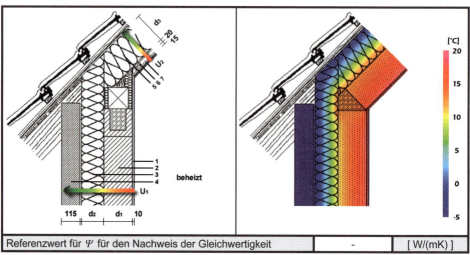

Referenzwert für Ψ für den Nachweis der Gleichwertigkeit	-	[W/(mK)]

Baustoffe:

Pos.	Bezeichnung	Dicke [mm]	Rohdichte [kg/m³]	Lambda [W/(mK)]
1	Innenputz	10	1800	0,35
2	Mauerwerk		Tabelle [d1]	
3	Kerndämmung		Tabelle [d2]	
4	Verblendmauerwerk	115	2000	0,96
5	Dachdämmung WLF 0,040		Tabelle [d3]	
6	Dachplatte aus Porenbeton	200	600	0,16
7	Innenputz	10	1800	0,35

U-Wert [U_1]:

				U-Wert [U_1] - [W/(m²K)]			
	Dicke	Rohdichte	Lambda		Variable [d1] - 175 mm		
Variable	[mm]	[kg/m³]	[W/(mK)]	Kalksandstein	Mauerwerk 0,10 W/(mK)	Mauerwerk 0,12 W/(mK)	Mauerwerk 0,14 W/(mK)
Kerndämmung [d2]	100	150	0,04	0,33	0,22	0,23	0,25
	120	150	0,04	0,29	0,20	0,21	0,22
	140	150	0,04	0,25	0,18	0,19	0,20

U-Wert [U_2]:

Variable	Dicke [mm]	Rohdichte [kg/m³]	Lambda [W/(mK)]	U-Wert [U_2] [W/(m²K)]
Dachdämmung [d3]	100	150	0,04	0,25
	120	150	0,04	0,22
	140	150	0,04	0,20
	160	150	0,04	0,18

Wärmebrückenverlustkoeffizient: (Ψ-Wert, außenmaßbezogen)

				Variable [d1] - Kalksandstein 175 mm - 0,99 W/(mK)			
Variable	Dicke [mm]	Rohdichte [kg/m³]	Lambda [W/(mK)]	Variable [d3] - Dachdämmung WLF 0,040			
				100 mm	120 mm	140 mm	160 mm
Kerndämmung [d2]	100	150	0,04	-0,02	-0,03	-0,03	-0,03
	120	150	0,04	-0,02	-0,02	-0,02	-0,03
	140	150	0,04	-0,02	-0,02	-0,02	-0,02

				Variable [d1] - Mauerwerk 175 mm - 0,10 W/(mK)			
Variable	Dicke [mm]	Rohdichte [kg/m³]	Lambda [W/(mK)]	Variable [d3] - Dachdämmung WLF 0,040			
				100 mm	120 mm	140 mm	160 mm
Kerndämmung [d2]	100	150	0,04	-0,02	-0,01	-0,01	-0,01
	120	150	0,04	-0,02	-0,02	-0,01	-0,01
	140	150	0,04	-0,03	-0,02	-0,02	-0,02

				Variable [d1] - Mauerwerk 175 mm - 0,12 W/(mK)			
Variable	Dicke [mm]	Rohdichte [kg/m³]	Lambda [W/(mK)]	Variable [d3] - Dachdämmung WLF 0,040			
				100 mm	120 mm	140 mm	160 mm
Kerndämmung [d2]	100	150	0,04	-0,02	-0,01	-0,01	-0,01
	120	150	0,04	-0,02	-0,02	-0,01	-0,01
	140	150	0,04	-0,03	-0,02	-0,02	-0,02

				Variable [d1] - Mauerwerk 175 mm - 0,14 W/(mK)			
Variable	Dicke [mm]	Rohdichte [kg/m³]	Lambda [W/(mK)]	Variable [d3] - Dachdämmung WLF 0,040			
				100 mm	120 mm	140 mm	160 mm
Kerndämmung [d2]	100	150	0,04	-0,02	-0,01	-0,01	-0,01
	120	150	0,04	-0,02	-0,02	-0,02	-0,01
	140	150	0,04	-0,03	-0,02	-0,02	-0,02

14 / Pfettendach
14-M-M53 / Bild M53 - monolithisches Mauerwerk

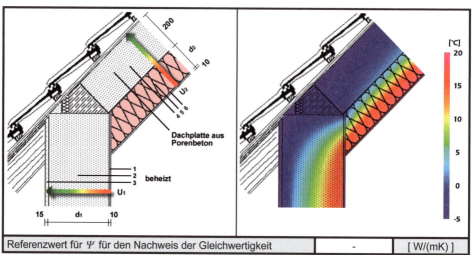

| Referenzwert für Ψ für den Nachweis der Gleichwertigkeit | - | [W/(mK)] |

Baustoffe:

Pos.	Bezeichnung	Dicke [mm]	Rohdichte [kg/m³]	Lambda [W/(mK)]
1	Innenputz	10	1800	0,35
2	Mauerwerk	Tabelle [d1]		
3	Außenputz	15	1800	0,2
4	Dachplatte aus Porenbeton	200	600	0,16
5	Dämmplatte	Tabelle [d2]		
6	Innenputz	10	1800	0,35

U-Wert [U_1]:

Variable	Dicke [mm]	Rohdichte [kg/m³]	Lambda [W/(mK)]	*U*-Wert [U_1] [W/(m²K)]
Mauerwerk [d_1]	300	350	0,09	0,28
	365	350	0,09	0,23
	300	400	0,10	0,31
	365	400	0,10	0,25
	300	450	0,12	0,36
	365	550	0,12	0,30

U-Wert [U_2]:

Variable	Dicke [mm]	Rohdichte [kg/m³]	Lambda [W/(mK)]	*U*-Wert [U_2] [W/(m²K)]
Dämmplatte [d_2]	120	150	0,045	0,24
	140	150	0,045	0,22
	160	150	0,045	0,20
	180	150	0,045	0,18
	200	150	0,045	0,17

Wärmebrückenverlustkoeffizient: (Ψ-Wert, außenmaßbezogen)

Variable	Dicke [mm]	Rohdichte [kg/m³]	Lambda [W/(mK)]	Variable [d_2] - Dämmplatte WLF 0,045				
				120 mm	140 mm	160 mm	180 mm	200 mm
Mauerwerk [d_1]	300	350	0,09	0,00	-0,01	-0,02	-0,02	-0,03
	365	350	0,09	0,00	0,00	-0,01	-0,01	-0,02
	300	400	0,10	0,00	-0,01	-0,02	-0,03	-0,04
	365	400	0,10	0,00	0,00	-0,01	-0,01	-0,02
	300	450	0,12	-0,01	-0,02	-0,02	-0,03	-0,04
	365	550	0,12	0,01	0,00	-0,01	-0,01	-0,02

14 / Pfettendach
14-A-M09b / Bild M09b - außendämmtes Mauerwerk

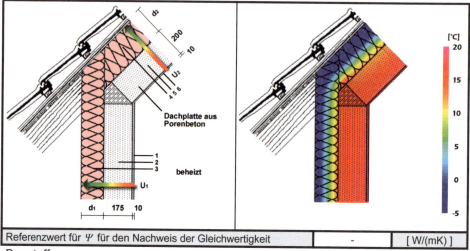

| Referenzwert für Ψ für den Nachweis der Gleichwertigkeit | - | [W/(mK)] |

Baustoffe:

Pos.	Bezeichnung	Dicke [mm]	Rohdichte [kg/m³]	Lambda [W/(mK)]
1	Innenputz	10	1800	0,35
2	Kalksandstein	175	1800	0,99
3	WDVS		Tabelle [d1]	
4	Dämmplatte		Tabelle [d2]	
5	Dachplatte aus Porenbeton	200	600	0,16
6	Innenputz	10	1800	0,35

U-Wert [U_1]:

Variable	Dicke [mm]	Rohdichte [kg/m³]	Lambda [W/(mK)]	U-Wert [U_1] [W/(m²K)]
WDVS [d1]	100	115	0,045	0,38
	120	115	0,045	0,33
	140	115	0,045	0,29
	160	115	0,045	0,25

U-Wert [U_2]:

Variable	Dicke [mm]	Rohdichte [kg/m³]	Lambda [W/(mK)]	U-Wert [U_2] [W/(m²K)]
Dämmplatte [d2]	100	115	0,045	0,27
	120	115	0,045	0,24
	140	115	0,045	0,22
	160	115	0,045	0,20

Wärmebrückenverlustkoeffizient: (Ψ-Wert, außenmaßbezogen)

Variable	Dicke [mm]	Rohdichte [kg/m³]	Lambda [W/(mK)]	Variable [d2] - Dämmplatte WLF 0,045			
				100 mm	120 mm	140 mm	160 mm
WDVS [d1]	100	115	0,045	-0,01	-0,01	-0,02	-0,03
	120	115	0,045	-0,01	-0,01	-0,02	-0,02
	140	115	0,045	0,00	-0,01	-0,01	-0,02
	160	115	0,045	0,00	-0,01	-0,01	-0,01

14 / Pfettendach
14-K-M56 / Bild M56 - kerngedämmtes Mauerwerk

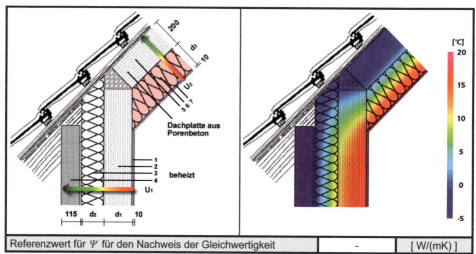

Referenzwert für Ψ für den Nachweis der Gleichwertigkeit	-	[W/(mK)]

Baustoffe:

Pos.	Bezeichnung	Dicke [mm]	Rohdichte [kg/m³]	Lambda [W/(mK)]
1	Innenputz	10	1800	0,35
2	Mauerwerk		Tabelle [d1]	
3	Kerndämmung		Tabelle [d2]	
4	Verblendmauerwerk	115	2000	0,96
5	Dachplatte aus Porenbeton	200	600	0,16
6	Dämmplatte		Tabelle [d3]	
7	Innenputz	10	1800	0,35

U-Wert [U_1]:

	Dicke [mm]	Rohdichte [kg/m³]	Lambda [W/(mK)]	Mauerwerk [d1]		
				Mauerwerk 0,10 W/(mK)	Mauerwerk 0,12 W/(mK)	Mauerwerk 0,14 W/(mK)
Variable						
Kerndämmung [d2]	100	150	0,04	0,22	0,23	0,25
	120	150	0,04	0,20	0,21	0,22
	140	150	0,04	0,18	0,19	0,20

U-Wert [U_2]:

Variable	Dicke [mm]	Rohdichte [kg/m³]	Lambda [W/(mK)]	U-Wert [U_2] [W/(m²K)]
Dämmplatte [d3]	120	150	0,045	0,24
	140	150	0,045	0,22
	160	150	0,045	0,20
	180	150	0,045	0,18
	200	150	0,045	0,17

Wärmebrückenverlustkoeffizient: (Ψ-Wert, außenmaßbezogen)

				Variable [d1] - Mauerwerk 175 mm - 0,10 W/(mK)		
	Dicke	Rohdichte	Lambda	Variable [d2] - Kerndämmung WLF 0,040		
Variable	[mm]	[kg/m³]	[W/(mK)]	100 mm	120 mm	140 mm
Dämmplatte [d3]	120	150	0,045	-0,03	-0,03	-0,03
	140	150	0,045	-0,03	-0,03	-0,03
	160	150	0,045	-0,03	-0,03	-0,03
	180	150	0,045	-0,03	-0,03	-0,03
	200	150	0,045	-0,03	-0,03	-0,03

				Variable [d1] - Mauerwerk 175 mm - 0,12 W/(mK)		
	Dicke	Rohdichte	Lambda	Variable [d2] - Kerndämmung WLF 0,040		
Variable	[mm]	[kg/m³]	[W/(mK)]	100 mm	120 mm	140 mm
Dämmplatte [d3]	120	150	0,045	-0,02	-0,02	-0,02
	140	150	0,045	-0,02	-0,02	-0,02
	160	150	0,045	-0,03	-0,02	-0,02
	180	150	0,045	-0,03	-0,03	-0,02
	200	150	0,045	-0,03	-0,03	-0,02

				Variable [d1] - Mauerwerk 175 mm - 0,14 W/(mK)		
	Dicke	Rohdichte	Lambda	Variable [d2] - Kerndämmung WLF 0,040		
Variable	[mm]	[kg/m³]	[W/(mK)]	100 mm	120 mm	140 mm
Dämmplatte [d3]	120	150	0,045	-0,02	-0,02	-0,02
	140	150	0,045	-0,02	-0,02	-0,02
	160	150	0,045	-0,02	-0,02	-0,02
	180	150	0,045	-0,02	-0,02	-0,02
	200	150	0,045	-0,02	-0,02	-0,02

14 / Pfettendach
14-H-F23 / Bild F23 - Holzbauart

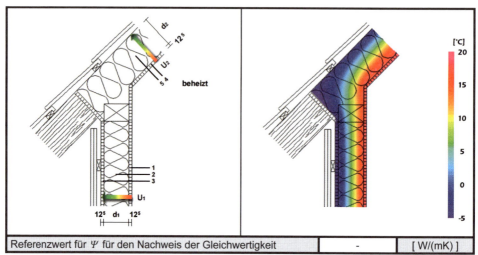

Referenzwert für Ψ für den Nachweis der Gleichwertigkeit		-	[W/(mK)]

Baustoffe:

Pos.	Bezeichnung	Dicke [mm]	Rohdichte [kg/m³]	Lambda [W/(mK)]
1	Gipsfaserplatte	12,5	1150	0,32
2	Dämmung WLG 040	Tabelle [d1]		
3	Gipsfaserplatte	12,5	1150	0,32
4	Gipsfaserplatte	12,5	1150	0,32
5	Dämmung WLG 040	Tabelle [d2]		

U-Wert [U_1]:

Variable	Dicke [mm]	Rohdichte [kg/m³]	Lambda [W/(mK)]	U-Wert [U_1] [W/(m²K)]
Dämmung [d_1]	120	150	0,04	0,31
	140	150	0,04	0,27
	160	150	0,04	0,24
	180	150	0,04	0,21
	200	150	0,04	0,19

U-Wert [U_2]:

Variable	Dicke [mm]	Rohdichte [kg/m³]	Lambda [W/(mK)]	U-Wert [U_2] [W/(m²K)]
Dachdämmung [d_2]	160	150	0,04	0,24
	180	150	0,04	0,21
	200	150	0,04	0,19
	220	150	0,04	0,18
	240	150	0,04	0,16

Wärmebrückenverlustkoeffizient: (Ψ-Wert, außenmaßbezogen)

Variable	Dicke [mm]	Rohdichte [kg/m³]	Lambda [W/(mK)]	Variable [d_2] - Dachdämmung WLF 0,040				
				160 mm	180 mm	200 mm	220 mm	240 mm
Dämmung [d_1]	120	150	0,04	0,01	0,00	0,00	-0,01	-0,01
	140	150	0,04	0,02	0,01	0,00	0,00	-0,01
	160	150	0,04	0,03	0,02	0,01	0,00	-0,01
	180	150	0,04	0,03	0,02	0,02	0,01	0,00
	200	150	0,04	0,04	0,03	0,02	0,01	0,00

14 / Pfettendach
14-H-F23a / Bild F23a - Holzbauart

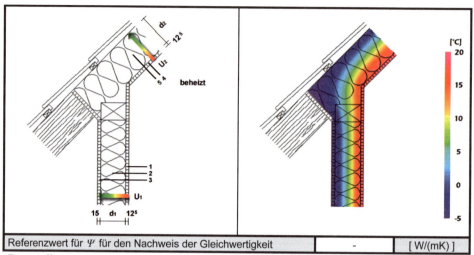

Referenzwert für Ψ für den Nachweis der Gleichwertigkeit	-	[W/(mK)]

Baustoffe:

Pos.	Bezeichnung	Dicke [mm]	Rohdichte [kg/m³]	Lambda [W/(mK)]
1	Gipsfaserplatte	12,5	1150	0,32
2	Dämmung WLG 040	Tabelle [d1]		
3	Powerpanel HD	15	1000	0,4
4	Gipsfaserplatte	12,5	1150	0,32
5	Dämmung WLG 040	Tabelle [d2]		

U-Wert [U_1]:

Variable	Dicke [mm]	Rohdichte [kg/m³]	Lambda [W/(mK)]	U-Wert [U_1] [W/(m²K)]
Dämmung [d1]	120	150	0,04	0,31
	140	150	0,04	0,27
	160	150	0,04	0,24
	180	150	0,04	0,21
	200	150	0,04	0,19

U-Wert [U_2]:

Variable	Dicke [mm]	Rohdichte [kg/m³]	Lambda [W/(mK)]	U-Wert [U_2] [W/(m²K)]
Dachdämmung [d2]	160	150	0,04	0,24
	180	150	0,04	0,21
	200	150	0,04	0,19
	220	150	0,04	0,18
	240	150	0,04	0,16

Wärmebrückenverlustkoeffizient: (Ψ-Wert, außenmaßbezogen)

Variable	Dicke [mm]	Rohdichte [kg/m³]	Lambda [W/(mK)]	Variable [d2] - Dachdämmung WLF 0,040				
				160 mm	180 mm	200 mm	220 mm	240 mm
Dämmung [d1]	120	150	0,04	0,01	0,00	0,00	-0,01	-0,01
	140	150	0,04	0,02	0,01	0,00	0,00	-0,01
	160	150	0,04	0,03	0,02	0,01	0,00	-0,01
	180	150	0,04	0,03	0,02	0,02	0,01	0,00
	200	150	0,04	0,04	0,03	0,02	0,01	0,00

14 / Pfettendach
14-H-F24 / Bild F24 - Holzbauart

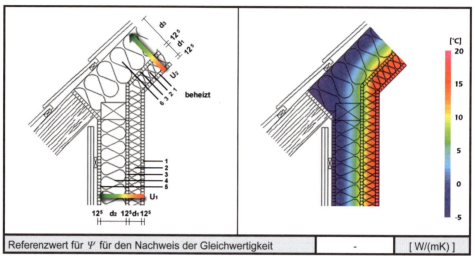

Referenzwert für Ψ für den Nachweis der Gleichwertigkeit	-	[W/(mK)]

Baustoffe:

Pos.	Bezeichnung	Dicke [mm]	Rohdichte [kg/m³]	Lambda [W/(mK)]
1	Gipsfaserplatte	12,5	1150	0,32
2	Dämmung WLG 040	Tabelle [d1]		
3	Gipsfaserplatte	12,5	1150	0,32
4	Dämmung WLG 040	Tabelle [d2]		
5	Gipsfaserplatte	12,5	1150	0,32
6	Dämmung WLG 040	Tabelle [d3]		

U-Wert [U₁]:

Variable	Dicke [mm]	Rohdichte [kg/m³]	Lambda [W/(mK)]	U-Wert [U₁] [W/(m²K)]				
				Variable [d2] - Dämmung WLF 0,040				
				120 mm	140 mm	160 mm	180 mm	200 mm
Dämmung [d1]	40	30	0,04	0,23	0,21	0,19	0,17	0,16
	60	30	0,04	0,21	0,19	0,17	0,16	0,15

U-Wert [U₂]:

Variable	Dicke [mm]	Rohdichte [kg/m³]	Lambda [W/(mK)]	U-Wert [U₂] [W/(m²K)]				
				Variable [d3] - Dämmung WLF 0,040				
				160 mm	180 mm	200 mm	220 mm	240 mm
Dämmung [d1]	40	30	0,04	0,19	0,17	0,16	0,15	0,14
	60	30	0,04	0,17	0,16	0,15	0,14	0,13

Wärmebrückenverlustkoeffizient: (Ψ-Wert, außenmaßbezogen)

Variable	Dicke [mm]	Rohdichte [kg/m³]	Lambda [W/(mK)]	Variable [d1] - Dämmung 40 mm - 0,04 W/(mK)				
				Variable [d3] - Dämmung WLF 0,040				
				160 mm	180 mm	200 mm	220 mm	240 mm
Dämmung [d2]	120	150	0,04	0,00	-0,01	-0,01	-0,02	-0,02
	140	150	0,04	0,00	-0,01	-0,01	-0,02	-0,02
	160	150	0,04	0,00	0,00	-0,01	-0,01	-0,02
	180	150	0,04	0,00	0,00	-0,01	-0,01	-0,01
	200	150	0,04	0,00	0,00	0,00	-0,01	-0,01

Variable	Dicke [mm]	Rohdichte [kg/m³]	Lambda [W/(mK)]	Variable [d1] - Dämmung 60 mm - 0,04 W/(mK)				
				Variable [d3] - Dämmung WLF 0,040				
				160 mm	180 mm	200 mm	220 mm	240 mm
Dämmung [d2]	120	150	0,04	-0,01	-0,01	-0,02	-0,02	-0,02
	140	150	0,04	-0,01	-0,01	-0,02	-0,02	-0,02
	160	150	0,04	-0,01	-0,01	-0,01	-0,02	-0,02
	180	150	0,04	-0,01	-0,01	-0,01	-0,01	-0,01
	200	150	0,04	-0,01	-0,01	-0,01	-0,01	-0,01

14 / Pfettendach
14-H-F24a / Bild F24a - Holzbauart

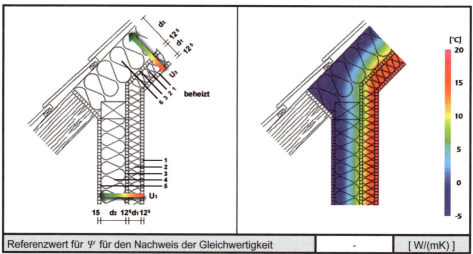

Referenzwert für Ψ für den Nachweis der Gleichwertigkeit		-	[W/(mK)]

Baustoffe:

Pos.	Bezeichnung	Dicke [mm]	Rohdichte [kg/m³]	Lambda [W/(mK)]
1	Gipsfaserplatte	12,5	1150	0,32
2	Dämmung WLG 040	Tabelle [d1]		
3	Gipsfaserplatte	12,5	1150	0,32
4	Dämmung WLG 040	Tabelle [d2]		
5	Powerpanel HD	15	1000	0,4
6	Dämmung WLG 040	Tabelle [d3]		

U-Wert [U_1]:

Variable	Dicke [mm]	Rohdichte [kg/m³]	Lambda [W/(mK)]	U-Wert [U_1] [W/(m²K)]				
				Variable [d2] - Dämmung WLF 0,040				
				120 mm	140 mm	160 mm	180 mm	200 mm
Dämmung [d1]	40	30	0,04	0,23	0,21	0,19	0,17	0,16
	60	30	0,04	0,21	0,19	0,17	0,16	0,15

U-Wert [U_2]:

Variable	Dicke [mm]	Rohdichte [kg/m³]	Lambda [W/(mK)]	U-Wert [U_2] [W/(m²K)]				
				Variable [d3] - Dämmung WLF 0,040				
				160 mm	180 mm	200 mm	220 mm	240 mm
Dämmung [d1]	40	30	0,04	0,19	0,17	0,16	0,15	0,14
	60	30	0,04	0,17	0,16	0,15	0,14	0,13

Wärmebrückenverlustkoeffizient: (Ψ-Wert, außenmaßbezogen)

Variable	Dicke [mm]	Rohdichte [kg/m³]	Lambda [W/(mK)]	Variable [d1] - Dämmung 40 mm - 0,04 W/(mK)				
				Variable [d3] - Dämmung WLF 0,040				
				160 mm	180 mm	200 mm	220 mm	240 mm
Dämmung [d2]	120	150	0,04	0,00	-0,01	-0,01	-0,02	-0,02
	140	150	0,04	0,00	-0,01	-0,01	-0,02	-0,02
	160	150	0,04	0,00	0,00	-0,01	-0,01	-0,02
	180	150	0,04	0,00	0,00	-0,01	-0,01	-0,01
	200	150	0,04	0,00	0,00	0,00	-0,01	-0,01

Variable	Dicke [mm]	Rohdichte [kg/m³]	Lambda [W/(mK)]	Variable [d1] - Dämmung 60 mm - 0,04 W/(mK)				
				Variable [d3] - Dämmung WLF 0,040				
				160 mm	180 mm	200 mm	220 mm	240 mm
Dämmung [d2]	120	150	0,04	-0,01	-0,01	-0,02	-0,02	-0,02
	140	150	0,04	-0,01	-0,01	-0,01	-0,02	-0,02
	160	150	0,04	-0,01	-0,01	-0,01	-0,02	-0,02
	180	150	0,04	-0,01	-0,01	-0,01	-0,01	-0,01
	200	150	0,04	-0,01	-0,01	-0,01	-0,01	-0,01

14 / Pfettendach
14-H-F25a / Bild F25a - Holzbauart

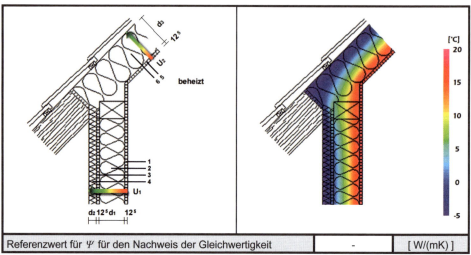

Referenzwert für Ψ für den Nachweis der Gleichwertigkeit	-	[W/(mK)]

Baustoffe:

Pos.	Bezeichnung	Dicke [mm]	Rohdichte [kg/m³]	Lambda [W/(mK)]
1	Gipsfaserplatte	12,5	1150	0,32
2	Dämmung WLG 040	Tabelle [d1]		
3	Gipsfaserplatte	12,5	1150	0,32
4	WDVS WLG 040	Tabelle [d2]		
5	Gipsfaserplatte	12,5	1150	0,32
6	Dämmung WLG 040	Tabelle [d3]		

U-Wert [U_1]:

				U-Wert [U_1] [W/(m²K)]				
Variable	Dicke [mm]	Rohdichte [kg/m³]	Lambda [W/(mK)]	Variable [d1] - Dämmung WLF 0,040				
				120 mm	140 mm	160 mm	180 mm	200 mm
WDVS [d2]	40	30	0,04	0,24	0,21	0,19	0,17	0,16
	60	30	0,04	0,21	0,19	0,17	0,16	0,15
	80	30	0,04	0,19	0,17	0,16	0,15	0,14
	100	30	0,04	0,17	0,16	0,15	0,14	0,13
	120	30	0,04	0,16	0,15	0,14	0,13	0,12

U-Wert [U_2]:

Variable	Dicke [mm]	Rohdichte [kg/m³]	Lambda [W/(mK)]	U-Wert [U_2] [W/(m²K)]
Dachdämmung [d3]	160	150	0,04	0,24
	180	150	0,04	0,21
	200	150	0,04	0,19
	220	150	0,04	0,18
	240	150	0,04	0,16

Wärmebrückenverlustkoeffizient: (Ψ-Wert, außenmaßbezogen)

				Variable [d3] - Dachdämmung 160 mm - 0,04 W/(mK)				
Variable	Dicke [mm]	Rohdichte [kg/m³]	Lambda [W/(mK)]	Variable [d1] - Dämmung WLF 0,040				
				120 mm	140 mm	160 mm	180 mm	200 mm
WDVS [d2]	40	30	0,04	-0,09	-0,09	-0,09	-0,09	-0,09
	60	30	0,04	-0,09	-0,09	-0,09	-0,09	-0,09
	80	30	0,04	-0,08	-0,09	-0,09	-0,09	-0,09
	100	30	0,04	-0,08	-0,08	-0,09	-0,09	-0,09
	120	30	0,04	-0,08	-0,08	-0,09	-0,09	-0,09

				Variable [d3] - Dachdämmung 180 mm - 0,04 W/(mK)				
Variable	Dicke [mm]	Rohdichte [kg/m³]	Lambda [W/(mK)]	Variable [d1] - Dämmung WLF 0,040				
				120 mm	140 mm	160 mm	180 mm	200 mm
WDVS [d2]	40	30	0,04	-0,09	-0,09	-0,09	-0,09	-0,08
	60	30	0,04	-0,09	-0,09	-0,08	-0,08	-0,08
	80	30	0,04	-0,08	-0,08	-0,08	-0,08	-0,08
	100	30	0,04	-0,08	-0,08	-0,08	-0,08	-0,08
	120	30	0,04	-0,08	-0,08	-0,08	-0,08	-0,08

				Variable [d3] - Dachdämmung 200 mm - 0,04 W/(mK)				
Variable	Dicke [mm]	Rohdichte [kg/m³]	Lambda [W/(mK)]	Variable [d1] - Dämmung WLF 0,040				
				120 mm	140 mm	160 mm	180 mm	200 mm
WDVS [d2]	40	30	0,04	-0,09	-0,09	-0,08	-0,08	-0,08
	60	30	0,04	-0,08	-0,08	-0,08	-0,08	-0,08
	80	30	0,04	-0,08	-0,08	-0,08	-0,08	-0,08
	100	30	0,04	-0,08	-0,08	-0,08	-0,08	-0,08
	120	30	0,04	-0,07	-0,08	-0,08	-0,08	-0,08

				Variable [d3] - Dachdämmung 220 mm - 0,04 W/(mK)				
Variable	Dicke [mm]	Rohdichte [kg/m³]	Lambda [W/(mK)]	Variable [d1] - Dämmung WLF 0,040				
				120 mm	140 mm	160 mm	180 mm	200 mm
WDVS [d2]	40	30	0,04	-0,09	-0,09	-0,08	-0,08	-0,08
	60	30	0,04	-0,08	-0,08	-0,08	-0,08	-0,08
	80	30	0,04	-0,08	-0,08	-0,08	-0,08	-0,07
	100	30	0,04	-0,08	-0,07	-0,07	-0,07	-0,07
	120	30	0,04	-0,07	-0,07	-0,07	-0,07	-0,07

				Variable [d3] - Dachdämmung 240 mm - 0,04 W/(mK)				
Variable	Dicke [mm]	Rohdichte [kg/m³]	Lambda [W/(mK)]	Variable [d1] - Dämmung WLF 0,040				
				120 mm	140 mm	160 mm	180 mm	200 mm
WDVS [d2]	40	30	0,04	-0,09	-0,09	-0,08	-0,08	-0,07
	60	30	0,04	-0,08	-0,08	-0,08	-0,07	-0,07
	80	30	0,04	-0,08	-0,08	-0,07	-0,07	-0,07
	100	30	0,04	-0,07	-0,07	-0,07	-0,07	-0,07
	120	30	0,04	-0,07	-0,07	-0,07	-0,07	-0,07

Bauteilkatalog zum Beiblatt 2 der DIN 4108

14 / Pfettendach
14-H-F25b / Bild F25b - Holzbauart

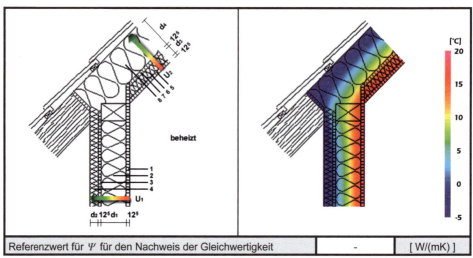

Referenzwert für Ψ für den Nachweis der Gleichwertigkeit	-	[W/(mK)]

Baustoffe:

Pos.	Bezeichnung	Dicke [mm]	Rohdichte [kg/m³]	Lambda [W/(mK)]
1	Gipsfaserplatte	12,5	1150	0,32
2	Dämmung WLG 040	Tabelle [d1]		
3	Gipsfaserplatte	12,5	1150	0,32
4	Dämmung WLG 040	Tabelle [d2]		
5	Gipsfaserplatte	12,5	1150	0,32
6	Dämmung WLG 040	Tabelle [d3]		
7	Gipsfaserplatte	12,5	1150	0,32
8	Dämmung WLG 040	Tabelle [d4]		

U-Wert [U_1]:

				U-Wert [U_1] - [W/(m²K)]				
Variable	Dicke [mm]	Rohdichte [kg/m³]	Lambda [W/(mK)]	Variable [d1] - Dämmung WLF 0,040				
				120 mm	140 mm	160 mm	180 mm	200 mm
WDVS [d2]	40	30	0,04	0,24	0,21	0,19	0,17	0,16
	60	30	0,04	0,21	0,19	0,17	0,16	0,15
	80	30	0,04	0,19	0,17	0,16	0,15	0,14
	100	30	0,04	0,17	0,16	0,15	0,14	0,13
	120	30	0,04	0,16	0,15	0,14	0,13	0,12

U-Wert [U_2]:

				U-Wert [U_2] - [W/(m²K)]		
Variable	Dicke [mm]	Rohdichte [kg/m³]	Lambda [W/(mK)]	Variable [d4] - Dämmung WLF 0,040		
				160 mm	200 mm	240 mm
Dämmung [d3]	40	150	0,04	0,19	0,16	0,14
	60	150	0,04	0,17	0,15	0,13

Wärmebrückenverlustkoeffizient: (Ψ-Wert, außenmaßbezogen)

Variable	Dicke [mm]	Rohdichte [kg/m³]	Lambda [W/(mK)]	Variable [d1] - Dämmung WLF 0,040				
				120 mm	140 mm	160 mm	180 mm	200 mm
Variable [d3] - Dämmung 40 mm - 0,04 W/(mK)								
Variable [d4] - Dämmung 160 mm - 0,04 W/(mK)								
WDVS [d2]	40	30	0,04	0,00	0,00	0,00	0,00	0,01
	60	30	0,04	0,00	0,00	0,00	0,00	0,00
	80	30	0,04	0,00	0,00	0,00	0,00	0,00
	100	30	0,04	0,00	0,00	0,00	0,00	0,00
	120	30	0,04	0,00	0,00	0,00	-0,01	-0,01
Variable [d4] - Dämmung 200 mm - 0,04 W/(mK)								
WDVS [d2]	40	30	0,04	-0,01	-0,01	-0,01	0,00	0,00
	60	30	0,04	-0,01	-0,01	-0,01	0,00	0,00
	80	30	0,04	-0,01	-0,01	-0,01	-0,01	-0,01
	100	30	0,04	-0,01	-0,01	-0,01	-0,01	-0,01
	120	30	0,04	-0,01	-0,01	-0,01	-0,01	-0,01
Variable [d4] - Dämmung 240 mm - 0,04 W/(mK)								
WDVS [d2]	40	30	0,04	-0,02	-0,02	-0,02	-0,01	-0,01
	60	30	0,04	-0,02	-0,02	-0,01	-0,01	-0,01
	80	30	0,04	-0,02	-0,02	-0,01	-0,01	-0,01
	100	30	0,04	-0,02	-0,01	-0,01	-0,01	-0,01
	120	30	0,04	-0,01	-0,01	-0,01	-0,01	-0,01

Variable	Dicke [mm]	Rohdichte [kg/m³]	Lambda [W/(mK)]	Variable [d1] - Dämmung WLF 0,040				
				120 mm	140 mm	160 mm	180 mm	200 mm
Variable [d3] - Dämmung 60 mm - 0,04 W/(mK)								
Variable [d4] - Dämmung 160 mm - 0,04 W/(mK)								
WDVS [d2]	40	30	0,04	-0,01	0,00	0,00	0,00	0,01
	60	30	0,04	-0,01	0,00	0,00	0,00	0,00
	80	30	0,04	0,00	0,00	0,00	0,00	0,00
	100	30	0,04	0,00	0,00	0,00	0,00	0,00
	120	30	0,04	0,00	0,00	0,00	0,00	-0,01
Variable [d4] - Dämmung 200 mm - 0,04 W/(mK)								
WDVS [d2]	40	30	0,04	-0,02	-0,01	-0,01	0,00	0,00
	60	30	0,04	-0,01	-0,01	-0,01	0,00	0,00
	80	30	0,04	-0,01	-0,01	-0,01	-0,01	-0,01
	100	30	0,04	-0,01	-0,01	-0,01	-0,01	-0,01
	120	30	0,04	-0,01	-0,01	-0,01	-0,01	-0,01
Variable [d4] - Dämmung 240 mm - 0,04 W/(mK)								
WDVS [d2]	40	30	0,04	-0,02	-0,02	-0,01	-0,01	-0,01
	60	30	0,04	-0,02	-0,02	-0,01	0,00	0,00
	80	30	0,04	-0,02	-0,02	-0,01	-0,01	-0,01
	100	30	0,04	-0,02	-0,01	-0,01	-0,01	-0,01
	120	30	0,04	-0,01	-0,01	-0,01	-0,01	-0,01

16 / Sparrendach
16-M-86a / Bild 86a - monolithisches Mauerwerk

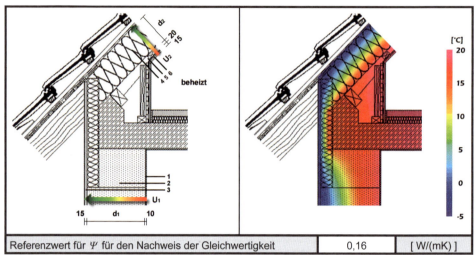

Referenzwert für Ψ für den Nachweis der Gleichwertigkeit	0,16	[W/(mK)]

Baustoffe:

Pos.	Bezeichnung	Dicke [mm]	Rohdichte [kg/m³]	Lambda [W/(mK)]
1	Innenputz	10	1800	0,35
2	Mauerwerk		Tabelle [d1]	
3	Außenputz	15	1300	0,2
4	Dachdämmung WLF 0,040		Tabelle [d2]	
5	Holzfaserplatte	20	1000	0,17
6	Gipskartonplatte	15	900	0,25

Bauteilkatalog zum Beiblatt 2 der DIN 4108

U-Wert [U_1]:

Variable	Dicke [mm]	Rohdichte [kg/m³]	Lambda [W/(mK)]	U-Wert [U_1] [W/(m²K)]
Mauerwerk [d1]	240	350	0,09	0,34
	300	350	0,09	0,28
	365	350	0,09	0,23
	240	400	0,10	0,37
	300	400	0,10	0,31
	365	400	0,10	0,25
	240	450	0,12	0,44
	300	450	0,12	0,36
	365	450	0,12	0,30
	240	500	0,14	0,50
	300	500	0,14	0,41
	365	500	0,14	0,35
	240	550	0,16	0,56
	300	550	0,16	0,47
	365	550	0,16	0,39

U-Wert [U_2]:

Variable	Dicke [mm]	Rohdichte [kg/m³]	Lambda [W/(mK)]	U-Wert [U_2] [W/(m²K)]
Dachdäm-mung [d2]	140	150	0,04	0,26
	160	150	0,04	0,23
	180	150	0,04	0,21
	200	150	0,04	0,19

Wärmebrückenverlustkoeffizient: (Ψ-Wert, außenmaßbezogen)

Variable	Dicke [mm]	Rohdichte [kg/m³]	Lambda [W/(mK)]	Variable [d2] - Dachdämmung WLF 0,040			
				140 mm	160 mm	180 mm	200 mm
Mauerwerk [d1]	240	350	0,09	0,08	0,07	0,07	0,06
	300	350	0,09	0,11	0,11	0,10	0,10
	365	350	0,09	0,13	0,13	0,13	0,13
	240	400	0,10	0,06	0,06	0,05	0,04
	300	400	0,10	0,10	0,09	0,09	0,08
	365	400	0,10	0,12	0,12	0,12	0,11
	240	450	0,12	0,03	0,02	0,01	0,01
	300	450	0,12	0,07	0,06	0,06	0,05
	365	450	0,12	0,10	0,10	0,09	0,09
	240	500	0,14	0,00	-0,01	-0,02	-0,03
	300	500	0,14	0,04	0,04	0,03	0,02
	365	500	0,14	0,08	0,07	0,07	0,06
	240	550	0,16	-0,03	-0,05	-0,06	-0,07
	300	550	0,16	0,02	0,01	0,00	-0,01
	365	550	0,16	0,06	0,05	0,05	0,04

16 / Sparrendach
16-M-86b / Bild 86b - monolithisches Mauerwerk

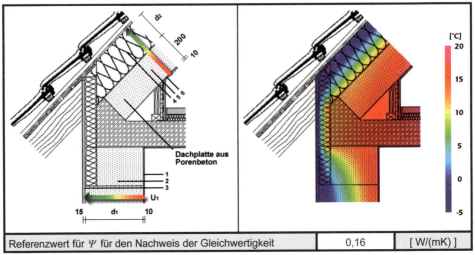

Referenzwert für Ψ für den Nachweis der Gleichwertigkeit	0,16	[W/(mK)]

Baustoffe:

Pos.	Bezeichnung	Dicke [mm]	Rohdichte [kg/m³]	Lambda [W/(mK)]
1	Innenputz	10	1800	0,35
2	Mauerwerk		Tabelle [d1]	
3	Außenputz	15	1300	0,2
4	Dachdämmung WLF 0,040		Tabelle [d2]	
5	Dachplatte aus Porenbeton	200	600	0,16
6	Innenputz	10	1800	0,35

Bauteilkatalog zum Beiblatt 2 der DIN 4108

U-Wert [U_1]:

Variable	Dicke [mm]	Rohdichte [kg/m³]	Lambda [W/(mK)]	U-Wert [U_1] [W/(m²K)]
Mauerwerk [d_1]	240	350	0,09	0,34
	300	350	0,09	0,28
	365	350	0,09	0,23
	240	400	0,10	0,37
	300	400	0,10	0,31
	365	400	0,10	0,25
	240	450	0,12	0,44
	300	450	0,12	0,36
	365	450	0,12	0,30
	240	500	0,14	0,50
	300	500	0,14	0,41
	365	500	0,14	0,35
	240	550	0,16	0,56
	300	550	0,16	0,47
	365	550	0,16	0,39

U-Wert [U_2]:

Variable	Dicke [mm]	Rohdichte [kg/m³]	Lambda [W/(mK)]	U-Wert [U_2] [W/(m²K)]
Dachdämmung [d_2]	100	150	0,04	0,25
	120	150	0,04	0,22
	140	150	0,04	0,20
	160	150	0,04	0,18

Wärmebrückenverlustkoeffizient: (Ψ-Wert, außenmaßbezogen)

Variable	Dicke [mm]	Rohdichte [kg/m³]	Lambda [W/(mK)]	Variable [d_2] - Dachdämmung WLF 0,040			
				100 mm	120 mm	140 mm	160 mm
Mauerwerk [d_1]	240	350	0,09	0,07	0,07	0,06	0,06
	300	350	0,09	0,10	0,09	0,09	0,09
	365	350	0,09	0,11	0,11	0,11	0,11
	240	400	0,10	0,06	0,05	0,05	0,04
	300	400	0,10	0,08	0,08	0,08	0,07
	365	400	0,10	0,10	0,10	0,10	0,10
	240	450	0,12	0,03	0,02	0,01	0,01
	300	450	0,12	0,06	0,06	0,05	0,05
	365	450	0,12	0,08	0,08	0,08	0,07
	240	500	0,14	0,00	-0,01	-0,02	-0,03
	300	500	0,14	0,04	0,03	0,02	0,02
	365	500	0,14	0,06	0,06	0,05	0,05
	240	550	0,16	-0,03	-0,04	-0,05	-0,06
	300	550	0,16	0,01	0,01	0,00	-0,01
	365	550	0,16	0,04	0,04	0,03	0,03

16 / Sparrendach
16-K-87a / Bild 87a - kerngedämmtes Mauerwerk

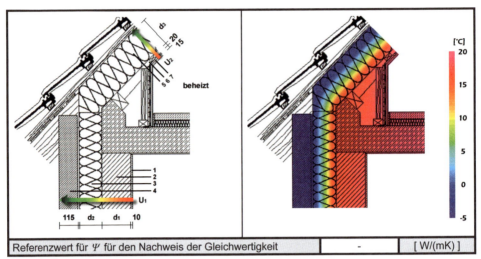

Referenzwert für Ψ für den Nachweis der Gleichwertigkeit	-	[W/(mK)]

Baustoffe:

Pos.	Bezeichnung	Dicke [mm]	Rohdichte [kg/m³]	Lambda [W/(mK)]
1	Innenputz	10	1800	0,35
2	Mauerwerk		Tabelle [d1]	
3	Kerndämmung		Tabelle [d2]	
4	Verblendmauerwerk	115	2000	0,96
5	Dachdämmung WLF 0,040		Tabelle [d3]	
6	Holzfaserplatte	20	1000	0,17
7	Gipskartonplatte	15	900	0,25

U-Wert [U_1]:

				U-Wert [U_1] - [W/(m²K)]			
	Dicke	Rohdichte	Lambda	Variable [d1] - 175 mm			
Variable	[mm]	[kg/m³]	[W/(mK)]	Kalksandstein	Mauerwerk 0,10 W/(mK)	Mauerwerk 0,12 W/(mK)	Mauerwerk 0,14 W/(mK)
Kerndämmung [d2]	100	150	0,04	0,33	0,22	0,23	0,25
	120	150	0,04	0,29	0,20	0,21	0,22
	140	150	0,04	0,25	0,18	0,19	0,20

U-Wert [U_2]:

Variable	Dicke [mm]	Rohdichte [kg/m³]	Lambda [W/(mK)]	U-Wert [U_2] [W/(m²K)]
Dachdämmung [d3]	140	150	0,04	0,26
	160	150	0,04	0,23
	180	150	0,04	0,21
	200	150	0,04	0,19

Wärmebrückenverlustkoeffizient: (Ψ-Wert, außenmaßbezogen)

				Variable [d1] - Kalksandstein 175 mm - 0,99 W/(mK)			
Variable	Dicke [mm]	Rohdichte [kg/m³]	Lambda [W/(mK)]	Variable [d3] - Dachdämmung WLF 0,040			
				140 mm	160 mm	180 mm	200 mm
Kerndämmung [d2]	100	150	0,04	-0,03	-0,03	-0,03	-0,03
	120	150	0,04	-0,03	-0,03	-0,03	-0,03
	140	150	0,04	-0,04	-0,03	-0,03	-0,03

				Variable [d1] - Mauerwerk 175 mm - 0,10 W/(mK)			
Variable	Dicke [mm]	Rohdichte [kg/m³]	Lambda [W/(mK)]	Variable [d3] - Dachdämmung WLF 0,040			
				140 mm	160 mm	180 mm	200 mm
Kerndämmung [d2]	100	150	0,04	0,01	0,01	0,02	0,02
	120	150	0,04	0,00	0,00	0,01	0,01
	140	150	0,04	-0,01	-0,01	0,00	0,00

				Variable [d1] - Mauerwerk 175 mm - 0,12 W/(mK)			
Variable	Dicke [mm]	Rohdichte [kg/m³]	Lambda [W/(mK)]	Variable [d3] - Dachdämmung WLF 0,040			
				140 mm	160 mm	180 mm	200 mm
Kerndämmung [d2]	100	150	0,04	0,01	0,01	0,01	0,02
	120	150	0,04	-0,01	0,00	0,00	0,01
	140	150	0,04	-0,01	-0,01	0,00	0,00

				Variable [d1] - Mauerwerk 175 mm - 0,14 W/(mK)			
Variable	Dicke [mm]	Rohdichte [kg/m³]	Lambda [W/(mK)]	Variable [d3] - Dachdämmung WLF 0,040			
				140 mm	160 mm	180 mm	200 mm
Kerndämmung [d2]	100	150	0,04	0,00	0,01	0,01	0,01
	120	150	0,04	-0,01	0,00	0,00	0,00
	140	150	0,04	-0,02	-0,01	0,00	0,00

16 / Sparrendach
16-K-87b / Bild 87b - kerngedämmtes Mauerwerk

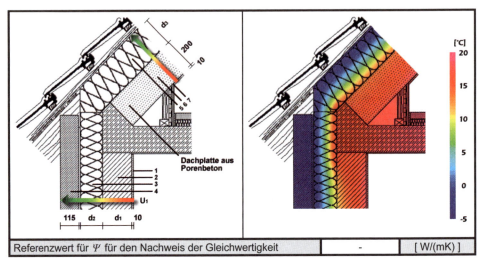

Referenzwert für Ψ für den Nachweis der Gleichwertigkeit	-	[W/(mK)]

Baustoffe:

Pos.	Bezeichnung	Dicke [mm]	Rohdichte [kg/m³]	Lambda [W/(mK)]
1	Innenputz	10	1800	0,35
2	Mauerwerk		Tabelle [d1]	
3	Kerndämmung		Tabelle [d2]	
4	Verblendmauerwerk	115	2000	0,96
5	Dachdämmung WLF 0,040		Tabelle [d3]	
6	Dachplatte aus Porenbeton	200	600	0,16
7	Innenputz	10	1800	0,35

U-Wert [U_1]:

				U-Wert [U_1] - [W/(m²K)]			
	Dicke [mm]	Rohdichte [kg/m³]	Lambda [W/(mK)]		Variable [d1] - 175 mm		
Variable				Kalksandstein	Mauerwerk 0,10 W/(mK)	Mauerwerk 0,12 W/(mK)	Mauerwerk 0,14 W/(mK)
Kerndämmung [d2]	100	150	0,04	0,33	0,22	0,23	0,25
	120	150	0,04	0,29	0,20	0,21	0,22
	140	150	0,04	0,25	0,18	0,19	0,20

U-Wert [U_2]:

Variable	Dicke [mm]	Rohdichte [kg/m³]	Lambda [W/(mK)]	U-Wert [U_2] [W/(m²K)]
Dachdämmung [d3]	100	150	0,04	0,25
	120	150	0,04	0,22
	140	150	0,04	0,20
	160	150	0,04	0,18

Wärmebrückenverlustkoeffizient: (Ψ-Wert, außenmaßbezogen)

Variable [d1] - Kalksandstein 175 mm - 0,99 W/(mK)							
Variable	Dicke [mm]	Rohdichte [kg/m³]	Lambda [W/(mK)]	Variable [d3] - Dachdämmung WLF 0,040			
				100 mm	120 mm	140 mm	160 mm
Kerndämmung [d2]	100	150	0,04	-0,02	-0,02	-0,02	-0,03
	120	150	0,04	-0,02	-0,02	-0,02	-0,02
	140	150	0,04	-0,02	-0,02	-0,02	-0,02

Variable [d1] - Mauerwerk 175 mm - 0,10 W/(mK)							
Variable	Dicke [mm]	Rohdichte [kg/m³]	Lambda [W/(mK)]	Variable [d3] - Dachdämmung WLF 0,040			
				100 mm	120 mm	140 mm	160 mm
Kerndämmung [d2]	100	150	0,04	0,02	0,02	0,02	0,02
	120	150	0,04	0,01	0,01	0,01	0,01
	140	150	0,04	0,00	0,00	0,00	0,01

Variable [d1] - Mauerwerk 175 mm - 0,12 W/(mK)							
Variable	Dicke [mm]	Rohdichte [kg/m³]	Lambda [W/(mK)]	Variable [d3] - Dachdämmung WLF 0,040			
				100 mm	120 mm	140 mm	160 mm
Kerndämmung [d2]	100	150	0,04	0,02	0,02	0,02	0,02
	120	150	0,04	0,00	0,01	0,01	0,01
	140	150	0,04	0,00	0,00	0,00	0,00

Variable [d1] - Mauerwerk 175 mm - 0,14 W/(mK)							
Variable	Dicke [mm]	Rohdichte [kg/m³]	Lambda [W/(mK)]	Variable [d3] - Dachdämmung WLF 0,040			
				100 mm	120 mm	140 mm	160 mm
Kerndämmung [d2]	100	150	0,04	0,01	0,01	0,01	0,01
	120	150	0,04	0,00	0,00	0,01	0,01
	140	150	0,04	-0,01	0,00	0,00	0,00

16 / Sparrendach
16-H-F20 / Bild F20 - Holzbauart

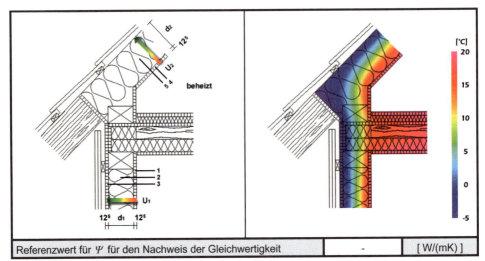

Referenzwert für Ψ für den Nachweis der Gleichwertigkeit		-	[W/(mK)]

Baustoffe:

Pos.	Bezeichnung	Dicke [mm]	Rohdichte [kg/m³]	Lambda [W/(mK)]
1	Gipsfaserplatte	12,5	1150	0,32
2	Dämmung WLG 040	Tabelle [d1]		
3	Gipsfaserplatte	12,5	1150	0,32
4	Gipsfaserplatte	12,5	1150	0,32
5	Dämmung WLG 040	Tabelle [d2]		

Bauteilkatalog zum Beiblatt 2 der DIN 4108

U-Wert [U_1]:

Variable	Dicke [mm]	Rohdichte [kg/m³]	Lambda [W/(mK)]	U-Wert [U_1] [W/(m²K)]
Dämmung [d1]	120	150	0,04	0,31
	140	150	0,04	0,27
	160	150	0,04	0,24
	180	150	0,04	0,21
	200	150	0,04	0,19

U-Wert [U_2]:

Variable	Dicke [mm]	Rohdichte [kg/m³]	Lambda [W/(mK)]	U-Wert [U_2] [W/(m²K)]
Dachdämmung [d2]	160	150	0,04	0,24
	180	150	0,04	0,21
	200	150	0,04	0,19
	220	150	0,04	0,18
	240	150	0,04	0,16

Wärmebrückenverlustkoeffizient: (Ψ-Wert, außenmaßbezogen)

Variable	Dicke [mm]	Rohdichte [kg/m³]	Lambda [W/(mK)]	Variable [d2] - Dachdämmung WLF 0,040				
				160 mm	180 mm	200 mm	220 mm	240 mm
Dämmung [d1]	120	150	0,04	0,08	0,07	0,07	0,06	0,05
	140	150	0,04	0,07	0,07	0,06	0,06	0,05
	160	150	0,04	0,07	0,06	0,06	0,06	0,05
	180	150	0,04	0,06	0,06	0,06	0,05	0,05
	200	150	0,04	0,06	0,05	0,05	0,05	0,05

16 / Sparrendach
16-H-F20a / Bild F20a - Holzbauart

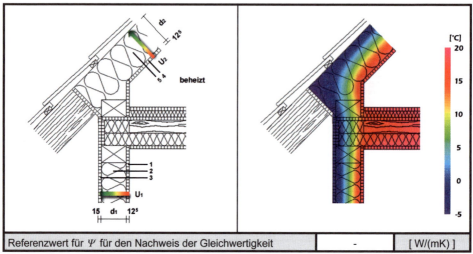

Referenzwert für Ψ für den Nachweis der Gleichwertigkeit		-	[W/(mK)]

Baustoffe:

Pos.	Bezeichnung	Dicke [mm]	Rohdichte [kg/m³]	Lambda [W/(mK)]
1	Gipsfaserplatte	12,5	1150	0,32
2	Dämmung WLG 040	Tabelle [d1]		
3	Powerpanel HD	15	1000	0,4
4	Gipsfaserplatte	12,5	1150	0,32
5	Dachdämmung WLG 040	Tabelle [d2]		

U-Wert [U_1]:

Variable	Dicke [mm]	Rohdichte [kg/m³]	Lambda [W/(mK)]	U-Wert [U_1] [W/(m²K)]
Dämmung [d1]	120	150	0,04	0,31
	140	150	0,04	0,27
	160	150	0,04	0,24
	180	150	0,04	0,21
	200	150	0,04	0,19

U-Wert [U_2]:

Variable	Dicke [mm]	Rohdichte [kg/m³]	Lambda [W/(mK)]	U-Wert [U_2] [W/(m²K)]
Dachdämmung [d2]	160	150	0,04	0,24
	180	150	0,04	0,21
	200	150	0,04	0,19
	220	150	0,04	0,18
	240	150	0,04	0,16

Wärmebrückenverlustkoeffizient: (Ψ-Wert, außenmaßbezogen)

Variable	Dicke [mm]	Rohdichte [kg/m³]	Lambda [W/(mK)]	Variable [d2] - Dachdämmung WLF 0,040				
				160 mm	180 mm	200 mm	220 mm	240 mm
Dämmung [d1]	120	150	0,04	0,08	0,07	0,07	0,06	0,05
	140	150	0,04	0,07	0,07	0,06	0,06	0,05
	160	150	0,04	0,07	0,06	0,06	0,06	0,05
	180	150	0,04	0,06	0,06	0,06	0,05	0,05
	200	150	0,04	0,06	0,05	0,05	0,05	0,05

16 / Sparrendach
16-H-F21 / Bild F21 - Holzbauart

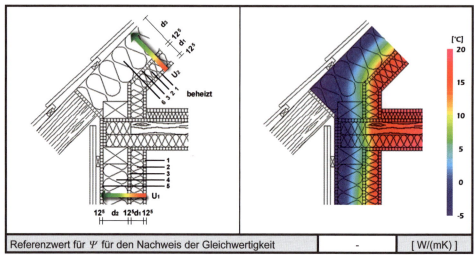

Referenzwert für Ψ für den Nachweis der Gleichwertigkeit	-	[W/(mK)]

Baustoffe:

Pos.	Bezeichnung	Dicke [mm]	Rohdichte [kg/m³]	Lambda [W/(mK)]
1	Gipsfaserplatte	12,5	1150	0,32
2	Dämmung WLG 040	Tabelle [d1]		
3	Gipsfaserplatte	12,5	1150	0,32
4	Dämmung WLG 040	Tabelle [d2]		
5	Gipsfaserplatte	12,5	1150	0,32
6	Dämmung WLG 040	Tabelle [d3]		

U-Wert [U_1]:

				U-Wert [U_1] [W/(m²K)]				
Variable	Dicke [mm]	Rohdichte [kg/m³]	Lambda [W/(mK)]	Variable [d2] - Dämmung WLF 0,040				
				120 mm	140 mm	160 mm	180 mm	200 mm
Dämmung [d1]	40	30	0,04	0,23	0,21	0,19	0,17	0,16
	60	30	0,04	0,21	0,19	0,17	0,16	0,15

U-Wert [U_2]:

				U-Wert [U_2] [W/(m²K)]				
Variable	Dicke [mm]	Rohdichte [kg/m³]	Lambda [W/(mK)]	Variable [d3] - Dämmung WLF 0,040				
				160 mm	180 mm	200 mm	220 mm	240 mm
Dämmung [d1]	40	30	0,04	0,19	0,17	0,16	0,15	0,14
	60	30	0,04	0,17	0,16	0,15	0,14	0,13

Wärmebrückenverlustkoeffizient: (Ψ-Wert, außenmaßbezogen)

				Variable [d1] - Dämmung 40 mm - 0,04 W/(mK)				
Variable	Dicke [mm]	Rohdichte [kg/m³]	Lambda [W/(mK)]	Variable [d3] - Dämmung WLF 0,040				
				160 mm	180 mm	200 mm	220 mm	240 mm
Dämmung [d2]	120	150	0,04	0,04	0,03	0,02	0,02	0,01
	140	150	0,04	0,04	0,03	0,03	0,02	0,02
	160	150	0,04	0,04	0,03	0,03	0,02	0,02
	180	150	0,04	0,04	0,03	0,03	0,02	0,02
	200	150	0,04	0,04	0,03	0,03	0,02	0,02

				Variable [d1] - Dämmung 60 mm - 0,04 W/(mK)				
Variable	Dicke [mm]	Rohdichte [kg/m³]	Lambda [W/(mK)]	Variable [d3] - Dämmung WLF 0,040				
				160 mm	180 mm	200 mm	220 mm	240 mm
Dämmung [d2]	120	150	0,04	0,03	0,02	0,02	0,02	0,02
	140	150	0,04	0,02	0,02	0,02	0,02	0,02
	160	150	0,04	0,02	0,02	0,02	0,02	0,02
	180	150	0,04	0,02	0,02	0,02	0,02	0,02
	200	150	0,04	0,02	0,02	0,02	0,02	0,02

16 / Sparrendach
16-H-F21a / Bild F21a - Holzbauart

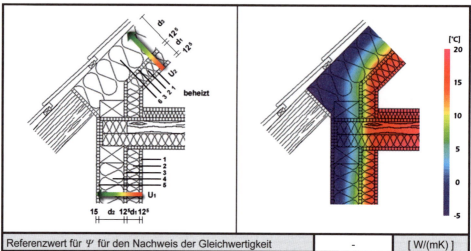

Referenzwert für Ψ für den Nachweis der Gleichwertigkeit		-	[W/(mK)]

Baustoffe:

Pos.	Bezeichnung	Dicke [mm]	Rohdichte [kg/m³]	Lambda [W/(mK)]
1	Gipsfaserplatte	12,5	1150	0,32
2	Dämmung WLG 040	Tabelle [d1]		
3	Gipsfaserplatte	12,5	1150	0,32
4	Dämmung WLG 040	Tabelle [d2]		
5	Powerpanel HD	15	1000	0,4
6	Dämmung WLG 040	Tabelle [d3]		

U-Wert [U_1]:

				U-Wert [U_1]				
				[W/(m²K)]				
Variable	Dicke [mm]	Rohdichte [kg/m³]	Lambda [W/(mK)]	Variable [d2] - Dämmung WLF 0,040				
				120 mm	140 mm	160 mm	180 mm	200 mm
Dämmung [d1]	40	30	0,04	0,23	0,21	0,19	0,17	0,16
	60	30	0,04	0,21	0,19	0,17	0,16	0,15

U-Wert [U_2]:

				U-Wert [U_2]				
				[W/(m²K)]				
Variable	Dicke [mm]	Rohdichte [kg/m³]	Lambda [W/(mK)]	Variable [d3] - Dämmung WLF 0,040				
				160 mm	180 mm	200 mm	220 mm	240 mm
Dämmung [d1]	40	30	0,04	0,19	0,17	0,16	0,15	0,14
	60	30	0,04	0,17	0,16	0,15	0,14	0,13

Wärmebrückenverlustkoeffizient: (Ψ-Wert, außenmaßbezogen)

				Variable [d1] - Dämmung 40 mm - 0,04 W/(mK)				
Variable	Dicke [mm]	Rohdichte [kg/m³]	Lambda [W/(mK)]	Variable [d3] - Dämmung WLF 0,040				
				160 mm	180 mm	200 mm	220 mm	240 mm
Dämmung [d2]	120	150	0,04	0,04	0,03	0,02	0,02	0,01
	140	150	0,04	0,04	0,03	0,03	0,02	0,02
	160	150	0,04	0,04	0,03	0,03	0,02	0,02
	180	150	0,04	0,04	0,03	0,03	0,02	0,02
	200	150	0,04	0,04	0,03	0,03	0,02	0,02

				Variable [d1] - Dämmung 60 mm - 0,04 W/(mK)				
Variable	Dicke [mm]	Rohdichte [kg/m³]	Lambda [W/(mK)]	Variable [d3] - Dämmung WLF 0,040				
				160 mm	180 mm	200 mm	220 mm	240 mm
Dämmung [d2]	120	150	0,04	0,03	0,02	0,02	0,02	0,02
	140	150	0,04	0,02	0,02	0,02	0,02	0,02
	160	150	0,04	0,02	0,02	0,02	0,02	0,02
	180	150	0,04	0,02	0,02	0,02	0,02	0,02
	200	150	0,04	0,02	0,02	0,02	0,02	0,02

16 / Sparrendach
16-H-F22a / Bild F22a - Holzbauart

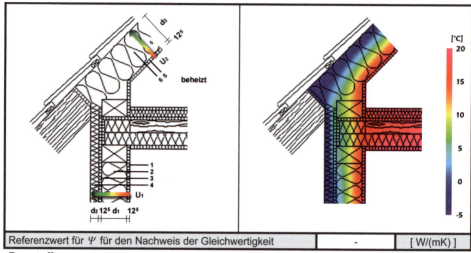

Referenzwert für Ψ für den Nachweis der Gleichwertigkeit	-	[W/(mK)]

Baustoffe:

Pos.	Bezeichnung	Dicke [mm]	Rohdichte [kg/m³]	Lambda [W/(mK)]
1	Gipsfaserplatte	12,5	1150	0,32
2	Dämmung WLG 040	Tabelle [d1]		
3	Gipsfaserplatte	12,5	1150	0,32
4	WDVS WLG 040	Tabelle [d2]		
5	Gipsfaserplatte	12,5	1150	0,32
6	Dämmung WLG 040	Tabelle [d3]		

U-Wert [U_1]:

				U-Wert [U_1] - [W/(m²K)]				
Variable	Dicke [mm]	Rohdichte [kg/m³]	Lambda [W/(mK)]	Variable [d1] - Dämmung WLF 0,040				
				120 mm	140 mm	160 mm	180 mm	200 mm
WDVS [d2]	40	30	0,04	0,24	0,21	0,19	0,17	0,16
	60	30	0,04	0,21	0,19	0,17	0,16	0,15
	80	30	0,04	0,19	0,17	0,16	0,15	0,14
	100	30	0,04	0,17	0,16	0,15	0,14	0,13
	120	30	0,04	0,16	0,15	0,14	0,13	0,12

U-Wert [U_2]:

Variable	Dicke [mm]	Rohdichte [kg/m³]	Lambda [W/(mK)]	U-Wert [U_2] [W/(m²K)]
Dachdäm-mung [d3]	160	150	0,04	0,24
	180	150	0,04	0,21
	200	150	0,04	0,19
	220	150	0,04	0,18
	240	150	0,04	0,16

Wärmebrückenverlustkoeffizient: (Ψ-Wert, außenmaßbezogen)

	Variable [d3] - Dachdämmung 160 mm - 0,04 W/(mK)							
Variable	Dicke [mm]	Rohdichte [kg/m³]	Lambda [W/(mK)]	Variable [d1] - Dämmung WLF 0,040				
				120 mm	140 mm	160 mm	180 mm	200 mm
WDVS [d2]	40	30	0,04	-0,03	-0,03	-0,03	-0,03	-0,03
	60	30	0,04	-0,03	-0,03	-0,04	-0,04	-0,04
	80	30	0,04	-0,04	-0,04	-0,04	-0,04	-0,05
	100	30	0,04	-0,05	-0,05	-0,05	-0,05	-0,05
	120	30	0,04	-0,05	-0,05	-0,06	-0,06	-0,06

	Variable [d3] - Dachdämmung 180 mm - 0,04 W/(mK)							
Variable	Dicke [mm]	Rohdichte [kg/m³]	Lambda [W/(mK)]	Variable [d1] - Dämmung WLF 0,040				
				120 mm	140 mm	160 mm	180 mm	200 mm
WDVS [d2]	40	30	0,04	-0,02	-0,02	-0,02	-0,02	-0,02
	60	30	0,04	-0,02	-0,02	-0,02	-0,02	-0,02
	80	30	0,04	-0,03	-0,03	-0,03	-0,03	-0,03
	100	30	0,04	-0,03	-0,03	-0,04	-0,04	-0,04
	120	30	0,04	-0,04	-0,04	-0,04	-0,04	-0,05

	Variable [d3] - Dachdämmung 200 mm - 0,04 W/(mK)							
Variable	Dicke [mm]	Rohdichte [kg/m³]	Lambda [W/(mK)]	Variable [d1] - Dämmung WLF 0,040				
				120 mm	140 mm	160 mm	180 mm	200 mm
WDVS [d2]	40	30	0,04	-0,01	-0,01	-0,01	-0,01	0,00
	60	30	0,04	-0,01	-0,01	-0,01	-0,01	-0,01
	80	30	0,04	-0,02	-0,02	-0,02	-0,02	-0,02
	100	30	0,04	-0,02	-0,02	-0,02	-0,02	-0,02
	120	30	0,04	-0,03	-0,03	-0,03	-0,03	-0,03

	Variable [d3] - Dachdämmung 220 mm - 0,04 W/(mK)							
Variable	Dicke [mm]	Rohdichte [kg/m³]	Lambda [W/(mK)]	Variable [d1] - Dämmung WLF 0,040				
				120 mm	140 mm	160 mm	180 mm	200 mm
WDVS [d2]	40	30	0,04	0,00	0,00	0,00	0,01	0,01
	60	30	0,04	0,00	0,00	0,00	0,00	0,00
	80	30	0,04	-0,01	-0,01	0,00	0,00	0,00
	100	30	0,04	-0,01	-0,01	-0,01	-0,01	-0,01
	120	30	0,04	-0,01	-0,01	-0,01	-0,01	-0,01

	Variable [d3] - Dachdämmung 240 mm - 0,04 W/(mK)							
Variable	Dicke [mm]	Rohdichte [kg/m³]	Lambda [W/(mK)]	Variable [d1] - Dämmung WLF 0,040				
				120 mm	140 mm	160 mm	180 mm	200 mm
WDVS [d2]	40	30	0,04	0,01	0,01	0,02	0,02	0,02
	60	30	0,04	0,01	0,01	0,01	0,01	0,02
	80	30	0,04	0,00	0,01	0,01	0,01	0,01
	100	30	0,04	0,00	0,00	0,00	0,01	0,01
	120	30	0,04	0,00	0,00	0,00	0,00	0,00

16 / Sparrendach
16-H-F22b / Bild F22b - Holzbauart

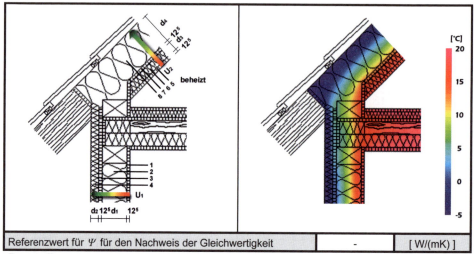

Referenzwert für Ψ für den Nachweis der Gleichwertigkeit	-	[W/(mK)]

Baustoffe:

Pos.	Bezeichnung	Dicke [mm]	Rohdichte [kg/m³]	Lambda [W/(mK)]
1	Gipsfaserplatte	12,5	1150	0,32
2	Dämmung WLG 040		Tabelle [d1]	
3	Gipsfaserplatte	12,5	1150	0,32
4	WDVS WLG 040		Tabelle [d2]	
5	Gipsfaserplatte	12,5	1150	0,32
6	Dämmung WLG 040		Tabelle [d3]	
7	Gipsfaserplatte	12,5	1150	0,32
8	Dämmung WLG 040		Tabelle [d4]	

U-Wert [U_1]:

				U-Wert [U_1] - [W/(m²K)]				
Variable	Dicke [mm]	Rohdichte [kg/m³]	Lambda [W/(mK)]	Variable [d1] - Dämmung WLF 0,040				
				120 mm	140 mm	160 mm	180 mm	200 mm
WDVS [d2]	40	30	0,04	0,24	0,21	0,19	0,17	0,16
	60	30	0,04	0,21	0,19	0,17	0,16	0,15
	80	30	0,04	0,19	0,17	0,16	0,15	0,14
	100	30	0,04	0,17	0,16	0,15	0,14	0,13
	120	30	0,04	0,16	0,15	0,14	0,13	0,12

U-Wert [U_2]:

				U-Wert [U_2] - [W/(m²K)]		
Variable	Dicke [mm]	Rohdichte [kg/m³]	Lambda [W/(mK)]	Variable [d4] - Dämmung WLF 0,040		
				160 mm	200 mm	240 mm
Dämmung [d3]	40	150	0,04	0,19	0,16	0,14
	60	150	0,04	0,17	0,15	0,13

Wärmebrückenverlustkoeffizient: (Ψ-Wert, außenmaßbezogen)

Variable	Dicke [mm]	Rohdichte [kg/m³]	Lambda [W/(mK)]	Variable [d1] - Dämmung WLF 0,040				
				120 mm	140 mm	160 mm	180 mm	200 mm
Variable [d3] - Dämmung 40 mm - 0,04 W/(mK)								
Variable [d4] - Dämmung 160 mm - 0,04 W/(mK)								
WDVS [d2]	40	30	0,04	0,03	0,03	0,03	0,03	0,03
	60	30	0,04	0,03	0,03	0,03	0,03	0,03
	80	30	0,04	0,02	0,02	0,02	0,02	0,02
	100	30	0,04	0,02	0,02	0,02	0,02	0,01
	120	30	0,04	0,01	0,01	0,01	0,01	0,01
Variable [d4] - Dämmung 200 mm - 0,04 W/(mK)								
WDVS [d2]	40	30	0,04	0,02	0,02	0,02	0,02	0,03
	60	30	0,04	0,01	0,02	0,02	0,02	0,02
	80	30	0,04	0,01	0,01	0,01	0,01	0,01
	100	30	0,04	0,01	0,01	0,01	0,01	0,01
	120	30	0,04	0,00	0,00	0,00	0,00	0,00
Variable [d4] - Dämmung 240 mm - 0,04 W/(mK)								
WDVS [d2]	40	30	0,04	0,00	0,01	0,01	0,01	0,02
	60	30	0,04	0,00	0,00	0,01	0,01	0,01
	80	30	0,04	0,00	0,00	0,00	0,01	0,01
	100	30	0,04	0,00	0,00	0,00	0,00	0,00
	120	30	0,04	0,00	0,00	0,00	0,00	0,00

Variable	Dicke [mm]	Rohdichte [kg/m³]	Lambda [W/(mK)]	Variable [d1] - Dämmung WLF 0,040				
				120 mm	140 mm	160 mm	180 mm	200 mm
Variable [d3] - Dämmung 60 mm - 0,04 W/(mK)								
Variable [d4] - Dämmung 160 mm - 0,04 W/(mK)								
WDVS [d2]	40	30	0,04	0,02	0,03	0,03	0,03	0,03
	60	30	0,04	0,02	0,02	0,02	0,02	0,02
	80	30	0,04	0,02	0,02	0,02	0,02	0,02
	100	30	0,04	0,01	0,01	0,01	0,01	0,01
	120	30	0,04	0,01	0,01	0,01	0,01	0,01
Variable [d4] - Dämmung 200 mm - 0,04 W/(mK)								
WDVS [d2]	40	30	0,04	0,01	0,02	0,02	0,02	0,03
	60	30	0,04	0,01	0,01	0,02	0,02	0,02
	80	30	0,04	0,01	0,01	0,01	0,01	0,02
	100	30	0,04	0,01	0,01	0,01	0,01	0,01
	120	30	0,04	0,00	0,00	0,00	0,01	0,01
Variable [d4] - Dämmung 240 mm - 0,04 W/(mK)								
WDVS [d2]	40	30	0,04	0,00	0,01	0,01	0,02	0,02
	60	30	0,04	0,00	0,01	0,01	0,01	0,02
	80	30	0,04	0,00	0,00	0,01	0,01	0,01
	100	30	0,04	0,00	0,00	0,00	0,01	0,01
	120	30	0,04	0,00	0,00	0,00	0,00	0,00

18 / Flachdach
18-M-88a / Bild 88a - monolithisches Mauerwerk

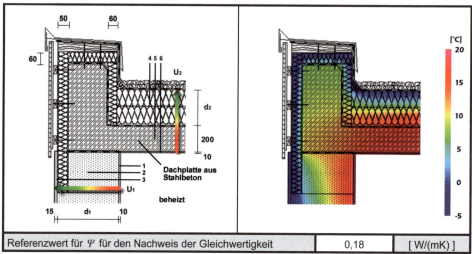

Referenzwert für Ψ für den Nachweis der Gleichwertigkeit		0,18	[W/(mK)]

Baustoffe:

Pos.	Bezeichnung	Dicke [mm]	Rohdichte [kg/m³]	Lambda [W/(mK)]
1	Innenputz	10	1800	0,35
2	Mauerwerk		Tabelle [d1]	
3	Außenputz	15	1300	0,2
4	Dachdämmung WLF 0,040		Tabelle [d2]	
5	Dachplatte aus Stahlbeton	200	2400	2,1
6	Innenputz	10	1800	0,35

U-Wert [U_1]:

Variable	Dicke [mm]	Rohdichte [kg/m³]	Lambda [W/(mK)]	U-Wert [U_1] [W/(m²K)]
Mauerwerk [d1]	240	350	0,09	0,34
	300	350	0,09	0,28
	365	350	0,09	0,23
	240	400	0,10	0,37
	300	400	0,10	0,31
	365	400	0,10	0,25
	240	450	0,12	0,44
	300	450	0,12	0,36
	365	450	0,12	0,30
	240	500	0,14	0,50
	300	500	0,14	0,41
	365	500	0,14	0,35
	240	550	0,16	0,56
	300	550	0,16	0,47
	365	550	0,16	0,39

U-Wert [U_2]:

Variable	Dicke [mm]	Rohdichte [kg/m³]	Lambda [W/(mK)]	U-Wert [U_2] [W/(m²K)]
Dachdämmung [d2]	140	150	0,04	0,26
	160	150	0,04	0,23
	180	150	0,04	0,21
	200	150	0,04	0,19

Wärmebrückenverlustkoeffizient: (Ψ-Wert, außenmaßbezogen)

Variable	Dicke [mm]	Rohdichte [kg/m³]	Lambda [W/(mK)]	Variable [d2] - Dachdämmung WLF 0,040			
				140 mm	160 mm	180 mm	200 mm
Mauerwerk [d1]	240	350	0,09	0,13	0,14	0,14	0,15
	300	350	0,09	0,14	0,14	0,15	0,15
	365	350	0,09	0,13	0,14	0,15	0,15
	240	400	0,10	0,12	0,12	0,12	0,13
	300	400	0,10	0,12	0,13	0,14	0,14
	365	400	0,10	0,12	0,13	0,14	0,14
	240	450	0,12	0,09	0,09	0,09	0,10
	300	450	0,12	0,10	0,11	0,11	0,11
	365	450	0,12	0,10	0,11	0,11	0,12
	240	500	0,14	0,06	0,06	0,06	0,06
	300	500	0,14	0,08	0,08	0,08	0,09
	365	500	0,14	0,08	0,09	0,09	0,10
	240	550	0,16	0,03	0,03	0,03	0,03
	300	550	0,16	0,05	0,06	0,06	0,06
	365	550	0,16	0,06	0,07	0,07	0,08

18 / Flachdach
18-M-88b / Bild 88b - monolithisches Mauerwerk

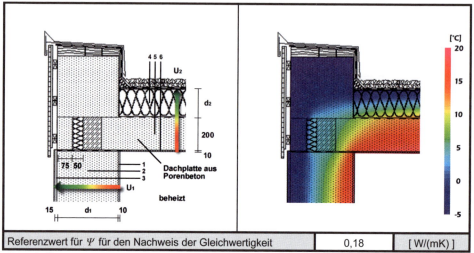

Referenzwert für Ψ für den Nachweis der Gleichwertigkeit		0,18	[W/(mK)]

Baustoffe:

Pos.	Bezeichnung	Dicke [mm]	Rohdichte [kg/m³]	Lambda [W/(mK)]
1	Innenputz	10	1800	0,35
2	Mauerwerk		Tabelle [d1]	
3	Außenputz	15	1300	0,2
4	Dachdämmung WLF 0,040		Tabelle [d2]	
5	Dachplatte aus Porenbeton	200	600	0,16
6	Innenputz	10	1800	0,35

Bauteilkatalog zum Beiblatt 2 der DIN 4108

U-Wert [U_1]:

Variable	Dicke [mm]	Rohdichte [kg/m³]	Lambda [W/(mK)]	U-Wert [U_1] [W/(m²K)]
Mauerwerk [d1]	240	350	0,09	0,34
	300	350	0,09	0,28
	365	350	0,09	0,23
	240	400	0,10	0,37
	300	400	0,10	0,31
	365	400	0,10	0,25
	240	450	0,12	0,44
	300	450	0,12	0,36
	365	450	0,12	0,30
	240	500	0,14	0,50
	300	500	0,14	0,41
	365	500	0,14	0,35
	240	550	0,16	0,56
	300	550	0,16	0,47
	365	550	0,16	0,39

U-Wert [U_2]:

Variable	Dicke [mm]	Rohdichte [kg/m³]	Lambda [W/(mK)]	U-Wert [U_2] [W/(m²K)]
Dachdäm-mung [d2]	100	150	0,04	0,25
	120	150	0,04	0,22
	140	150	0,04	0,20
	160	150	0,04	0,18

Wärmebrückenverlustkoeffizient: (Ψ-Wert, außenmaßbezogen)

Variable	Dicke [mm]	Rohdichte [kg/m³]	Lambda [W/(mK)]	Variable [d2] - Dachdämmung WLF 0,040			
				100 mm	120 mm	140 mm	160 mm
Mauerwerk [d1]	240	350	0,09	-0,08	-0,07	-0,07	-0,07
	300	350	0,09	-0,08	-0,07	-0,07	-0,07
	365	350	0,09	-0,08	-0,08	-0,08	-0,07
	240	400	0,10	-0,09	-0,08	-0,08	-0,08
	300	400	0,10	-0,08	-0,08	-0,08	-0,08
	365	400	0,10	-0,09	-0,08	-0,08	-0,08
	240	450	0,12	-0,10	-0,10	-0,10	-0,09
	300	450	0,12	-0,09	-0,09	-0,09	-0,09
	365	450	0,12	-0,10	-0,09	-0,09	-0,09
	240	500	0,14	-0,12	-0,11	-0,11	-0,11
	300	500	0,14	-0,10	-0,10	-0,10	-0,10
	365	500	0,14	-0,11	-0,10	-0,10	-0,10
	240	550	0,16	-0,13	-0,13	-0,13	-0,13
	300	550	0,16	-0,11	-0,12	-0,12	-0,12
	365	550	0,16	-0,12	-0,11	-0,11	-0,11

18 / Flachdach
18-M-89 / Bild 89 - außengedämmtes Mauerwerk

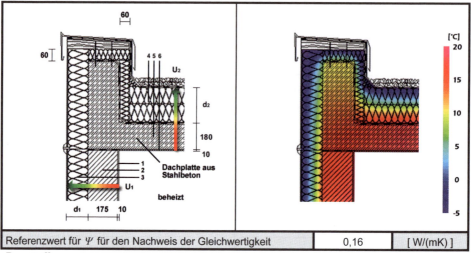

Referenzwert für Ψ für den Nachweis der Gleichwertigkeit	0,16	[W/(mK)]

Baustoffe:

Pos.	Bezeichnung	Dicke [mm]	Rohdichte [kg/m³]	Lambda [W/(mK)]
1	Innenputz	10	1800	0,35
2	Kalksandstein	175	1800	0,99
3	Wärmedämmverbundsystem	Tabelle [d1]		
4	Dachdämmung WLF 0,040	Tabelle [d2]		
5	Dachplatte aus Stahlbeton	180	2400	2,1
6	Innenputz	10	1800	0,35

Bauteilkatalog zum Beiblatt 2 der DIN 4108

U-Wert [U_1]:

Variable	Dicke [mm]	Rohdichte [kg/m³]	Lambda [W/(mK)]	U-Wert [U_1] [W/(m²K)]
WDVS [d1]	100	150	0,04	0,35
	120	150	0,04	0,30
	140	150	0,04	0,26
	160	150	0,04	0,23
	100	150	0,045	0,38
	120	150	0,045	0,33
	140	150	0,045	0,29
	160	150	0,045	0,25

U-Wert [U_2]:

Variable	Dicke [mm]	Rohdichte [kg/m³]	Lambda [W/(mK)]	U-Wert [U_2] [W/(m²K)]
Dachdämmung [d2]	140	150	0,04	0,26
	160	150	0,04	0,23
	180	150	0,04	0,21
	200	150	0,04	0,19

Wärmebrückenverlustkoeffizient: (Ψ-Wert, außenmaßbezogen)

Variable	Dicke [mm]	Rohdichte [kg/m³]	Lambda [W/(mK)]	Variable [d2] - Dachdämmung WLF 0,040			
				140 mm	160 mm	180 mm	200 mm
WDVS [d1]	100	150	0,04	0,07	0,07	0,08	0,08
	120	150	0,04	0,07	0,07	0,08	0,09
	140	150	0,04	0,07	0,07	0,08	0,09
	160	150	0,04	0,07	0,07	0,08	0,09
	100	150	0,045	0,06	0,07	0,07	0,08
	120	150	0,045	0,07	0,07	0,08	0,08
	140	150	0,045	0,07	0,07	0,08	0,08
	160	150	0,045	0,06	0,07	0,08	0,09

18 / Flachdach
18-K-90a / Bild 90a - kerngedämmtes Mauerwerk

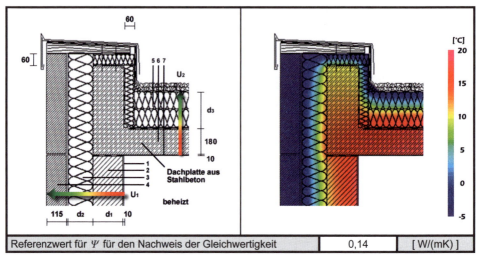

Referenzwert für Ψ für den Nachweis der Gleichwertigkeit	0,14	[W/(mK)]

Baustoffe:

Pos.	Bezeichnung	Dicke [mm]	Rohdichte [kg/m³]	Lambda [W/(mK)]
1	Innenputz	10	1800	0,35
2	Mauerwerk		Tabelle [d1]	
3	Kerndämmung		Tabelle [d2]	
4	Verblendmauerwerk	115	2000	0,96
5	Dachdämmung WLF 0,040		Tabelle [d3]	
6	Dachplatte aus Stahlbeton	180	2400	2,1
7	Innenputz	10	1800	0,35

U-Wert [U_1]:

				U-Wert [U_1] - [W/(m²K)]			
	Dicke [mm]	Rohdichte [kg/m³]	Lambda [W/(mK)]	Variable [d1] - 175 mm			
Variable				Kalksandstein	Mauerwerk 0,10 W/(mK)	Mauerwerk 0,12 W/(mK)	Mauerwerk 0,14 W/(mK)
Kerndämmung [d2]	100	150	0,04	0,33	0,22	0,23	0,25
	120	150	0,04	0,29	0,20	0,21	0,22
	140	150	0,04	0,25	0,18	0,19	0,20

U-Wert [U_2]:

Variable	Dicke [mm]	Rohdichte [kg/m³]	Lambda [W/(mK)]	U-Wert [U_2] [W/(m²K)]
Dachdämmung [d3]	140	150	0,04	0,26
	160	150	0,04	0,23
	180	150	0,04	0,21
	200	150	0,04	0,19

Bauteilkatalog zum Beiblatt 2 der DIN 4108

Wärmebrückenverlustkoeffizient: (Ψ-Wert, außenmaßbezogen)

				Variable [d1] - Kalksandstein 175 mm - 0,99 W/(mK)			
Variable	Dicke [mm]	Rohdichte [kg/m³]	Lambda [W/(mK)]	Variable [d3] - Dachdämmung WLF 0,040			
				140 mm	160 mm	180 mm	200 mm
Kerndäm-mung [d2]	100	150	0,04	0,07	0,08	0,09	0,09
	120	150	0,04	0,07	0,08	0,09	0,09
	140	150	0,04	0,06	0,07	0,08	0,09

				Variable [d1] - Mauerwerk 175 mm - 0,10 W/(mK)			
Variable	Dicke [mm]	Rohdichte [kg/m³]	Lambda [W/(mK)]	Variable [d3] - Dachdämmung WLF 0,040			
				140 mm	160 mm	180 mm	200 mm
Kerndäm-mung [d2]	100	150	0,04	0,10	0,11	0,12	0,13
	120	150	0,04	0,09	0,10	0,11	0,12
	140	150	0,04	0,07	0,09	0,10	0,11

				Variable [d1] - Mauerwerk 175 mm - 0,12 W/(mK)			
Variable	Dicke [mm]	Rohdichte [kg/m³]	Lambda [W/(mK)]	Variable [d3] - Dachdämmung WLF 0,040			
				140 mm	160 mm	180 mm	200 mm
Kerndäm-mung [d2]	100	150	0,04	0,10	0,11	0,12	0,13
	120	150	0,04	0,08	0,10	0,11	0,12
	140	150	0,04	0,07	0,09	0,10	0,11

				Variable [d1] - Mauerwerk 175 mm - 0,14 W/(mK)			
Variable	Dicke [mm]	Rohdichte [kg/m³]	Lambda [W/(mK)]	Variable [d3] - Dachdämmung WLF 0,040			
				140 mm	160 mm	180 mm	200 mm
Kerndäm-mung [d2]	100	150	0,04	0,09	0,10	0,11	0,12
	120	150	0,04	0,08	0,09	0,10	0,11
	140	150	0,04	0,07	0,08	0,09	0,10

18 / Flachdach
18-K-90b / Bild 90b - kerngedämmtes Mauerwerk

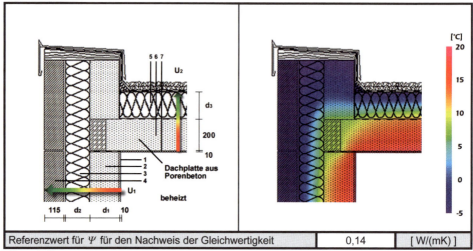

| Referenzwert für Ψ für den Nachweis der Gleichwertigkeit | 0,14 | [W/(mK)] |

Baustoffe:

Pos.	Bezeichnung	Dicke [mm]	Rohdichte [kg/m³]	Lambda [W/(mK)]
1	Innenputz	10	1800	0,35
2	Mauerwerk		Tabelle [d1]	
3	Kerndämmung		Tabelle [d2]	
4	Verblendmauerwerk	115	2000	0,96
5	Dachdämmung WLF 0,040		Tabelle [d3]	
6	Dachplatte aus Porenbeton	200	600	0,16
7	Innenputz	10	1800	0,35

U-Wert [U_1]:

	U-Wert [U_1] - [W/(m²K)]						
	Dicke [mm]	Rohdichte [kg/m³]	Lambda [W/(mK)]		Variable [d1] - 175 mm		
Variable				Kalksandstein	Mauerwerk 0,10 W/(mK)	Mauerwerk 0,12 W/(mK)	Mauerwerk 0,14 W/(mK)
Kerndämmung [d2]	100	150	0,04	0,33	0,22	0,23	0,25
	120	150	0,04	0,29	0,20	0,21	0,22
	140	150	0,04	0,25	0,18	0,19	0,20

U-Wert [U_2]:

Variable	Dicke [mm]	Rohdichte [kg/m³]	Lambda [W/(mK)]	U-Wert [U_2] [W/(m²K)]
Dachdämmung [d3]	140	150	0,04	0,26
	160	150	0,04	0,23
	180	150	0,04	0,21
	200	150	0,04	0,19

Wärmebrückenverlustkoeffizient: (Ψ-Wert, außenmaßbezogen)

Variable	Variable [d1] - Kalksandstein 175 mm - 0,99 W/(mK)						
	Dicke [mm]	Rohdichte [kg/m³]	Lambda [W/(mK)]	Variable [d3] - Dachdämmung WLF 0,040			
				140 mm	160 mm	180 mm	200 mm
Kerndämmung [d2]	100	150	0,04	-0,06	-0,06	-0,06	-0,06
	120	150	0,04	-0,06	-0,06	-0,06	-0,05
	140	150	0,04	-0,06	-0,06	-0,05	-0,05

Variable	Variable [d1] - Mauerwerk 175 mm - 0,10 W/(mK)						
	Dicke [mm]	Rohdichte [kg/m³]	Lambda [W/(mK)]	Variable [d3] - Dachdämmung WLF 0,040			
				140 mm	160 mm	180 mm	200 mm
Kerndämmung [d2]	100	150	0,04	-0,07	-0,06	-0,05	-0,05
	120	150	0,04	-0,07	-0,06	-0,05	-0,05
	140	150	0,04	-0,07	-0,06	-0,05	-0,05

Variable	Variable [d1] - Mauerwerk 175 mm - 0,12 W/(mK)						
	Dicke [mm]	Rohdichte [kg/m³]	Lambda [W/(mK)]	Variable [d3] - Dachdämmung WLF 0,040			
				140 mm	160 mm	180 mm	200 mm
Kerndämmung [d2]	100	150	0,04	-0,06	-0,06	-0,05	-0,05
	120	150	0,04	-0,06	-0,06	-0,05	-0,05
	140	150	0,04	-0,07	-0,06	-0,05	-0,05

Variable	Variable [d1] - Mauerwerk 175 mm - 0,14 W/(mK)						
	Dicke [mm]	Rohdichte [kg/m³]	Lambda [W/(mK)]	Variable [d3] - Dachdämmung WLF 0,040			
				140 mm	160 mm	180 mm	200 mm
Kerndämmung [d2]	100	150	0,04	-0,06	-0,06	-0,05	-0,05
	120	150	0,04	-0,06	-0,06	-0,05	-0,05
	140	150	0,04	-0,06	-0,06	-0,05	-0,05

18 / Flachdach
18-A-M14 / Bild M14 - Außengedämmtes Mauerwerk

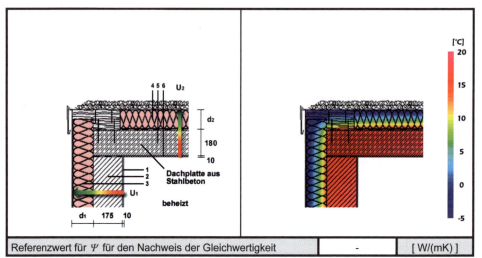

Referenzwert für Ψ für den Nachweis der Gleichwertigkeit	-	[W/(mK)]

Baustoffe:

Pos.	Bezeichnung	Dicke [mm]	Rohdichte [kg/m³]	Lambda [W/(mK)]
1	Innenputz	10	1800	0,35
2	Kalksandstein	175	1800	0,99
3	Dämmplatte WLG 045	Tabelle [d1]		
4	Dämmplatte WLG 045	Tabelle [d2]		
5	Dachplatte aus Stahlbeton	180	2400	2,1
6	Innenputz	10	1800	0,35

U-Wert [U_1]:

Variable	Dicke [mm]	Rohdichte [kg/m³]	Lambda [W/(mK)]	U-Wert [U_1] [W/(m²K)]
WDVS [d1]	100	150	0,045	0,38
	120	150	0,045	0,33
	140	150	0,045	0,29
	160	150	0,045	0,25

U-Wert [U_2]:

Variable	Dicke [mm]	Rohdichte [kg/m³]	Lambda [W/(mK)]	U-Wert [U_2] [W/(m²K)]
Dämmung [d2]	140	150	0,045	0,29
	160	150	0,045	0,26
	180	150	0,045	0,23
	200	150	0,045	0,21

Wärmebrückenverlustkoeffizient: (Ψ-Wert, außenmaßbezogen)

Variable	Dicke [mm]	Rohdichte [kg/m³]	Lambda [W/(mK)]	Variable [d2] - Dämmung WLF 0,040			
				140 mm	160 mm	180 mm	200 mm
WDVS [d1]	100	150	0,045	0,00	-0,01	-0,01	-0,02
	120	150	0,045	-0,02	-0,02	-0,02	-0,02
	140	150	0,045	-0,03	-0,03	-0,02	-0,02
	160	150	0,045	-0,05	-0,04	-0,03	-0,01

19 / Dachflächenfenster
19-H-91 / Bild 91 - Holzbauart

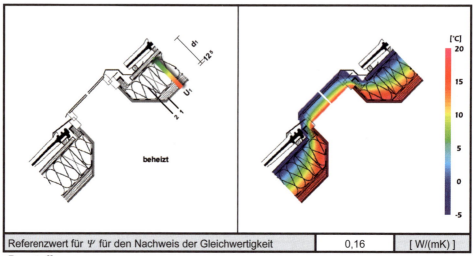

Referenzwert für Ψ für den Nachweis der Gleichwertigkeit	0,16	[W/(mK)]

Baustoffe:

Pos.	Bezeichnung	Dicke [mm]	Rohdichte [kg/m³]	Lambda [W/(mK)]
1	Gipsfaserplatte	12,5	1150	0,32
2	Dämmung	Tabelle [d1]		

U-Wert [U_1]:

Variable	Dicke [mm]	Rohdichte [kg/m³]	Lambda [W/(mK)]	U-Wert [U_1] [W/(m²K)]
Dämmung [d1]	160	150	0,04	0,24
	180	150	0,04	0,21
	200	150	0,04	0,19
	220	150	0,04	0,18
	240	150	0,04	0,16

Wärmebrückenverlustkoeffizient: (Ψ-Wert, außenmaßbezogen)

Variable	Dicke [mm]	Rohdichte [kg/m³]	Lambda [W/(mK)]	Wärmebrückenverlustkoeffizient
Dämmung [d1]	160	150	0,04	0,16
	180	150	0,04	0,16
	200	150	0,04	0,16
	220	150	0,04	0,16
	240	150	0,04	0,16

19 / Dachflächenfenster
19-H-92 / Bild 92 - Holzbauart

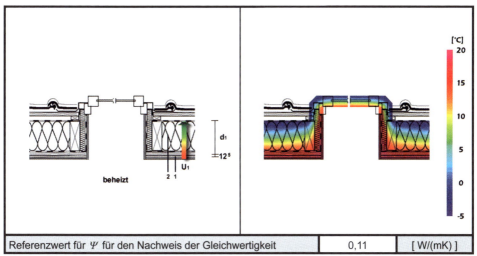

Referenzwert für Ψ für den Nachweis der Gleichwertigkeit	0,11	[W/(mK)]

Baustoffe:

Pos.	Bezeichnung	Dicke [mm]	Rohdichte [kg/m³]	Lambda [W/(mK)]
1	Gipsfaserplatte	12,5	1150	0,32
2	Dämmung	Tabelle [d1]		

U-Wert [U_1]:

Variable	Dicke [mm]	Rohdichte [kg/m³]	Lambda [W/(mK)]	U-Wert [U_1] [W/(m²K)]
Dämmung [d1]	160	150	0,04	0,24
	180	150	0,04	0,21
	200	150	0,04	0,19
	220	150	0,04	0,18
	240	150	0,04	0,16

Wärmebrückenverlustkoeffizient: (Ψ-Wert, außenmaßbezogen)

Variable	Dicke [mm]	Rohdichte [kg/m³]	Lambda [W/(mK)]	Wärmebrückenverlustkoeffizient
Dämmung [d1]	160	150	0,04	0,10
	180	150	0,04	0,10
	200	150	0,04	0,11
	220	150	0,04	0,11
	240	150	0,04	0,12

19 / Dachflächenfenster
19-A-M58 / Bild M58 - innengedämmtes Mauerwerk

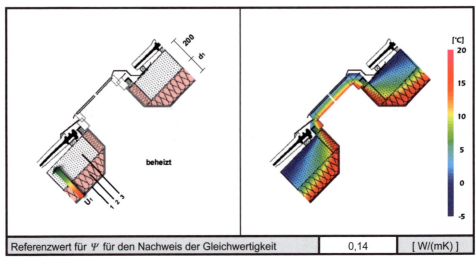

Referenzwert für Ψ für den Nachweis der Gleichwertigkeit	0,14	[W/(mK)]

Baustoffe:

Pos.	Bezeichnung	Dicke [mm]	Rohdichte [kg/m³]	Lambda [W/(mK)]
1	Innenputz	10	1800	0,35
2	Dämmplatte WLG 045		Tabelle [d1]	
3	Dachplatte aus Porenbeton	200	600	0,16

U-Wert [U_1]:

Variable	Dicke [mm]	Rohdichte [kg/m³]	Lambda [W/(mK)]	U-Wert [U_1] [W/(m²K)]
Dämmung [d1]	120	150	0,045	0,24
	140	150	0,045	0,22
	160	150	0,045	0,20
	180	150	0,045	0,18
	200	150	0,045	0,17

Wärmebrückenverlustkoeffizient: (Ψ-Wert, außenmaßbezogen)

Variable	Dicke [mm]	Rohdichte [kg/m³]	Lambda [W/(mK)]	Wärmebrückenverlustkoeffizient
Dämmung [d1]	120	150	0,045	0,09
	140	150	0,045	0,09
	160	150	0,045	0,09
	180	150	0,045	0,10
	200	150	0,045	0,11

19 / Dachflächenfenster
19-A-M59 / Bild M59 - innengedämmtes Massivdach

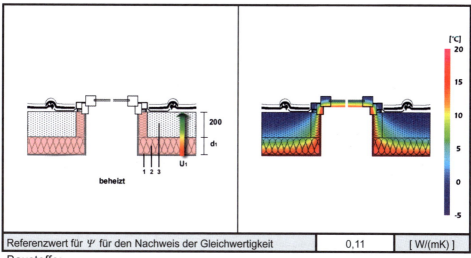

Referenzwert für Ψ für den Nachweis der Gleichwertigkeit	0,11	[W/(mK)]

Baustoffe:

Pos.	Bezeichnung	Dicke [mm]	Rohdichte [kg/m³]	Lambda [W/(mK)]
1	Innenputz	10	1800	0,35
2	Dämmplatte WLG 045		Tabelle [d1]	
3	Dachplatte aus Porenbeton	200	600	0,16

U-Wert [U_1]:

Variable	Dicke [mm]	Rohdichte [kg/m³]	Lambda [W/(mK)]	U-Wert [U_1] [W/(m²K)]
Dämmung [d1]	120	150	0,045	0,24
	140	150	0,045	0,22
	160	150	0,045	0,20
	180	150	0,045	0,18
	200	150	0,045	0,17

Wärmebrückenverlustkoeffizient: (Ψ-Wert, außenmaßbezogen)

Variable	Dicke [mm]	Rohdichte [kg/m³]	Lambda [W/(mK)]	Wärmebrückenverlustkoeffizient
Dämmung [d1]	120	150	0,045	0,06
	140	150	0,045	0,07
	160	150	0,045	0,07
	180	150	0,045	0,08
	200	150	0,045	0,08

20 / Gaubenanschluss
20-H-93 / Bild 93 - Holzbauart

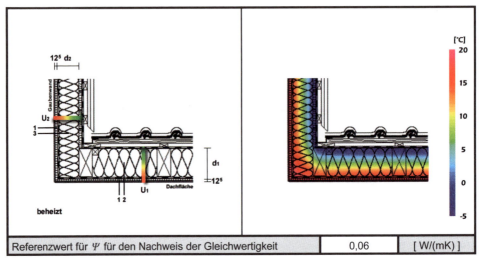

Referenzwert für Ψ für den Nachweis der Gleichwertigkeit		0,06	[W/(mK)]

Baustoffe:

Pos.	Bezeichnung	Dicke [mm]	Rohdichte [kg/m³]	Lambda [W/(mK)]
1	Gipsfaserplatte	12,5	1150	0,32
2	Dämmung WLG 040	Tabelle [d1]		
3	Dämmung WLG 040	Tabelle [d2]		

U-Wert [U_1]:

Variable	Dicke [mm]	Rohdichte [kg/m³]	Lambda [W/(mK)]	U-Wert [U_1] [W/(m²K)]
Dämmung [d1]	160	150	0,04	0,24
	180	150	0,04	0,21
	200	150	0,04	0,19
	220	150	0,04	0,18
	240	150	0,04	0,16

U-Wert [U_2]:

Variable	Dicke [mm]	Rohdichte [kg/m³]	Lambda [W/(mK)]	U-Wert [U_2] [W/(m²K)]
Dämmung [d2]	120	150	0,04	0,31
	140	150	0,04	0,27
	160	150	0,04	0,24

Wärmebrückenverlustkoeffizient: (Ψ-Wert, außenmaßbezogen)

Variable	Dicke [mm]	Rohdichte [kg/m³]	Lambda [W/(mK)]	Variable [d2] - Dämmung WLF 0,040		
				120 mm	140 mm	160 mm
Dämmung [d1]	160	150	0,04	0,06	0,06	0,06
	180	150	0,04	0,06	0,06	0,06
	200	150	0,04	0,06	0,06	0,06
	220	150	0,04	0,06	0,06	0,06
	240	150	0,04	0,06	0,06	0,06

21 / Dach
21-X-94 / Bild 94 - Innenwand-Anschluss

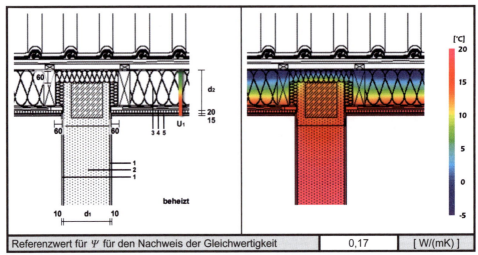

Referenzwert für Ψ für den Nachweis der Gleichwertigkeit	0,17	[W/(mK)]

Baustoffe:

Pos.	Bezeichnung	Dicke [mm]	Rohdichte [kg/m³]	Lambda [W/(mK)]
1	Innenputz	10	1800	0,35
2	Mauerwerk		Tabelle [d1]	
3	Dachdämmung WLF 0,040		Tabelle [d2]	
4	Holzfaserplatte	20	1000	0,17
5	Gipskartonplatte	15	900	0,25

U-Wert [U_1]:

Variable	Dicke [mm]	Rohdichte [kg/m³]	Lambda [W/(mK)]	U-Wert [U_1] [W/(m²K)]
Dachdäm-mung [d2]	140	150	0,04	0,26
	160	150	0,04	0,23
	180	150	0,04	0,21
	200	150	0,04	0,19

Wärmebrückenverlustkoeffizient: (Ψ-Wert, außenmaßbezogen)

Variable	Dicke [mm]	Rohdichte [kg/m³]	Lambda [W/(mK)]	Variable [d1] - 240 mm		
				Kalksandstein	Mauerwerk 0,14 W/(mK)	Mauerwerk 0,16 W/(mK)
Dachdäm-mung [d2]	140	150	0,04	0,16	0,13	0,13
	160	150	0,04	0,17	0,13	0,13
	180	150	0,04	0,17	0,13	0,13
	200	150	0,04	0,17	0,12	0,13

Bauteilkatalog zum Beiblatt 2 der DIN 4108

22 / Keller
22-X-95 / Bild 95 - Innenwand-Anschluss

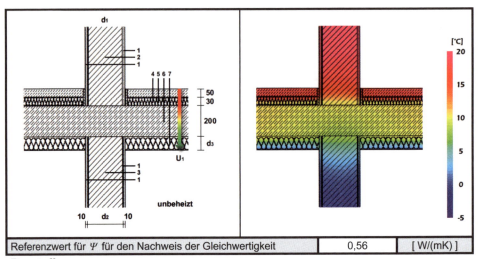

Referenzwert für Ψ für den Nachweis der Gleichwertigkeit	0,56	[W/(mK)]

Baustoffe:

Pos.	Bezeichnung	Dicke [mm]	Rohdichte [kg/m³]	Lambda [W/(mK)]
1	Innenputz	10	1800	0,35
2	Mauerwerk (oben)	Tabelle [d1]		
3	Mauerwerk (unten)	Tabelle [d2]		
4	Estrich	50	2000	1,4
5	Estrichdämmung WLF 0,040	30	150	0,04
6	Decke aus Stahlbeton	200	2400	2,1
7	Perimeterdämmung WLF 0,045	Tabelle [d3]		

Wärmebrückenverlustkoeffizient: (Ψ-Wert, außenmaßbezogen)

Variable [d3] - Perimeterdämmung WLF 0,045 - 40 mm									
			Variable [d2]						
			Kalksandstein ohne Kimmstein			Kalksandstein mit ISO Kimmstein			Mauerwerk 0,16 W/(mK)		
Variable		Dicke [mm]	115	175	240	115	175	240	115	175	240
Mauerwerk [d1]	Kalksandstein ohne Kimmstein	115	0,14	-	-	---	-	-	---	-	-
		175	-	0,00	-	-	---	-	-	---	-
		240	-	-	0,0	-	-	---	-	-	---
	Kalksandstein mit ISO Kimmstein	115	---	-	-	-0,02	-	-	---	-	-
		175	-	---	-	-	-0,01	-	-	---	-
		240	-	-	---	-	-	-0,01	-	-	---
	Mauerwerk 0,16 W/(mK)	115	-0,02	-	-	-0,02	-	-	-0,02	-	-
		175	-	-0,02	-	-	-0,02	-	-	-0,03	-
		240	-	-	-0,02	-	-	-0,02	-	-	-0,03

Variable [d3] - Perimeterdämmung WLF 0,045 - 50 mm										
			Variable [d2]								
		Dicke [mm]	Kalksandstein ohne Kimmstein			Kalksandstein mit ISO Kimmstein			Mauerwerk 0,16 W/(mK)		
Variable			115	175	240	115	175	240	115	175	240
Mauerwerk [d1]	Kalksandstein ohne Kimmstein	115	0,01	-	-	---	-	-	---	-	-
		175	-	0,02	-	-	---	-	-	---	-
		240	-	-	0,24	-	-	---	-	-	---
	Kalksandstein mit ISO Kimmstein	115	---	-	-	0,11	-	-	---	-	-
		175	-	---	-	-	0,14	-	-	---	-
		240	-	-	---	-	-	0,17	-	-	---
	Mauerwerk 0,16 W/(mK)	115	-0,01	-	-	0,09	-	-	0,01	-	-
		175	-	0,00	-	-	0,11	-	-	0,01	-
		240	-	-	0,12	-	-	0,12	-	-	0,01

Variable [d3] - Perimeterdämmung WLF 0,045 - 60 mm										
			Variable [d2]								
		Dicke [mm]	Kalksandstein ohne Kimmstein			Kalksandstein mit ISO Kimmstein			Mauerwerk 0,16 W/(mK)		
Variable			115	175	240	115	175	240	115	175	240
Mauerwerk [d1]	Kalksandstein ohne Kimmstein	115	0,16	-	-	---	-	-	---	-	-
		175	-	0,21	-	-	---	-	-	---	-
		240	-	-	0,25	-	-	---	-	-	---
	Kalksandstein mit ISO Kimmstein	115	---	-	-	0,12	-	-	---	-	-
		175	-	---	-	-	0,16	-	-	---	-
		240	-	-	---	-	-	0,19	-	-	---
	Mauerwerk 0,16 W/(mK)	115	0,10	-	-	0,10	-	-	0,02	-	-
		175	-	0,12	-	-	0,12	-	-	0,02	-
		240	-	-	0,14	-	-	0,14	-	-	0,02

Variable [d3] - Perimeterdämmung WLF 0,045 - 70 mm										
			Variable [d2]								
		Dicke [mm]	Kalksandstein ohne Kimmstein			Kalksandstein mit ISO Kimmstein			Mauerwerk 0,16 W/(mK)		
Variable			115	175	240	115	175	240	115	175	240
Mauerwerk [d1]	Kalksandstein ohne Kimmstein	115	0,16	-	-	---	-	-	---	-	-
		175	-	0,21	-	-	---	-	-	---	-
		240	-	-	0,26	-	-	---	-	-	---
	Kalksandstein mit ISO Kimmstein	115	---	-	-	0,13	-	-	---	-	-
		175	-	---	-	-	0,17	-	-	---	-
		240	-	-	---	-	-	0,20	-	-	---
	Mauerwerk 0,16 W/(mK)	115	0,11	-	-	0,11	-	-	0,02	-	-
		175	-	0,14	-	-	0,14	-	-	0,02	-
		240	-	-	0,16	-	-	0,16	-	-	0,03

22 / Keller
22-X-96 / Bild 96 - Innenwand-Anschluss

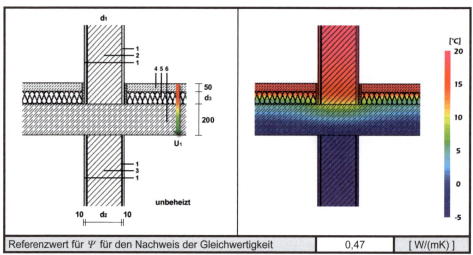

Referenzwert für Ψ für den Nachweis der Gleichwertigkeit	0,47	[W/(mK)]

Baustoffe:

Pos.	Bezeichnung	Dicke [mm]	Rohdichte [kg/m³]	Lambda [W/(mK)]
1	Innenputz	10	1800	0,35
2	Mauerwerk (oben)		Tabelle [d1]	
3	Mauerwerk (unten)		Tabelle [d2]	
4	Estrich	50	2000	1,4
5	Estrichdämmung WLF 0,040		Tabelle [d3]	
6	Decke aus Stahlbeton	200	2400	2,1

U-Wert [U_1]:

Variable	Dicke [mm]	Rohdichte [kg/m³]	Lambda [W/(mK)]	U-Wert [U_1] [W/(m²K)]
Estrichdäm-mung [d2]	30	150	0,04	0,95
	50	150	0,04	0,64
	70	150	0,04	0,49

Wärmebrückenverlustkoeffizient: (Ψ-Wert, außenmaßbezogen)

Variable		Dicke [mm]	Variable [d3] - Estrichdämmung WLF 0,040 - 30 mm							
			Variable [d2]								
			Kalksandstein ohne Kimmstein			Kalksandstein mit ISO Kimmstein			Mauerwerk 0,16 W/(mK)		
			115	175	240	115	175	240	115	175	240
Mauerwerk [d1]	Kalksandstein ohne Kimmstein	115	0,18	-	-	---	-	-	---	-	-
		175	-	0,24	-	-	---	-	-	---	-
		240	-	-	0,31	-	-	---	-	-	---
	Kalksandstein mit ISO Kimmstein	115	---	-	-	0,06	-	-	---	-	-
		175	-	---	-	-	0,09	-	-	---	-
		240	-	-	---	-	-	0,12	-	-	---
	Mauerwerk 0,16 W/(mK)	115	0,00	-	-	0,00	-	-	-0,01	-	-
		175	-	0,00	-	-	0,00	-	-	0,00	-
		240	-	-	0,01	-	-	0,01	-	-	---

Variable		Dicke [mm]	Variable [d3] - Estrichdämmung WLF 0,040 - 50 mm							
			Variable [d2]								
			Kalksandstein ohne Kimmstein			Kalksandstein mit ISO Kimmstein			Mauerwerk 0,16 W/(mK)		
			115	175	240	115	175	240	115	175	240
Mauerwerk [d1]	Kalksandstein ohne Kimmstein	115	0,20	-	-	---	-	-	---	-	-
		175	-	0,26	-	-	---	-	-	---	-
		240	-	-	0,31	-	-	---	-	-	---
	Kalksandstein mit ISO Kimmstein	115	---	-	-	0,09	-	-	---	-	-
		175	-	---	-	-	0,12	-	-	---	-
		240	-	-	---	-	-	0,16	-	-	---
	Mauerwerk 0,16 W/(mK)	115	0,02	-	-	0,02	-	-	0,02	-	-
		175	-	0,03	-	-	0,03	-	-	0,03	-
		240	-	-	0,04	-	-	0,04	-	-	0,03

Variable		Dicke [mm]	Variable [d3] - Estrichdämmung WLF 0,040 - 70 mm							
			Variable [d2]								
			Kalksandstein ohne Kimmstein			Kalksandstein mit ISO Kimmstein			Mauerwerk 0,16 W/(mK)		
			115	175	240	115	175	240	115	175	240
Mauerwerk [d1]	Kalksandstein ohne Kimmstein	115	0,20	-	-	---	-	-	---	-	-
		175	-	0,27	-	-	---	-	-	---	-
		240	-	-	0,32	-	-	---	-	-	---
	Kalksandstein mit ISO Kimmstein	115	---	-	-	0,09	-	-	---	-	-
		175	-	---	-	-	0,13	-	-	---	-
		240	-	-	---	-	-	0,17	-	-	---
	Mauerwerk 0,16 W/(mK)	115	0,03	-	-	0,03	-	-	0,03	-	-
		175	-	0,04	-	-	0,04	-	-	0,04	-
		240	-	-	0,05	-	-	0,05	-	-	0,04

22 / Keller
22-X-96a / Bild 96a - Innenwand-Anschluss

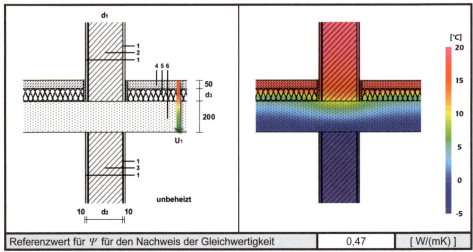

Referenzwert für Ψ für den Nachweis der Gleichwertigkeit	0,47	[W/(mK)]

Baustoffe:

Pos.	Bezeichnung	Dicke [mm]	Rohdichte [kg/m³]	Lambda [W/(mK)]
1	Innenputz	10	1800	0,35
2	Mauerwerk (oben)		Tabelle [d1]	
3	Mauerwerk (unten)		Tabelle [d2]	
4	Estrich	50	2000	1,4
5	Estrichdämmung WLF 0,040		Tabelle [d3]	
6	Decke aus Porenbeton	240	600	0,16

U-Wert [U_1]:

Variable	Dicke [mm]	Rohdichte [kg/m³]	Lambda [W/(mK)]	U-Wert [U_1] [W/(m²K)]
Estrichdäm-mung [d2]	30	150	0,04	0,41
	50	150	0,04	0,34
	70	150	0,04	0,29

Wärmebrückenverlustkoeffizient: (Ψ-Wert, außenmaßbezogen)

Variable [d3] - Estrichdämmung WLF 0,040 - 30 mm									
			\multicolumn{9}{c}{Variable [d2]}
		Dicke [mm]	Kalksandstein ohne Kimmstein			Kalksandstein mit ISO Kimmstein			Mauerwerk 0,16 W/(mK)		
Variable			115	175	240	115	175	240	115	175	240
Mauerwerk [d1]	Kalksandstein ohne Kimmstein	115	-0,01	-	-	---	-	-	---	-	-
		175	-	0,00	-	-	---	-	-	---	-
		240	-	-	0,00	-	-	---	-	-	---
	Kalksandstein mit ISO Kimmstein	115	---	-	-	-0,02	-	-	---	-	-
		175	-	---	-	-	-0,01	-	-	---	-
		240	-	-	---	-	-	-0,01	-	-	---
	Mauerwerk 0,16 W/(mK)	115	-0,02	-	-	-0,02	-	-	-0,02	-	-
		175	-	-0,02	-	-	-0,02	-	-	-0,03	-
		240	-	-	-0,02	-	-	-0,02	-	-	-0,03

Variable [d3] - Estrichdämmung WLF 0,040 - 50 mm									
			\multicolumn{9}{c}{Variable [d2]}
		Dicke [mm]	Kalksandstein ohne Kimmstein			Kalksandstein mit ISO Kimmstein			Mauerwerk 0,16 W/(mK)		
Variable			115	175	240	115	175	240	115	175	240
Mauerwerk [d1]	Kalksandstein ohne Kimmstein	115	0,01	-	-	---	-	-	---	-	-
		175	-	0,02	-	-	---	-	-	---	-
		240	-	-	0,03	-	-	---	-	-	---
	Kalksandstein mit ISO Kimmstein	115	---	-	-	0,00	-	-	---	-	-
		175	-	---	-	-	0,01	-	-	---	-
		240	-	-	---	-	-	0,01	-	-	---
	Mauerwerk 0,16 W/(mK)	115	-0,01	-	-	-0,01	-	-	-0,01	-	-
		175	-	0,00	-	-	0,00	-	-	-0,01	-
		240	-	-	0,00	-	-	0,00	-	-	-0,01

Variable [d3] - Estrichdämmung WLF 0,040 - 70 mm									
			\multicolumn{9}{c}{Variable [d2]}
		Dicke [mm]	Kalksandstein ohne Kimmstein			Kalksandstein mit ISO Kimmstein			Mauerwerk 0,16 W/(mK)		
Variable			115	175	240	115	175	240	115	175	240
Mauerwerk [d1]	Kalksandstein ohne Kimmstein	115	0,03	-	-	---	-	-	---	-	-
		175	-	0,04	-	-	---	-	-	---	-
		240	-	-	0,04	-	-	---	-	-	---
	Kalksandstein mit ISO Kimmstein	115	---	-	-	0,01	-	-	---	-	-
		175	-	---	-	-	0,02	-	-	---	-
		240	-	-	---	-	-	0,03	-	-	---
	Mauerwerk 0,16 W/(mK)	115	0,00	-	-	0,00	-	-	0,00	-	-
		175	-	0,01	-	-	0,01	-	-	0,00	-
		240	-	-	0,01	-	-	0,01	-	-	0,00

Bauteilkatalog zum Beiblatt 2 der DIN 4108

23 / Kehlbalkenlage
23-H-100 / Bild 100 - Holzbauart

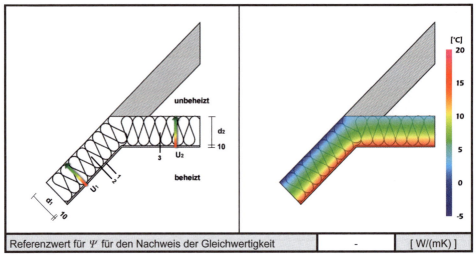

Referenzwert für Ψ für den Nachweis der Gleichwertigkeit		-	[W/(mK)]

Baustoffe:

Pos.	Bezeichnung	Dicke [mm]	Rohdichte [kg/m³]	Lambda [W/(mK)]
1	Gipsfaserplatte	12,5	1150	0,32
2	Dämmung WLG 040	Tabelle [d1]		
3	Dämmung WLG 040	Tabelle [d2]		

U-Wert [U_1]:

Variable	Dicke [mm]	Rohdichte [kg/m³]	Lambda [W/(mK)]	U-Wert [U_1] [W/(m²K)]
Dämmung [d1]	160	150	0,04	0,24
	180	150	0,04	0,21
	200	150	0,04	0,19
	220	150	0,04	0,18
	240	150	0,04	0,16

U-Wert [U_2]:

Variable	Dicke [mm]	Rohdichte [kg/m³]	Lambda [W/(mK)]	U-Wert [U_2] [W/(m²K)]
Dämmung [d1]	160	150	0,04	0,24
	180	150	0,04	0,21
	200	150	0,04	0,19
	220	150	0,04	0,18
	240	150	0,04	0,16

Wärmebrückenverlustkoeffizient: (Ψ-Wert, außenmaßbezogen)

Variable	Dicke [mm]	Rohdichte [kg/m³]	Lambda [W/(mK)]	Variable [d2] - Dämmung WLF 0,040				
				160 mm	180 mm	200 mm	220 mm	240 mm
Dämmung [d1]	160	150	0,04	-0,017	-0,018	-0,019	-0,021	-0,023
	180	150	0,04	-0,017	-0,017	-0,018	-0,019	-0,020
	200	150	0,04	-0,018	-0,017	-0,017	-0,018	-0,019
	220	150	0,04	-0,019	-0,018	-0,017	-0,017	-0,018
	240	150	0,04	-0,021	-0,019	-0,018	-0,017	-0,017

24 / First
24-H-101 / Bild 101 - Holzbauart

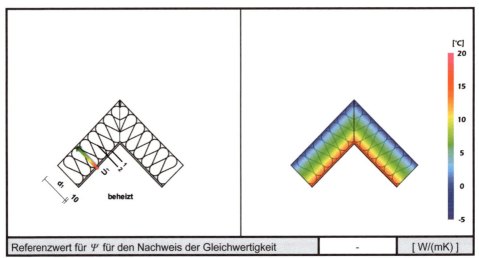

Referenzwert für Ψ für den Nachweis der Gleichwertigkeit		-	[W/(mK)]

Baustoffe:

Pos.	Bezeichnung	Dicke [mm]	Rohdichte [kg/m³]	Lambda [W/(mK)]
1	Gipsfaserplatte	12,5	1150	0,32
2	Dämmung WLG 040	Tabelle [d1]		

U-Wert [U_1]:

Variable	Dicke [mm]	Rohdichte [kg/m³]	Lambda [W/(mK)]	U-Wert [U_1] [W/(m²K)]
Dämmung [d_1]	160	150	0,04	0,24
	180	150	0,04	0,21
	200	150	0,04	0,19
	220	150	0,04	0,18
	240	150	0,04	0,16

Wärmebrückenverlustkoeffizient: (Ψ-Wert, außenmaßbezogen)

Variable	Dicke [mm]	Rohdichte [kg/m³]	Lambda [W/(mK)]	Wärmebrückenverlustkoeffizient
Dämmung [d_1]	160	150	0,04	-0,056
	180	150	0,04	-0,056
	200	150	0,04	-0,057
	220	150	0,04	-0,057
	240	150	0,04	-0,057

25 / Innenwandecke
25-M-102 / Bild 102 - monolithisches Mauerwerk

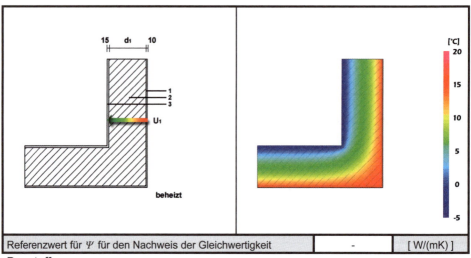

Referenzwert für Ψ für den Nachweis der Gleichwertigkeit	-	[W/(mK)]

Baustoffe:

Pos.	Bezeichnung	Dicke [mm]	Rohdichte [kg/m³]	Lambda [W/(mK)]
1	Innenputz	10	1800	0,35
2	Mauerwerk		Tabelle [d1]	
3	Außenputz	15	1300	0,2

U-Wert [U_1]:

Variable	Dicke [mm]	Rohdichte [kg/m³]	Lambda [W/(mK)]	U-Wert [U_1] [W/(m²K)]
Mauerwerk [d1]	240	350	0,09	0,34
	300	350	0,09	0,28
	365	350	0,09	0,23
	240	400	0,10	0,37
	300	400	0,10	0,32
	365	400	0,10	0,26
	240	450	0,12	0,44
	300	450	0,12	0,36
	365	450	0,12	0,30
	240	500	0,14	0,50
	300	500	0,14	0,41
	365	500	0,14	0,35
	240	550	0,16	0,56
	300	550	0,16	0,47
	365	550	0,16	0,39

Wärmebrückenverlustkoeffizient: (Ψ-Wert, außenmaßbezogen)

Variable	Dicke [mm]	Rohdichte [kg/m³]	Lambda [W/(mK)]	Wärmebrückenverlustkoeffizient
Mauerwerk [d1]	240	350	0,09	0,054
	300	350	0,09	0,053
	365	350	0,09	0,050
	240	400	0,10	0,056
	300	400	0,10	0,058
	365	400	0,10	0,056
	240	450	0,12	0,068
	300	450	0,12	0,068
	365	450	0,12	0,065
	240	500	0,14	0,078
	300	500	0,14	0,078
	365	500	0,14	0,074
	240	550	0,16	0,087
	300	550	0,16	0,087
	365	550	0,16	0,084

25 / Außenwandecke
25-M-103 / Bild 103 - monolithisches Mauerwerk

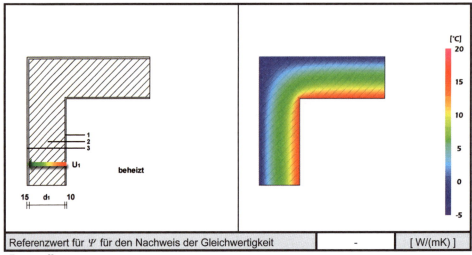

Referenzwert für Ψ für den Nachweis der Gleichwertigkeit		-	[W/(mK)]

Baustoffe:

Pos.	Bezeichnung	Dicke [mm]	Rohdichte [kg/m³]	Lambda [W/(mK)]
1	Innenputz	10	1800	0,35
2	Mauerwerk		Tabelle [d1]	
3	Außenputz	15	1300	0,2

U-Wert [U_1]:

Variable	Dicke [mm]	Rohdichte [kg/m³]	Lambda [W/(mK)]	U-Wert [U_1] [W/(m²K)]
Mauerwerk [d1]	240	350	0,09	0,34
	300	350	0,09	0,28
	365	350	0,09	0,23
	240	400	0,10	0,37
	300	400	0,10	0,31
	365	400	0,10	0,25
	240	450	0,12	0,44
	300	450	0,12	0,36
	365	450	0,12	0,30
	240	500	0,14	0,50
	300	500	0,14	0,41
	365	500	0,14	0,35
	240	550	0,16	0,56
	300	550	0,16	0,47
	365	550	0,16	0,39

Wärmebrückenverlustkoeffizient: (Ψ-Wert, außenmaßbezogen)

Variable	Dicke [mm]	Rohdichte [kg/m³]	Lambda [W/(mK)]	Wärmebrückenverlustkoeffizient
Mauerwerk [d1]	240	350	0,09	-0,131
	300	350	0,09	-0,131
	365	350	0,09	-0,131
	240	400	0,10	-0,144
	300	400	0,10	-0,145
	365	400	0,10	-0,145
	240	450	0,12	-0,171
	300	450	0,12	-0,172
	365	450	0,12	-0,172
	240	500	0,14	-0,196
	300	500	0,14	-0,197
	365	500	0,14	-0,198
	240	550	0,16	-0,221
	300	550	0,16	-0,223
	365	550	0,16	-0,224

25 / Innenwandecke
25-A-104 / Bild 104 - außengedämmtes Mauerwerk

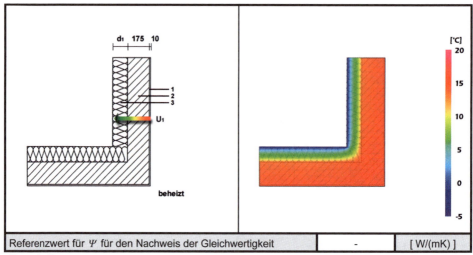

beheizt

Referenzwert für Ψ für den Nachweis der Gleichwertigkeit	-	[W/(mK)]

Baustoffe:

Pos.	Bezeichnung	Dicke [mm]	Rohdichte [kg/m³]	Lambda [W/(mK)]
1	Innenputz	10	1800	0,35
2	Kalksandstein	175	1800	0,99
3	Wärmedämmverbundsystem	Tabelle [d1]		

U-Wert [U_1]:

Variable	Dicke [mm]	Rohdichte [kg/m³]	Lambda [W/(mK)]	U-Wert [U_1] [W/(m²K)]
WDVS [d1]	100	150	0,04	0,35
	120	150	0,04	0,30
	140	150	0,04	0,26
	160	150	0,04	0,23
	100	150	0,045	0,39
	120	150	0,045	0,33
	140	150	0,045	0,29
	160	150	0,045	0,25

Wärmebrückenverlustkoeffizient: (Ψ-Wert, außenmaßbezogen)

Variable	Dicke [mm]	Rohdichte [kg/m³]	Lambda [W/(mK)]	Wärmebrückenverlustkoeffizient
WDVS [d1]	100	150	0,04	0,026
	120	150	0,04	0,025
	140	150	0,04	0,024
	160	150	0,04	0,024
	100	150	0,045	0,030
	120	150	0,045	0,028
	140	150	0,045	0,027
	160	150	0,045	0,027

25 / Außenwandecke
25-A-105 / Bild 105 - außengedämmtes Mauerwerk

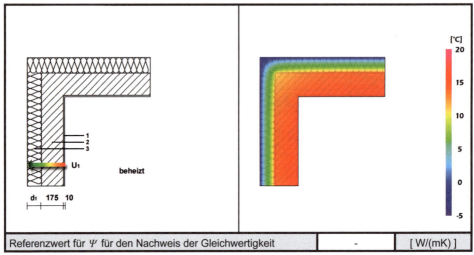

Referenzwert für Ψ für den Nachweis der Gleichwertigkeit	-	[W/(mK)]

Baustoffe:

Pos.	Bezeichnung	Dicke [mm]	Rohdichte [kg/m³]	Lambda [W/(mK)]
1	Innenputz	10	1800	0,35
2	Kalksandstein	175	1800	0,99
3	Wärmedämmverbundsystem		Tabelle [d1]	

U-Wert [U_1]:

Variable	Dicke [mm]	Rohdichte [kg/m³]	Lambda [W/(mK)]	U-Wert [U_1] [W/(m²K)]
WDVS [d1]	100	150	0,04	0,35
	120	150	0,04	0,30
	140	150	0,04	0,26
	160	150	0,04	0,23
	100	150	0,045	0,38
	120	150	0,045	0,33
	140	150	0,045	0,29
	160	150	0,045	0,25

Wärmebrückenverlustkoeffizient: (Ψ-Wert, außenmaßbezogen)

Variable	Dicke [mm]	Rohdichte [kg/m³]	Lambda [W/(mK)]	Wärmebrückenverlustkoeffizient
WDVS [d1]	100	150	0,04	-0,078
	120	150	0,04	-0,073
	140	150	0,04	-0,069
	160	150	0,04	-0,067
	100	150	0,045	-0,090
	120	150	0,045	-0,083
	140	150	0,045	-0,079
	160	150	0,045	-0,076

Bauteilkatalog zum Beiblatt 2 der DIN 4108

25 / Innenwandecke
25-K-106 / Bild 106 - kerngedämmtes Mauerwerk

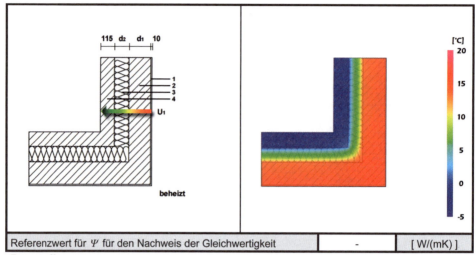

Referenzwert für Ψ für den Nachweis der Gleichwertigkeit	-	[W/(mK)]

Baustoffe:

Pos.	Bezeichnung	Dicke [mm]	Rohdichte [kg/m³]	Lambda [W/(mK)]
1	Innenputz	10	1800	0,35
2	Mauerwerk	Tabelle [d1]		
3	Kerndämmung	Tabelle [d2]		
4	Verblendmauerwerk	115	2000	0,96

U-Wert [U_1]:

				U-Wert [U_1] - [W/(m²K)]			
	Dicke [mm]	Rohdichte [kg/m³]	Lambda [W/(mK)]	Variable [d1] - 175 mm			
Variable				Kalksandstein	Mauerwerk 0,10 W/(mK)	Mauerwerk 0,12 W/(mK)	Mauerwerk 0,14 W/(mK)
Kerndämmung [d2]	100	150	0,04	0,33	0,22	0,23	0,25
	120	150	0,04	0,29	0,20	0,21	0,22
	140	150	0,04	0,25	0,18	0,19	0,20

Wärmebrückenverlustkoeffizient: (Ψ-Wert, außenmaßbezogen)

	Dicke [mm]	Rohdichte [kg/m³]	Lambda [W/(mK)]	Variable [d1] - 175 mm			
Variable				Kalksandstein	Mauerwerk 0,10 W/(mK)	Mauerwerk 0,12 W/(mK)	Mauerwerk 0,14 W/(mK)
Kerndämmung [d2]	100	150	0,04	0,092	0,070	0,073	0,075
	120	150	0,04	0,082	0,065	0,068	0,070
	140	150	0,04	0,075	0,061	0,063	0,065

25 / Außenwandecke
25-K-107 / Bild 107 - kerngedämmtes Mauerwerk

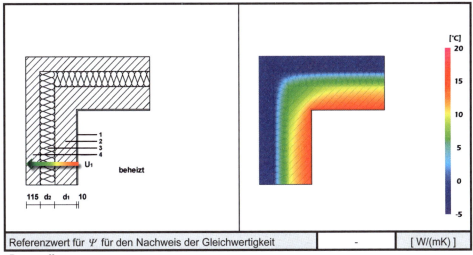

Referenzwert für Ψ für den Nachweis der Gleichwertigkeit	-	[W/(mK)]

Baustoffe:

Pos.	Bezeichnung	Dicke [mm]	Rohdichte [kg/m³]	Lambda [W/(mK)]
1	Innenputz	10	1800	0,35
2	Mauerwerk	Tabelle [d1]		
3	Kerndämmung	Tabelle [d2]		
4	Verblendmauerwerk	115	2000	0,96

U-Wert [U1]:

				U-Wert [U1] - [W/(m²K)]			
Variable	Dicke [mm]	Rohdichte [kg/m³]	Lambda [W/(mK)]	Variable [d1] - 175 mm			
				Kalksand-stein	Mauer-werk 0,10 W/(mK)	Mauer-werk 0,12 W/(mK)	Mauer-werk 0,14 W/(mK)
Kerndäm-mung [d2]	100	150	0,04	0,33	0,22	0,23	0,25
	120	150	0,04	0,29	0,20	0,21	0,22
	140	150	0,04	0,25	0,18	0,19	0,20

Wärmebrückenverlustkoeffizient: (Ψ-Wert, außenmaßbezogen)

	Dicke [mm]	Rohdichte [kg/m³]	Lambda [W/(mK)]	Variable [d1] - 175 mm			
Variable				Kalksand-stein	Mauer-werk 0,10 W/(mK)	Mauer-werk 0,12 W/(mK)	Mauer-werk 0,14 W/(mK)
Kerndäm-mung [d2]	100	150	0,04	-0,050	-0,030	-0,033	-0,037
	120	150	0,04	-0,034	-0,020	-0,023	-0,027
	140	150	0,04	-0,023	-0,013	-0,020	-0,020

Verzeichnis der verwendeten Normen und Verordnungen

(Ausgabedatum in Klammern)

DIN V 4108-6 (2003-06)	Wärmeschutz und Energie-Einsparung in Gebäuden Teil 6: Berechnung des Jahresheizwärme- und des Jahresheizenergiebedarfs
DIN EN ISO 10211 (2008-04)	Wärmebrücken im Hochbau Teil 1: Allgemeine Berechnungsverfahren
DIN 4108-2 (2003-07)	Wärmeschutz und Energieeinsparung in Gebäuden Teil 2: Mindestanforderungen an den Wärmeschutz
DIN 4108, Beiblatt 2 (2006-03)	Wärmebrücken Planungs- und Ausführungsbeispiele
DIN EN ISO 10077-1 (2010-05)	Wärmetechnisches Verhalten von Fenstern, Türen und Abschlüssen Berechnung des Wärmedurchgangskoeffizienten Teil 1: Allgemeines
DIN EN ISO 13370 (2008-04)	Wärmeübertragung über das Erdreich Berechnungsverfahren
DIN EN ISO 13789 (2008-04)	Spezifischer Transmissionswärmeverlust Berechnungsverfahren
DIN EN ISO 6946 (2008-04)	Wärmedurchlasswiderstand und Wärmedurchgangskoeffizient Berechnungsverfahren
DIN EN ISO 7345 (1996-01)	Wärmeschutz Physikalische Größen und Definitionen
DIN EN ISO 10456 (2010-05)	Baustoffe und Bauprodukte – Wärme- und feuchtetechnische Eigenschaften
DIN V 4108-4 (2007-06)	Wärmeschutz und Energieeinsparung in Gebäuden Teil 4: Wärme- und feuchtetechnische Bemessungswerte

Literaturverzeichnis
(Ausgabedatum in Klammern)

[1]	Schoch T. (2010) Bauwerk Verlag, Berlin	EnEV 2009 und DIN V 18599: – Wohnungsbau
[2]	Schoch T. (2009) Bauwerk Verlag, Berlin	EnEV 2009 und DIN V 18599: – Nichtwohnbau
[3]	Schoch T. (2004) Bauwerk Verlag, Berlin	EnEV-Novelle 2004 – Altbauten
[4]	Schoch T. (2007) Bauwerk Verlag, Berlin	Novelle zur EnEV in Mauerwerksbau Aktuell
[5]	Schoch T. (2007) Bauwerk Verlag, Berlin	Das neue Beiblatt 2 in Mauerwerksbau Aktuell
[6]	Hegner, H-D., Vogler, I. (2002) Verlag Ernst und Sohn, Berlin	Energieeinsparung EnEV – für die Praxis kommentiert
[7]	www.wikipedia.org	
[8]	Heindl W. et al. (1987) Springer Verlag Wien	Wärmebrücken

Holschemacher
Entwurfs- und Berechnungstafeln für Bauingenieure
5., vollständig überarbeitete Auflage

// die wichtigsten Bereiche des Bauingenieur-
  wesens – kompakt und übersichtlich aufbereitet
// besonders berücksichtigt:
  die aktuellen Eurocodes
// mit wichtigen Berechnungsgrundlagen
  und vielen Zahlenbeispielen
// sehr hilfreich für das Entwerfen
  von Baukonstruktionen
// einfache Handhabung dank des
  bewährten Daumenregisters
// eine wertvolle Unterstützung für Praktiker
  und Studierende

**Entwurfs- und Berechnungstafeln
für Bauingenieure**
Mit CD-ROM
Herausgeber: Prof. Dr.-Ing. Klaus Holschemacher
5., vollständig überarbeitete Auflage 2012.
1.360 S. A5. Gebunden.
44,00 EUR | ISBN 978-3-410-21954-5

Bestellen Sie unter:
Telefon +49 30 2601-2260
Telefax +49 30 2601-1260
info@beuth.de

Auch als E-Book:
www.beuth.de/sc/entwurfs-berechnungstafeln

EnEV aktuell
Normen im Blick – Fakten im Kontext

Besonderer Leservorteil:

EnEV aktuell dokumentiert Veränderungen

// der Normen, die in der EnEV zitiert sind, sowie

// der Normen im EnEV-Umfeld.

EnEV aktuell
Zeitschrift im Abonnement
4 Hefte jährlich. A4. Geheftet.
48,00 EUR | Bestell-Nr. 16712

Weitere Publikationen zur EnEV finden Sie hier:
www.beuth.de/enev